U0465107

AI Agent 设计实战

智能体设计的方法与技巧

光武 段小手 著

机械工业出版社
CHINA MACHINE PRESS

图书在版编目（CIP）数据

AI Agent 设计实战：智能体设计的方法与技巧 / 光武，段小手著. -- 北京：机械工业出版社，2025.6.
ISBN 978-7-111-77924-7

I. TP18

中国国家版本馆 CIP 数据核字第 20255B0K62 号

机械工业出版社（北京市百万庄大街 22 号　邮政编码 100037）
策划编辑：杨福川　　　　　　　　责任编辑：杨福川　罗词亮
责任校对：卢文迪　马荣华　景　飞　责任印制：任维东
天津嘉恒印务有限公司印刷
2025 年 6 月第 1 版第 1 次印刷
170mm×230mm・20.5 印张・1 插页・374 千字
标准书号：ISBN 978-7-111-77924-7
定价：79.00 元

电话服务　　　　　　　　　　　网络服务
客服电话：010-88361066　　　机　工　官　网：www.cmpbook.com
　　　　　010-88379833　　　机　工　官　博：weibo.com/cmp1952
　　　　　010-68326294　　　金　书　网：www.golden-book.com
封底无防伪标均为盗版　　　　　机工教育服务网：www.cmpedu.com

Preface 前　　言

　　亲爱的读者，欢迎你翻开这本书。你手中的这本书，就是在 AI Agent 的鼎力相助之下顺利完成的。这一经历使我们深切地感受到 AI Agent 所蕴含的巨大潜力及广泛的应用前景。因此，我们撰写本书的初衷是，将这份力量传递给每一位对 AI 技术充满好奇并渴望提升工作效率的职场人士。

写作目的

1. 动手实践的重要性

　　我们深信，要真正学习和掌握 AI 技术，最有效的途径便是亲自动手实践。唯有亲身经历 AI Agent 的构建过程，方能透彻理解其背后的原理与工作机制。

2. AI Agent 的主流地位

　　随着 AI 技术的持续进步与发展，AI Agent 必将成为 AI 应用场景落地的中流砥柱。它能够自主感知环境、做出决策并执行任务，从而极大地提升工作效率与智能化水平。

3. 助力非技术职场人士

　　本书致力于帮助那些对 AI 技术充满兴趣但缺乏技术背景的职场人士，掌握创建 AI Agent 的基本技能。我们坚信，通过本书的悉心指导，即便是非技术出身的读者也能轻松上手，尽情享受 AI 技术带来的便捷与高效。

4. 提升工作效率

通过学习本书，读者不仅能够熟练掌握 AI Agent 的创建技能，还能将其灵活应用于实际工作中，进而提升个人及团队的工作效率。无论是自动化办公、数据分析，还是智能决策，AI Agent 都能发挥举足轻重的作用。

读者对象

1. 目标读者群体

本书的目标读者群体为对 AI 技术充满兴趣但缺乏技术背景的职场人士。无论你从事管理、销售、市场，还是其他任何职业领域，只要你渴望利用 AI 技术优化工作流程、提升工作效率，那么本书就是你不可或缺的宝贵资源。

2. 广泛适用性

本书内容适用于所有希望借助 AI 技术优化工作的职场人士。无论你的技术背景如何，只要你对 AI 技术满怀热情，本书就将为你提供切实可行的指导与帮助。

内容结构

本书共 14 章，分为以下四篇：

第一篇　基础原理（第 1 和 2 章）

全面且系统地介绍 AI Agent 的基本概念、特征、类型，以及它与大语言模型（LLM）之间的紧密联系，为读者的后续实践应用奠定坚实的理论基础。

第二篇　工具平台（第 3 章）

介绍 5 款国内独具特色的 AI Agent 搭建工具：扣子、AppBuilder、阿里云百炼、智谱清言和超算智能体。这些工具各具千秋，能够满足不同读者的多样化需求。

其中，前 4 款工具适用于动手能力强、希望亲自搭建 AI Agent 的读者；而超算智能体则适用于那些时间和精力有限、希望快速上手并应用 AI Agent 的政企客户。这 5 款工具的基本信息见表 1。

表1　5款工具的基本信息

序号	工具名称	所属公司简称	标签
1	扣子	字节跳动	全民可用 丰富的插件能力 低代码/无代码设计
2	AppBuilder	百度	企业级开发 丰富的API能力 支持模型训练
3	阿里云百炼	阿里巴巴	一站式服务 多模态数据能力 高性能训练
4	智谱清言	智谱华章	生成式AI助手 创意写作 跨语言交流
5	超算智能体	超算智能	商用级定制 多智能体并行 场景落地陪跑

第三篇　应用实战（第4～13章）

通过扣子和AppBuilder精心设计了36个不同场景的实操应用案例，带领读者深入领略AI Agent的实际应用魅力。这一篇是本书的重中之重，详尽地阐述了每个项目的实现步骤与技巧，并提供丰富的实例和代码供读者参考与借鉴。同时，为了便于广大读者理解，我们对大量应用的工作流进行了简化处理。读者在熟悉工具与工作流概念后，可自行尝试添加节点、调整工作流，以亲身感受其中的变化与奥妙。

第四篇　未来展望（第14章）

深入探讨AI Agent的发展瓶颈与未来发展趋势，为读者提供具有前瞻性的思考与启示。通过洞悉AI Agent的未来走向，读者可以更好地规划自己的学习与应用方向。

此外，特别提醒读者，本书的重点在于第三篇。在跟随这一篇内容进行实际操作时，读者可能会遇到工具版本更新或组件/插件被停用等突发情况。对此，读者无须过于担忧，因为版本的更新通常不会对AI Agent的工作流与应用的创建主流程产生实质性影响。若遇到组件/插件被停用的情况，读者可积极寻找具有相似功能的组件/插件进行替换，市场上往往不乏同类型的选择。

成果展望

我们衷心希望你在学完本书后，不仅能够熟练掌握 AI Agent 的创建技能，更能结合自身实际工作场景，创造性地搭建出属于自己的 AI Agent。我们坚信，在不久的将来，你定能成为职场中的 AI 应用佼佼者，引领团队迈向更加高效、智能的未来。

致谢

在本书的撰写过程中，我们得到了众多朋友与同事的鼎力支持和热心帮助。在此，我们要特别感谢他们，他们的鼓励与支持是我们不断前行的强大动力。

我们衷心希望本书能够为广大读者带来实实在在的帮助与启示，让 AI Agent 成为你在职场上的得力助手与智慧伙伴。读者如有关于本书的任何建议或意见，可以添加微信号 AaronWong_AI 进行反馈，欢迎大家不吝赐教、斧正。让我们携手并进，共同推动 AI 技术的普及与应用，一起迈进 AI 时代，共创美好未来！

Contents 目　　录

前　言

第一篇　基础原理

第 1 章　全面认识 AI Agent ……… 3

1.1　AI Agent 的定义 …………… 3
  1.1.1　什么是 AI Agent ………… 4
  1.1.2　技术思维下的 AI Agent … 4
  1.1.3　产品思维下的 AI Agent … 5
  1.1.4　AI Agent 的核心特性 …… 7
1.2　AI Agent 的发展历史 ………… 7
  1.2.1　早期探索阶段（20 世纪 50 年代～ 20 世纪 70 年代）…………………… 8
  1.2.2　基础研究阶段（20 世纪 80 年代～ 20 世纪 90 年代）…………………… 8
  1.2.3　机器学习阶段（21 世纪 初～ 21 世纪 10 年代）… 8
  1.2.4　现代阶段（21 世纪 20 年代以来）……………… 8

1.3　AI Agent 的功能 …………… 9
  1.3.1　自动化任务处理 ………… 9
  1.3.2　数据分析与报告 ………… 9
  1.3.3　个性化推荐与建议 ……… 9
  1.3.4　自然语言处理与对话 … 10
  1.3.5　图像和视频处理 ……… 10
  1.3.6　预测与决策支持 ……… 10
1.4　AI Agent 的应用场景 ……… 10
  1.4.1　办公自动化 …………… 11
  1.4.2　文案生成与编辑 ……… 11
  1.4.3　信息搜索与分析 ……… 11
  1.4.4　数据处理和图表制作 … 11
  1.4.5　图片处理 ……………… 11
  1.4.6　视频处理 ……………… 11
  1.4.7　求职与招聘 …………… 12
  1.4.8　个人生活助手 ………… 12
1.5　AI Agent 的类型及其特点 … 12
  1.5.1　静态代理 ……………… 12
  1.5.2　动态代理 ……………… 12
  1.5.3　智能代理 ……………… 13

1.5.4　多代理系统（多智
　　　　　　能体）………………13
　　　1.5.5　移动代理 …………13
1.6　AI Agent 的理论基础 ………14
　　　1.6.1　人工智能理论 ………14
　　　1.6.2　代理理论 ……………14
　　　1.6.3　认知科学 ……………14
　　　1.6.4　控制理论 ……………15
　　　1.6.5　博弈理论 ……………15
1.7　AI Agent 的技术支撑 ………16
　　　1.7.1　数据处理与管理 ……16
　　　1.7.2　机器学习与深度学习 …16
　　　1.7.3　自然语言处理 ………16
　　　1.7.4　计算机视觉 …………17
　　　1.7.5　机器人技术 …………17
　　　1.7.6　分布式系统与云计算 …17
1.8　AI Agent 的工作流实例 ……18
　　　1.8.1　日程管理和会议安排
　　　　　　AI Agent ……………18
　　　1.8.2　多风格文案写作
　　　　　　AI Agent ……………18

第 2 章　AI Agent 与 LLM ………20

2.1　主流的 LLM 及其应用
　　　场景 …………………………20
　　　2.1.1　LLM 简介 ……………21
　　　2.1.2　主流 LLM ……………21
2.2　LLM 的作用与基本原理 ……22
　　　2.2.1　LLM 的作用 …………22
　　　2.2.2　LLM 的基本原理 ……22

2.3　LLM 在 AI Agent 中的
　　　角色 …………………………23
　　　2.3.1　语言理解 ……………23
　　　2.3.2　语言生成 ……………23
　　　2.3.3　多轮对话管理 ………24
　　　2.3.4　信息提取与分析 ……24
　　　2.3.5　知识管理 ……………24
2.4　LLM 对 AI Agent 性能的
　　　影响 …………………………25
　　　2.4.1　语言理解能力的提升 …25
　　　2.4.2　语言生成能力的增强 …25
　　　2.4.3　多轮对话的流畅性 …25
　　　2.4.4　信息提取与知识管理的
　　　　　　精确性 ………………25
　　　2.4.5　个性化服务能力 ……26
　　　2.4.6　学习与适应能力 ……26
2.5　用户界面与 LLM 的结合
　　　方式 …………………………26
　　　2.5.1　聊天界面 ……………26
　　　2.5.2　语音助手 ……………27
　　　2.5.3　表单与对话框 ………27
　　　2.5.4　仪表板与数据可视化 …27
　　　2.5.5　应用内嵌入 …………28

第二篇　工具平台

第 3 章　国内的 AI Agent 设计
　　　　　平台 ………………………31

3.1　扣子平台使用详解 ……………31
　　　3.1.1　扣子概述 ……………32

3.1.2 扣子界面与功能介绍 ⋯ 33
3.1.3 扣子关键流程设计
详解 ⋯⋯⋯⋯⋯⋯⋯ 37
3.1.4 扣子上手技巧 ⋯⋯⋯ 38
3.2 AppBuilder 平台使用详解 ⋯ 42
3.2.1 AppBuilder 概述 ⋯⋯⋯ 42
3.2.2 AppBuilder 界面与功能
介绍 ⋯⋯⋯⋯⋯⋯⋯ 44
3.2.3 AppBuilder 关键流程
设计详解 ⋯⋯⋯⋯⋯ 47
3.2.4 AppBuilder 上手技巧 ⋯ 48
3.3 国内其他主要平台简介 ⋯⋯ 50
3.3.1 阿里云百炼 ⋯⋯⋯⋯ 50
3.3.2 智谱清言 ⋯⋯⋯⋯⋯ 51
3.3.3 超算智能体 ⋯⋯⋯⋯ 52

第三篇 应用实战

第 4 章 创作类热门应用 ⋯⋯⋯⋯ 55
4.1 大模型集合 AI Agent ⋯⋯⋯ 55
4.1.1 目标功能 ⋯⋯⋯⋯⋯ 55
4.1.2 设计方法与步骤 ⋯⋯ 56
4.1.3 注意事项 ⋯⋯⋯⋯⋯ 61
4.2 歌曲创作 AI Agent ⋯⋯⋯⋯ 62
4.2.1 目标功能 ⋯⋯⋯⋯⋯ 62
4.2.2 设计方法与步骤 ⋯⋯ 62
4.2.3 注意事项 ⋯⋯⋯⋯⋯ 67
4.3 少儿故事创作 AI Agent ⋯⋯ 68
4.3.1 目标功能 ⋯⋯⋯⋯⋯ 68
4.3.2 设计方法与步骤 ⋯⋯ 69

4.3.3 注意事项 ⋯⋯⋯⋯⋯ 75
4.4 自动出题 AI Agent ⋯⋯⋯⋯ 76
4.4.1 目标功能 ⋯⋯⋯⋯⋯ 76
4.4.2 设计方法与步骤 ⋯⋯ 76
4.4.3 注意事项 ⋯⋯⋯⋯⋯ 83

第 5 章 工作与行政管理 ⋯⋯⋯⋯ 85
5.1 日程与会议安排 AI Agent ⋯ 85
5.1.1 目标功能 ⋯⋯⋯⋯⋯ 85
5.1.2 设计方法与步骤 ⋯⋯ 86
5.1.3 注意事项 ⋯⋯⋯⋯⋯ 90
5.2 邮件整理与回复 AI Agent ⋯ 91
5.2.1 目标功能 ⋯⋯⋯⋯⋯ 91
5.2.2 设计方法与步骤 ⋯⋯ 92
5.2.3 注意事项 ⋯⋯⋯⋯⋯ 98

第 6 章 文案生成与编辑 ⋯⋯⋯⋯ 100
6.1 多风格文案写作 AI Agent ⋯ 100
6.1.1 目标功能 ⋯⋯⋯⋯⋯ 100
6.1.2 设计方法与步骤 ⋯⋯ 102
6.1.3 注意事项 ⋯⋯⋯⋯⋯ 108
6.2 爆款文案写作 AI Agent ⋯⋯ 109
6.2.1 目标功能 ⋯⋯⋯⋯⋯ 109
6.2.2 设计方法与步骤 ⋯⋯ 110
6.2.3 注意事项 ⋯⋯⋯⋯⋯ 116
6.3 论文辅助写作 AI Agent ⋯⋯ 117
6.3.1 目标功能 ⋯⋯⋯⋯⋯ 117
6.3.2 设计方法与步骤 ⋯⋯ 118
6.3.3 注意事项 ⋯⋯⋯⋯⋯ 123
6.4 文案润色与修改
AI Agent ⋯⋯⋯⋯⋯⋯⋯⋯ 124

6.4.1 目标功能 …………… 125
 6.4.2 设计方法与步骤 …… 126
 6.4.3 注意事项 …………… 135

第 7 章 信息搜索与处理 ……… 137

7.1 网页内容摘要 AI Agent …… 137
 7.1.1 目标功能 …………… 137
 7.1.2 设计方法与步骤 …… 138
 7.1.3 注意事项 …………… 142

7.2 特定领域信息搜索
 AI Agent ………………… 143
 7.2.1 目标功能 …………… 143
 7.2.2 设计方法与步骤 …… 144
 7.2.3 注意事项 …………… 149

7.3 网络爬虫 AI Agent ………… 150
 7.3.1 目标功能 …………… 150
 7.3.2 设计方法与步骤 …… 151
 7.3.3 注意事项 …………… 155

7.4 图片搜索 AI Agent ………… 156
 7.4.1 目标功能 …………… 156
 7.4.2 设计方法与步骤 …… 156
 7.4.3 注意事项 …………… 160

第 8 章 图片设计与处理 ……… 162

8.1 电商产品图换背景
 AI Agent ………………… 162
 8.1.1 目标功能 …………… 162
 8.1.2 设计方法与步骤 …… 163
 8.1.3 注意事项 …………… 166

8.2 海报制作 AI Agent ………… 167
 8.2.1 目标功能 …………… 167
 8.2.2 设计方法与步骤 …… 167
 8.2.3 注意事项 …………… 172

8.3 智能抠图 AI Agent ………… 173
 8.3.1 目标功能 …………… 173
 8.3.2 设计方法与步骤 …… 173
 8.3.3 注意事项 …………… 177

8.4 多风格头像生成
 AI Agent ………………… 178
 8.4.1 目标功能 …………… 178
 8.4.2 设计方法与步骤 …… 179
 8.4.3 注意事项 …………… 184

第 9 章 视频搜索与解析 ……… 186

9.1 视频搜索 AI Agent ………… 186
 9.1.1 目标功能 …………… 186
 9.1.2 设计方法与步骤 …… 187
 9.1.3 注意事项 …………… 192

9.2 视频解析 AI Agent ………… 193
 9.2.1 目标功能 …………… 193
 9.2.2 设计方法与步骤 …… 193
 9.2.3 注意事项 …………… 198

第 10 章 内容创作与运营 …… 199

10.1 微信公众号客服
 AI Agent ………………… 199
 10.1.1 目标功能 …………… 199
 10.1.2 设计方法与步骤 …… 200
 10.1.3 注意事项 …………… 206

10.2 思维导图 AI Agent ……… 207

10.2.1 目标功能 ………… 207
10.2.2 设计方法与步骤 …… 208
10.2.3 注意事项 ………… 212

第 11 章 职场求职与面试 …… 214

11.1 求职助手 AI Agent ……… 214
    11.1.1 目标功能 ………… 214
    11.1.2 设计方法与步骤 …… 216
    11.1.3 注意事项 ………… 221

11.2 面试助手 AI Agent ……… 222
    11.2.1 目标功能 ………… 222
    11.2.2 设计方法与步骤 …… 222
    11.2.3 注意事项 ………… 227

11.3 简历诊断与优化
    AI Agent ………………… 228
    11.3.1 目标功能 ………… 228
    11.3.2 设计方法与步骤 …… 228
    11.3.3 注意事项 ………… 234

第 12 章 生活服务与咨询 …… 236

12.1 旅行规划 AI Agent ……… 236
    12.1.1 目标功能 ………… 236
    12.1.2 设计方法与步骤 …… 237
    12.1.3 注意事项 ………… 244

12.2 健康与减肥 AI Agent …… 244
    12.2.1 目标功能 ………… 244
    12.2.2 设计方法与步骤 …… 245
    12.2.3 注意事项 ………… 250

12.3 家庭医生 AI Agent ……… 251
    12.3.1 目标功能 ………… 251

12.3.2 设计方法与步骤 …… 251
12.3.3 注意事项 ………… 256

12.4 高考顾问 AI Agent ……… 257
    12.4.1 目标功能 ………… 257
    12.4.2 设计方法与步骤 …… 258
    12.4.3 注意事项 ………… 265

12.5 购车顾问 AI Agent ……… 266
    12.5.1 目标功能 ………… 266
    12.5.2 设计方法与步骤 …… 267
    12.5.3 注意事项 ………… 272

第 13 章 智能识文与识物 …… 274

13.1 植物识别 AI Agent ……… 274
    13.1.1 目标功能 ………… 274
    13.1.2 设计方法与步骤 …… 275
    13.1.3 注意事项 ………… 277

13.2 动物识别 AI Agent ……… 278
    13.2.1 目标功能 ………… 278
    13.2.2 设计方法与步骤 …… 279
    13.2.3 注意事项 ………… 281

13.3 手写文字识别 AI Agent … 282
    13.3.1 目标功能 ………… 282
    13.3.2 设计方法与步骤 …… 283
    13.3.3 注意事项 ………… 285

13.4 通用物体和场景识别
    AI Agent ………………… 286
    13.4.1 目标功能 ………… 286
    13.4.2 设计方法与步骤 …… 286
    13.4.3 注意事项 ………… 288

13.5 卡证信息抽取 AI Agent … 289

13.5.1 目标功能 …………… 289
13.5.2 设计方法与步骤 …… 290
13.5.3 注意事项 …………… 292
13.6 长文档内容理解 AI Agent ………………… 292
13.6.1 目标功能 …………… 293
13.6.2 设计方法与步骤 …… 293
13.6.3 注意事项 …………… 295

第四篇 未来展望

第 14 章 AI Agent 的挑战与未来 …………………… 299

14.1 AI Agent 当前的发展瓶颈 ………………………… 299
14.1.1 大模型的能力限制 … 300
14.1.2 可运用的工具数量和范围 ………………… 301
14.1.3 记忆能力 …………… 302
14.1.4 用户体验与交互方式 ………………… 303
14.1.5 安全性和隐私问题 … 304
14.1.6 伦理和责任问题 …… 305
14.2 AI Agent 未来的发展趋势 ………………………… 306
14.2.1 智联网的形成 ……… 306
14.2.2 技术落地的载体 …… 307
14.2.3 生态系统的崛起 …… 308
14.2.4 人机协同模式的变革 ………………… 310
14.2.5 意图自动生成 AI Agent ………………… 311
14.2.6 多智能体协作 ……… 313

第一篇 Part 1

基 础 原 理

- 第 1 章 全面认识 AI Agent
- 第 2 章 AI Agent 与 LLM

第一篇 基础原理

在现代职场中，人工智能技术正迅速改变我们的工作方式，极大提升我们的工作效率。AI Agent（人工智能代理／人工智能体）已成为职场人士提升生产力和简化工作的得力助手。这种智能软件能够自主执行任务，在数据处理、客户服务及项目管理等多个领域都展现出了巨大的潜力和价值。掌握 AI Agent 的设计和应用，不仅可紧跟科技潮流，还能在职场中脱颖而出，显著提升工作效率和助力职业发展。

本篇将全面介绍 AI Agent 的基础原理，并帮助读者从零开始掌握其设计和应用方法。首先，我们将明确 AI Agent 的定义，回顾其发展历程，深入探讨其各项功能及应用场景，同时介绍不同类型的 AI Agent 及其特点。接下来，我们将深入分析 AI Agent 的理论基础和技术支撑，通过具体的工作实例，让读者更加直观地了解其运作方式。此外，本篇还将详细阐述大语言模型（LLM）的主要类型及在 AI Agent 中的应用，解释 LLM 的基本原理和作用，探讨它与 AI Agent 的关系及对 AI Agent 性能的影响，并阐明如何结合用户界面（UI）设计出高效的 AI Agent。

第 1 章　Chapter 1

全面认识 AI Agent

在智能化转型的大背景下，AI Agent 这一先进技术工具正快速渗透到各行各业。本章将引导读者全面了解 AI Agent 的定义、发展历程以及功能和应用场景。我们会深入探讨各类 AI Agent 的特点，并通过实例来阐释其工作流。无论你是初次接触 AI Agent 还是已有一定的基础、希望更深入地了解 AI Agent 的运作机制，本章都能为你提供系统且详尽的知识，助你奠定坚实的基础。

本章将从理论到实践，助你逐步掌握 AI Agent 的精髓。首先，我们将阐明 AI Agent 的定义及历史沿革，为你建立基础认识。紧接着，我们会详尽介绍 AI Agent 的核心特性和它在不同行业的应用实例，揭示其广阔的应用前景。然后，我们将深入分析各类 AI Agent 的特性，以及背后的理论和技术支撑。最后，通过具体案例，让你直观地了解 AI Agent 的实际操作步骤和流程。在学习过程中，请注重理论与实践相结合，并思考如何将所学知识转化为实际工作能力。

1.1　AI Agent 的定义

在职场中，时间和效率至关重要。若你拥有一个智能助手，它能处理琐碎事务，提供有益建议，甚至辅助决策，那你的工作效率会大幅提升。而这正是 AI Agent 的神奇之处。

1.1.1 什么是 AI Agent

AI Agent 是一种基于大语言模型（LLM）实现的智能系统。它是一个"聪明"的助手，能够像人类一样理解你的需求，并帮助你完成任务。

（1）AI Agent 能做什么

举个简单的例子，假如你告诉 AI Agent"我想喝杯咖啡"，它会这样处理：

1）**了解喜好**：AI Agent 会记住你喜欢的咖啡类型和口味。

2）**自动下单**：它会自动打开点餐应用，选购你喜欢的咖啡。

3）**支付**：它会自主执行支付流程，确保订单顺利完成。

整个过程中，你不需要亲自操作手机或计算机，AI Agent 就像一个隐形的助手，会帮助你完成整个流程。

（2）AI Agent 为何如此特别

AI Agent 不是一个简单的自动化工具，它能够"感知"你的工作环境，就像人一样能够理解和使用各种工具。它能够自主规划自己的行动，不断学习和改进，以适应你的工作习惯和需求。

（3）AI Agent 在职场中的应用

在职场中，AI Agent 可以帮助你完成复杂或重复性的任务，让你专注于更有创造性和战略性的工作。无论是管理日程、整理邮件还是数据分析，AI Agent 都能成为你提升工作效率的小能手。

在本书中，我们将手把手教你如何使用低代码工具来创建专属于自己的 AI Agent。你不需要是技术专家，只需要跟随我们的指导，就能拥有一个智能的工作伙伴，将工作效率提升 10 倍！

1.1.2 技术思维下的 AI Agent

在技术思维的视角下，AI Agent 是一种融合了多项尖端技术的智能系统。这种系统旨在帮助甚至代替人类完成某些复杂任务。对于没有技术背景的职场人士来说，理解 AI Agent 的架构对于掌握其运作机制和提高工作效率至关重要。

可以用一个公式来表示 AI Agent 的技术架构：AI Agent = LLM（大语言模型）+ Planning（规划能力）+Memory（记忆能力）+Tool Use（工具使用能力）+Action（行动能力）。由这个公式可知，AI Agent 的技术架构主要包括五大核心部分，如图 1-1 所示。

（1）大语言模型

大语言模型相当于 AI Agent 的"大脑"和"嘴巴"。它不仅能理解自然语言文本，还能生成自然语言文本，从而与人交互。大语言模型可以回答问题，提供资讯，甚至进行对话。这意味着 AI Agent 能像人一样理解并回应你的指令或查询，即使你没有技术背景也能轻松使用它。

大语言模型	规划能力	记忆能力	工具使用能力	行动能力
语言理解	反思	短期记忆	搜索	执行指令
语言生成	自我批评	长期记忆	计算器	工具调用
知识推理	思维链		代码解释器	自动化流程
多模态	子目标分解		日历	反馈与调整

图 1-1　AI Agent 的技术架构

（2）规划能力

规划能力赋予了 AI Agent 策略制定的"智慧"。这使 AI Agent 能根据任务目标和当前环境制订出有效的行动计划。在职场中，这相当于有一个助手在为你规划每日、每周甚至每月的工作，确保你的时间和精力被高效利用。

（3）记忆能力

记忆能力让 AI Agent 拥有了"记事本"的功能。它使 AI Agent 能存储并回忆过往的信息和经验，以便更好地适应新情境。AI Agent 能记住你的偏好、工作习惯和关键信息，从而提供更加贴心的服务。

（4）工具使用能力

工具使用能力是 AI Agent 的一项"技艺"。这使 AI Agent 能与其他软件或硬件工具交互，进而扩展其功能和应用范围。在职场中，这相当于有一个助手能自动为你操作计算机软件、整理文件或发送电子邮件，从而极大地提升你的工作效率。

（5）行动能力

行动能力为 AI Agent 提供了强大的"执行力"。它让 AI Agent 能根据规划执行具体的任务或操作。在职场中，这意味着 AI Agent 不仅能给出建议和信息，还能直接帮你完成一些常规或重复性的工作，如整理数据、安排日程等。

1.1.3　产品思维下的 AI Agent

在产品思维的视角下，AI Agent 超越了单纯技术工具的范畴，蜕变为能够自主工作、深刻理解用户需求并高效完成任务的智能伴侣。通过产品思维的透镜，我们能更深入地理解 AI Agent 的设计理念与应用场景。

AI Agent 的产品架构主要包括三大核心部分，如图 1-2 所示。

```
     智力              知识             自主工作

   理解能力           自有知识          工具使用

   表达能力           补充知识       工作流规划和执行
```

图 1-2　AI Agent 的产品架构

（1）智力：兼备理解能力与表达能力

智力堪称 AI Agent 的灵魂，它关乎 AI Agent 能否精准捕捉用户指令，并给出恰如其分的回应。

- **理解能力**：AI Agent 需具备强大的自然语言处理能力，以确保能准确解析用户的指令或查询。这不仅要理解字面含义，还要洞悉指令背后的深层意图、上下文关联及潜在需求。譬如，当用户询问"明天天气如何？"时，AI Agent 不仅要捕捉到"天气"这一关键词，还需敏锐地察觉到用户可能关心的出行建议或着装搭配。
- **表达能力**：AI Agent 需以自然流畅的语言进行回应。这要求 AI Agent 不仅擅长文本生成，还能根据用户的个性与偏好灵活调整回应的语气与风格。面对严谨的用户，AI Agent 可采用正式、专业的语言；而面对轻松的用户，则可换用幽默、亲切的语气。

（2）知识：融合自有知识与补充知识

知识是 AI Agent 的坚实基石，它直接决定了 AI Agent 能否提供准确且有价值的信息。

- **自有知识**：AI Agent 的储备主要源自其内置的大语言模型。这些模型经由海量数据的洗礼，已积累了丰富的语言知识与常识信息。然而，受数据时效性与局限性的制约，自有知识难以覆盖所有领域与情境。
- **补充知识**：为弥补自有知识的不足，AI Agent 需具备从外部知识库或工具中汲取补充知识的能力。例如，当用户提出专业领域的问题时，AI Agent 可借助专业数据库或搜索引擎获取相关信息，并将其巧妙融入回应之中。此外，AI Agent 还可通过学习用户的反馈与习惯，不断革新与完善自身的知识体系。

（3）自主工作：兼具工具使用与工作流规划和执行

自主工作是 AI Agent 追求的至高境界，它要求 AI Agent 能在无人工干预的情况下，独立自主地完成一系列任务。

- **工具使用**：AI Agent 需掌握调用各类软件与硬件工具的技巧。这些工具可能涵盖办公、数据分析、图像处理等多个领域，将助力 AI Agent 拓展功能边界与应用范畴。例如，当 AI Agent 面临处理 Excel 表格的任务时，它能自如地调用 Excel 软件，高效完成数据的筛选、排序与分析工作。
- **工作流规划和执行**：AI Agent 还需具备规划并执行工作流的能力。工作流是由一系列有序任务或操作构成的完整业务流程。AI Agent 需根据任务目标与当前环境，精心规划出合理的工作流，并自动依次执行每个步骤。以处理客户订单为例，AI Agent 能规划出从接收订单、审核信息、安排生产到发货跟踪的完整工作流，并自主执行每一步操作。

1.1.4　AI Agent 的核心特性

AI Agent 是一种能自主感知、分析和决策的智能系统。它模拟人类智能行为，助力用户完成各类任务。接下来，我们深入探讨 AI Agent 的核心特性。

（1）自主性

AI Agent 能在无人干预的情况下自主执行任务。基于预设规则和目标，它能独立完成数据收集、分析、决策和执行等操作。例如，AI Agent 可每日自动扫描电子邮件，标记重要邮件，甚至自动回复常见问题。

（2）感知能力

AI Agent 能感知周围环境并获取有用信息，通过传感器（如摄像头、麦克风）或数据接口感知外界变化。例如，智能家居的 AI Agent 可通过温度传感器和照度传感器感知室内环境变化，从而自动调节空调和灯光，创造舒适的生活环境。

（3）决策能力

AI Agent 具备出色的决策能力。它能分析感知信息，结合知识库做出最优决策。在金融领域，投资 AI Agent 可分析市场数据、新闻和历史交易记录，辅助投资者做出明智决策，提升投资收益。

（4）交互能力

AI Agent 能与用户自然交互，通常通过自然语言处理技术实现。这意味着你可用日常语言与 AI Agent 对话，让其协助完成任务。例如，对 AI Agent 说"帮我安排明天会议日程"，它会按要求安排好所有会议并提醒你。

1.2　AI Agent 的发展历史

要了解 AI Agent 的发展历史，需要追溯计算机科学和人工智能的演进。AI

Agent 的历史可划分为几个重要阶段，每一阶段都代表着技术的显著进步和应用的拓展。

1.2.1　早期探索阶段（20 世纪 50 年代～20 世纪 70 年代）

20 世纪 50 年代，计算机科学先驱艾伦·图灵提出了"图灵测试"，这是判断机器是否具备智能的标准。该测试激发了早期人工智能研究者的兴趣，他们开始探索如何让计算机模拟人类的智能行为。

尽管当时的计算机性能有限，但研究者仍开发出了一些简单的 AI 程序，例如会话机器人 ELIZA。ELIZA 能模拟心理医生与用户对话，尽管只是基于预设规则进行匹配和回应，却初步展现了 AI Agent 的潜力。

1.2.2　基础研究阶段（20 世纪 80 年代～20 世纪 90 年代）

20 世纪 80 年代，AI 研究进入了新阶段，主要集中于开发专家系统。专家系统依赖于知识库和规则引擎来模拟专家的决策过程。例如，MYCIN 是一个著名的医疗诊断专家系统，能根据患者的症状和实验室结果提供治疗建议。

专家系统在医学、工程等领域得到了成功应用，显示了 AI Agent 在专业领域的实用性。然而，专家系统依赖于预设的规则和知识库，缺乏自主学习能力。

1.2.3　机器学习阶段（21 世纪初～21 世纪 10 年代）

（1）数据驱动的智能

21 世纪初，随着机器学习技术的快速发展，AI Agent 迎来了新时代。机器学习使 AI 系统能从海量数据中学习规律并自动提升性能。此时，AI Agent 的自主性和适应能力得到了显著提升。

（2）深度学习的崛起

21 世纪 10 年代，深度学习技术的突破使 AI Agent 更加智能。深度学习算法能处理复杂的模式识别任务，包括语音识别、图像分类和自然语言处理。这些技术进步使 AI Agent 能更好地理解并响应人类语言和行为。

1.2.4　现代阶段（21 世纪 20 年代以来）

（1）大语言模型与 AI Agent

进入 21 世纪 20 年代，大语言模型（如 GPT-3）的出现彻底改变了 AI Agent 的能力。这些模型具备强大的语言理解和生成能力，使 AI Agent 能进行更自然、复杂的对话。它们能处理各种文本生成任务，从撰写文章到编写代码，极大地拓展了 AI Agent 的应用范围。

（2）AI Agent 的多样化应用

现代 AI Agent 已广泛应用于各行各业，包括办公自动化、文案生成与编辑、信息搜索与分析、数据和图表处理、图片处理、视频处理、求职与招聘以及个人生活等领域。它们不仅提高了工作效率，还极大地改变了我们的生活方式。

1.3 AI Agent 的功能

AI Agent 作为一种功能强大的工具，能够在多种场景下协助用户完成各类任务。为了方便读者更清晰地理解 AI Agent 的功能，我们将其划分为几个核心方面，并通过具体实例展示其在实际应用中的作用。

1.3.1 自动化任务处理

描述：AI Agent 能自动执行重复性和常规性任务，从而节省用户的时间和精力。

实例：
- **邮件管理**：AI Agent 可智能整理电子邮件，标记重要邮件，并根据预设规则自动回复常见问题。
- **日程安排**：协助安排日程，自动设置会议提醒，并根据日程动态调整优先级。

1.3.2 数据分析与报告

描述：AI Agent 能收集、整理并分析海量数据，生成易懂的报告，辅助用户做出明智的决策。

实例：
- **市场调研**：自动收集市场数据，分析竞争对手动态，生成详细的市场调研报告，以帮助制定营销策略。
- **财务分析**：深入分析公司财务数据，生成报表及预测，为管理层战略决策提供有力支持。

1.3.3 个性化推荐与建议

描述：基于用户行为和偏好，AI Agent 提供个性化推荐与建议，优化用户体验。

实例：
- **购物推荐**：在电商平台上，根据浏览和购买记录，推荐用户可能感兴趣的商品。
- **内容推荐**：在流媒体平台上，依据观看历史，推荐符合用户喜好的影视内容。

1.3.4 自然语言处理与对话

描述：AI Agent 具备自然语言理解与生成能力，实现与用户间的自然对话。

实例：
- **智能客服**：担任智能客服角色，回应用户咨询，处理投诉，提供 7×24h 不间断服务。
- **虚拟助手**：如 Siri、小度和小爱同学，通过语音识别与自然语言处理，协助完成各类任务。

1.3.5 图像和视频处理

描述：AI Agent 能处理与分析图像和视频，执行多样的图像识别与编辑任务。

实例：
- **图片编辑**：自动裁剪、调色、加滤镜等，高效处理大量图片，满足多样化需求。
- **视频分析**：在安防监控中，实时分析视频内容，识别异常行为并发出警报。

1.3.6 预测与决策支持

描述：基于历史数据与模型，AI Agent 提供预测与决策支持，助力用户做出更优决策。

实例：
- **销售预测**：结合历史销售数据与市场趋势，预测未来销售情况，为销售计划的制订提供依据。
- **医疗诊断**：在医疗领域，辅助医生分析病历与检测数据，提出诊断建议及治疗方案。

1.4 AI Agent 的应用场景

为了让大家更好地了解 AI Agent 的广泛应用，本节列举一些具体的应用场景，其实现步骤将在第 4 ～ 13 章进行详细介绍。

1.4.1 办公自动化

在办公环境中，AI Agent 可以大幅简化日常工作任务。例如，它可以自动整理和管理电子文件，确保文档归类正确且易于检索。同时，AI Agent 还能协助安排会议和日程，自动发送会议邀请和提醒，从而让员工能够更高效地管理时间，专注于核心工作。

1.4.2 文案生成与编辑

对于需要撰写大量文案的工作，AI Agent 能够提供极大的帮助。无论是新闻稿、博客文章还是营销材料，AI Agent 都能根据提供的关键信息和风格指南快速生成高质量的文本内容，并能够对文本进行编辑。这不仅加快了内容生产的速度，还确保了文案的一致性和专业性。

1.4.3 信息搜索与分析

在信息爆炸的时代，快速准确地获取信息至关重要。AI Agent 能够智能地搜索、筛选和分析网络上的大量信息，为用户提供精确的结果。这在市场调研、竞品分析以及学术研究等领域具有极高的实用价值。

1.4.4 数据处理和图表制作

处理复杂数据和制作专业图表是许多工作的核心部分。AI Agent 能够自动处理和分析数据，生成易于理解的图表和报告，从而帮助用户更快地洞察数据中的关键信息，做出明智的决策。

1.4.5 图片处理

对于需要频繁处理图片的用户来说，AI Agent 可以大大简化工作流。它能够自动进行图片裁剪、颜色调整、滤镜应用等操作，快速满足各种图片处理需求，同时保持高质量的输出。

1.4.6 视频处理

在视频制作领域，AI Agent 同样表现出色。它可以协助进行视频剪辑、字幕添加、音效调整等任务，显著提高视频制作的效率和质量。无论是专业视频制作者还是业余爱好者，都能从中受益。

1.4.7 求职与招聘

在求职和招聘过程中，AI Agent 也发挥着重要作用。对于求职者来说，它可以帮助优化简历格式和内容，提供面试准备建议，甚至模拟面试场景进行练习。而对于招聘方来说，AI Agent 可以高效地筛选简历，安排面试时间，以及进行候选人背景调查等工作，大大简化了招聘流程。

1.4.8 个人生活助手

在个人生活中，AI Agent 同样是一个得力的助手。它可以提醒你即将到来的重要事件，如生日、纪念日或约会等。同时，AI Agent 还能管理你的购物清单，根据你的喜好和需求推荐餐厅、旅行目的地或娱乐活动。有了 AI Agent 的帮助，你的生活将变得更加有条不紊且丰富多彩。

1.5 AI Agent 的类型及其特点

在当今职场中，了解 AI Agent 的不同类型及其特点显得尤为重要。AI Agent 正在逐渐改变我们的工作方式和行业运作模式。本节将详述几种主要的 AI Agent 类型及其特点，旨在帮助非技术背景的职场人士更好地理解和运用这些技术。

1.5.1 静态代理

（1）特点
- **定义明确**：其行为和任务在设计时便已确定，不会随环境改变而调整。
- **执行效率高**：因行为和规则预先设定，在特定任务中执行迅速、高效。
- **应用场景有限**：常用于执行固定流程任务，如简单客户服务机器人、自动化数据处理等。

（2）适用场景
- **固定规则的任务**：如数据录入、基本信息查询等。
- **重复性高的工作**：如定期报告生成、系统维护等。

1.5.2 动态代理

（1）特点
- **适应性强**：能根据环境变化调整，以更好地完成任务。
- **复杂度高**：需实时感知环境变化并做出决策，设计和实现较静态代理更复杂。
- **应用广泛**：适用于需灵活应对变化的场景，如智能客服、自动驾驶等。

（2）适用场景
- **交互复杂的任务**：如智能客服系统，可根据用户提问动态调整回答。
- **环境变化快的工作**：如自动驾驶，需实时调整车辆驾驶行为。

1.5.3 智能代理

（1）特点
- **学习能力强**：具备学习能力，可通过经验和数据不断优化自身行为。
- **自主决策**：能根据目标和环境自主决策，而不是仅执行预设任务。
- **高效处理复杂任务**：能处理复杂且高效的任务，如金融分析、医疗诊断等。

（2）适用场景
- **数据驱动工作**：如金融市场分析，通过学习历史数据预测市场走势。
- **专业领域应用**：如医疗诊断，通过学习大量病例数据辅助医生决策。

1.5.4 多代理系统（多智能体）

（1）特点
- **协同工作**：多个代理相互协作，共同完成复杂任务。
- **分布式处理**：任务可分布于不同代理之间，提升整体效率和处理能力。
- **复杂性较高**：涉及多个代理的协调和通信，设计和管理相对复杂。

（2）适用场景
- **大规模项目管理**：如建筑工程中，各代理负责不同部分的进度和质量控制。
- **复杂系统模拟**：如智慧城市管理系统，通过多个代理模拟和优化城市资源分配。

1.5.5 移动代理

（1）特点
- **移动灵活**：能在不同网络节点间移动执行任务。
- **网络效率高**：减少网络带宽占用，因代理可移至数据所在位置处理。
- **安全性要求高**：涉及不同网络节点间移动，需确保代理移动过程中的安全性。

（2）适用场景
- **分布式计算**：在大规模分布式系统中，移动代理可在各节点间移动分配计算任务。
- **网络管理**：如在大规模企业网络中，移动代理可在不同节点间巡逻监测网络状态。

1.6 AI Agent 的理论基础

为了充分理解和有效利用 AI Agent，需要深入了解其背后的理论基础。本节从非技术背景的职场人士角度出发，简要介绍 AI Agent 所依赖的几大理论基础。

1.6.1 人工智能理论

（1）核心概念
- **智能行为**：人工智能旨在模拟和实现人类的智能行为，涵盖学习、推理、规划及语言理解等方面。
- **机器学习**：通过特定算法，使计算机能够从数据中学习模式和规律，进而提升在特定任务上的表现。
- **深度学习**：作为机器学习的一个分支，它运用多层神经网络处理图像识别、自然语言处理等复杂任务。

（2）关键点
- **算法**：依赖决策树、神经网络、支持向量机等多种算法，这些算法支撑 AI Agent 进行复杂数据处理和决策。
- **数据驱动**：AI Agent 的性能提升和优化依赖大量的训练数据，因此，数据的质量和数量对其至关重要。

1.6.2 代理理论

（1）核心概念
- **自主性**：代理能够在无人工干预的情况下，自主感知环境并做出相应行动。
- **社会性**：代理具备与其他代理或人类进行交互和协作的能力，从而构建复杂的系统。
- **反应性与前瞻性**：代理不仅能对当前环境做出反应，还能预测未来环境并提前做出应对策略。

（2）关键点
- **状态感知**：代理能够持续监测并适应其所处环境的变化。
- **目标导向**：代理的所有行为都围绕明确的目标进行。

1.6.3 认知科学

（1）核心概念
- **认知模型**：研究人类思维和行为的模型，以辅助 AI Agent 模拟人类的认知过程。
- **学习和记忆**：深入理解人类学习和记忆信息的机制，为 AI Agent 开发类似的学习和记忆能力。
- **决策过程**：通过剖析人类的决策步骤和方法，助力 AI Agent 提升决策效能。

（2）关键点
- **人类行为模拟**：借助认知科学中的模型和理论，AI Agent 能更好地模拟并理解人类行为。
- **用户体验优化**：认知科学指导 AI Agent 设计出更贴合人类使用习惯的交互界面。

1.6.4 控制理论

（1）核心概念
- **反馈系统**：AI Agent 利用反馈系统不断调整和优化自身行为，以确保达成预定目标。
- **稳定性和优化**：在 AI Agent 执行任务时，保障其稳定性并持续优化性能。
- **自适应控制**：AI Agent 能根据外部环境和自身表现，自动调整控制策略。

（2）关键点
- **反馈环路**：通过持续的反馈机制，AI Agent 能检测并纠正自身行为中的偏差。
- **自我优化**：在不断调整和优化中，AI Agent 能在多变环境中保持高效运行。

1.6.5 博弈理论

（1）核心概念
- **策略选择**：研究在竞争或合作的环境下，不同主体应如何选取最佳策略。
- **博弈模型**：构建各种互动场景的数学模型，深入分析代理间的策略和可能结果。
- **均衡点**：在博弈过程中，当各方均采取最优策略时达到的平衡状态，即纳什均衡。

（2）关键点
- **竞争与合作**：博弈理论帮助 AI Agent 在多代理环境中找到最优的合作或竞争策略。
- **决策优化**：通过分析和预测其他代理的可能行为来完善自身的决策过程。

1.7 AI Agent 的技术支撑

为了深入理解 AI Agent 的实现和应用，不仅需要掌握其理论基础，还需要了解其背后的技术支撑。这些技术为 AI Agent 提供了强大的能力，使其能够高效、智能地执行任务。本节从非技术背景的职场人士角度出发，简要介绍 AI Agent 所依赖的几大关键技术。

1.7.1 数据处理与管理

（1）核心概念

- **数据收集**：从传感器、用户输入、网络等渠道获取大量数据，供 AI Agent 训练和优化使用。
- **数据存储**：利用数据库和数据仓库技术，确保数据的安全、有效存储。
- **数据清洗与预处理**：在数据使用前进行清洗、去重、补全等操作，以提升数据质量。

（2）关键点

- **数据安全**：在数据传输和存储过程中确保数据的安全性，严格保护用户隐私。
- **数据管理**：高效的数据管理系统对于 AI Agent 的数据处理效率和准确性至关重要。

1.7.2 机器学习与深度学习

（1）核心概念

- **机器学习**：通过算法让 AI Agent 从数据中学习规律，提升任务执行能力，涉及线性回归、决策树等算法。
- **深度学习**：利用多层神经网络处理复杂数据，适用于图像识别、自然语言处理等，包括 CNN（卷积神经网络）、RNN（循环神经网络）等模型。

（2）关键点

- **模型训练**：通过大规模数据训练，提升模型的预测和决策准确性。
- **模型优化**：不断调整模型参数，以提高其性能和准确性。

1.7.3 自然语言处理

（1）核心概念

- **文本理解**：使 AI Agent 能解析人类语言，包括语法分析、语义理解等。

- **对话系统**：开发能与人类自然对话的系统，如智能客服。
- **语言生成**：让 AI Agent 产出自然文本，如自动写作。

（2）关键点
- **语言模型**：利用预训练模型（如 GPT、BERT）提升 AI 的语言处理能力。
- **用户交互**：自然语言处理（NLP）技术能显著提升用户与 AI 的互动体验。

1.7.4 计算机视觉

（1）核心概念
- **图像识别**：使 AI 能理解和识别图像内容，如人脸识别。
- **视频分析**：提取视频中的有用信息，如动作识别。
- **视觉增强**：通过图像处理技术提升图像和视频质量。

（2）关键点
- **深度学习模型**：利用 CNN 等模型提升计算机视觉任务的准确性。
- **应用广泛**：计算机视觉技术在安防、医疗、自动驾驶等领域有广泛应用。

1.7.5 机器人技术

（1）核心概念
- **感知系统**：利用传感器（如摄像头、雷达）收集环境信息。
- **运动控制**：通过算法使机器人能执行各种动作，如行走、抓取。
- **自主导航**：使机器人能规划路径，安全到达目的地。

（2）关键点
- **多传感器融合**：综合多种传感器数据，提高感知和决策的准确性。
- **实时控制**：确保机器人在动态环境中能实时响应和调整行为。

1.7.6 分布式系统与云计算

（1）核心概念
- **分布式计算**：将计算任务分布到多个节点，提高效率和容错性。
- **云计算**：利用云平台资源进行大规模数据处理和模型训练。
- **边缘计算**：在数据源附近进行计算，降低延迟。

（2）关键点
- **弹性扩展**：利用云计算的弹性扩展能力，按需调整资源。
- **高可用性**：通过分布式系统设计，确保 AI Agent 的稳定性和可用性。

1.8　AI Agent 的工作流实例

在职场中，AI Agent 对于提升工作效率具有显著效果，即使是非技术背景的职场人士也能深受其益。本节从第 6 和 7 章中节选了两个具有代表性的 AI Agent 工作流实例，通过这两个实例，你可以更直观地理解 AI Agent 的运作方式，以及它们如何帮助你更高效地完成各项工作。

1.8.1　日程管理和会议安排 AI Agent

（1）场景

作为项目经理，小李每日需安排和参加多场会议，并管理个人日程。而有了日程管理和会议安排 AI Agent 后，小李的工作模式有了翻天覆地的变化。

（2）工作流

1）日程安排：当小李启动 AI Agent 时，它会根据小李的日程和优先级，智能地为其排定会议与任务。

2）会议安排：AI Agent 能自动检测与会者的空闲时段，为会议选定最佳时间和地点。此外，它还能发放邀请函并管理会议的确认事宜。

3）会议通知与提醒：AI Agent 会向所有与会者发送会议通知，并在会前发出提醒，确保大家准时出席。

4）会议记录与总结：会议期间，AI Agent 能实时记录内容，并自动生成纪要及行动项，然后自动分发给所有与会者。

（3）实际效果

借助日程管理和会议安排 AI Agent，小李能更高效地管理自己的时间和会议，大幅减少了时间浪费和会议安排上的困扰。团队的协作效率也因此显著提升，每位成员都能更专注于会议的核心内容和讨论。

1.8.2　多风格文案写作 AI Agent

（1）场景

市场营销部门经常需要撰写各类文案，如广告、社交媒体帖子、新闻稿等。而有了多风格文案写作 AI Agent 后，营销经理小张的工作效率得到了质的提升。

（2）工作流

1）文案需求分析：小张明确文案的目标和需求，例如是为了广告宣传还是为了产品推介。

2）生成多风格文案：基于小张输入的需求和目标，AI Agent 能自动生成适应不同风格和平台要求的文案。包括多样化的标题、正文及语言风格。

3）**内容优化**：根据小张的反馈和调整建议，AI Agent 能对生成的文案进行优化，确保其与品牌形象和市场需求相吻合。

4）**批量生成与管理**：小张可以一次性生成大量文案，并根据不同的发布时间和平台需求进行管理和发布。

（3）实际效果

通过利用多风格文案写作 AI Agent，小张能迅速产出大量高质量的文案，充分满足市场营销的多元需求。这不仅大幅节省了时间和人力，还显著提升了市场营销活动的成效和反馈速度。

第 2 章

AI Agent 与 LLM

本章将深入剖析 AI Agent 与大语言模型（Large Language Model，LLM）之间的紧密联系，以及 LLM 如何助力 AI Agent 提升其性能。首先，我们会介绍当前的主流大语言模型及其在各种场景中的应用，让读者了解 LLM 的广泛应用和深远影响。接着，我们将详细阐述 LLM 的基本原理及其在 AI Agent 中的协作方式，以实现智能任务处理。通过学习本章，读者将深刻理解 LLM 在提升 AI Agent 性能中的关键作用，为后续实践操作奠定坚实的理论基础。

我们将逐步展开 LLM 的相关内容。首先，聚焦于主流 LLM 及其应用场景，帮助读者初步了解 LLM。然后，深入解析 LLM 的工作原理，让读者明白其运行机制。紧接着，我们将探讨 LLM 与 AI Agent 的关联，以及 LLM 在 AI Agent 中的具体作用。通过案例分析，读者将见证 LLM 如何大幅提升 AI Agent 的性能。最后，我们会讨论用户界面（UI）与模型的融合方式，以优化实际应用中的用户体验。在学习本章时，请特别关注 LLM 与 AI Agent 的交互机制，并思考如何巧妙利用 LLM 来提升 AI Agent 的智能化程度。

2.1 主流的 LLM 及其应用场景

这一节将深入探讨 AI Agent 的核心技术之一——LLM。我们会详细介绍 LLM 的工作原理，探讨它们的主要类型，并阐述它们如何在实际应用中助力职场人士提高效率。

2.1.1　LLM 简介

LLM 是基于人工智能的模型，能够理解和生成自然语言。通过大量文本数据的训练，这些模型能回答问题、撰写文章和进行对话等，从而赋予 AI Agent 强大的语言理解和处理能力。

2.1.2　主流 LLM

下面介绍职场中的主流 LLM。

（1）ChatGPT 4o（OpenAI）

1）特点：ChatGPT 4o 是先进的对话生成模型，能流畅地与用户交互，理解复杂指令，并提供详尽的答复。

2）应用场景：个性化的客户服务和咨询，以及辅助学生学习和解答问题。

（2）Llama 3（Meta）

1）特点：Llama 3 是一个支持多语言、多任务的模型，具备出色的语言理解和生成能力，适用于处理多种语言文本。

2）应用场景：支持国际团队间的跨语言沟通，以及为不同文化背景的受众定制内容。

（3）通义千问 2.5（阿里云）

1）特点：通义千问 2.5 以卓越的中文理解和生成能力闻名，支持长文本处理和多模态交互。

2）应用场景：为中文市场生成营销文案、新闻报道等，同时结合图像和文本，提供更丰富的用户体验。

（4）GLM-4（智谱清言）

1）特点：GLM-4 是擅长处理复杂中文语言任务的模型，包括诗歌创作和长文本摘要。

2）应用场景：自动生成诗歌、散文等文学作品，以及自动生成会议记录和报告摘要。

（5）文心一言 4.0（百度）

1）特点：文心一言 4.0 是专注于中文语言理解，提供精准的问答服务和文本分析，并支持医疗、法律等专业领域的语言模型。

2）应用场景：为医疗、法律等行业提供专业咨询和文档分析，同时在电子商务等领域提供自动化的客户服务。

2.2 LLM 的作用与基本原理

在理解 AI Agent 的工作机制时，了解 LLM 的作用和基本原理至关重要。本节旨在简明扼要地介绍 LLM 的运作方式及其在实际应用中的重要性。

2.2.1 LLM 的作用

LLM 在职场中具有多重作用，主要包括以下几个方面：

- **自然语言理解与生成**：LLM 能理解和生成自然语言文本，对撰写文档、回复邮件、生成报告等任务大有裨益。例如，GPT-4o 能够根据输入的关键词生成完整的文章。
- **自动化任务处理**：通过理解复杂指令和上下文，LLM 可自动执行诸多重复性任务，如数据整理和客户服务对话，从而帮助用户节省大量时间。
- **信息提取与分析**：LLM 可从海量文本数据中提取并分析关键信息。例如，BERT 能协助从客户反馈中提炼重要信息，进行情感分析，识别客户需求。
- **增强人机交互**：LLM 使得人机交互更为自然顺畅。借助语音助手、聊天机器人等应用，职场人士能更高效地获取信息和完成任务。
- **知识管理与决策支持**：LLM 能快速检索和整合信息，为职场人士的决策提供有力支持。例如，RoBERTa 可在大量法律文本中定位相关法条，为律师提供必要帮助。

举例：销售经理小王每天需回复大量客户邮件。借助 LLM，小王可利用自动回复功能迅速生成符合客户需求的邮件回复，既提高了工作效率，又确保了客户服务质量。

2.2.2 LLM 的基本原理

要了解 LLM 的工作原理，可将其分解为以下几个关键步骤：

1）**预训练**。LLM 在大量文本数据上进行预训练，这些数据涵盖书籍、文章、网站内容等。通过阅读和分析这些数据，模型得以学习语言的结构、词汇和语法规则。

2）**语言理解**。在预训练过程中，模型通过学习文本的上下文关系来掌握句子和段落含义的理解方法。例如，识别同义词、反义词，以及理解句子间的逻辑关系。

3）**语言生成**。完成预训练后，模型能根据输入的提示或问题生成相应的文本。例如，当输入一个问题时，模型会基于所学知识生成合适的答案。

4）**微调**。为提高模型在特定任务上的表现，可对LLM进行微调（Fine-tuning）。这意味着在特定领域的数据上对模型进行再次训练，以更好地适应具体应用场景。例如，为使模型在医学领域表现更佳，可使用医学文献对模型进行微调。

5）**上下文处理**。LLM具备处理上下文的能力，能理解连续的对话或文本。这使得模型在回答复杂问题、进行多轮对话时表现更为自然、回答更为准确。

举例：人力资源主管小李负责公司招聘，需筛选大量简历并回复应聘者邮件。通过使用经过微调的LLM，其简历筛选和邮件回复的效率得到显著提升。该模型可根据职位要求自动筛选出符合条件的简历，并生成个性化的回复邮件。

2.3　LLM在AI Agent中的角色

LLM在AI Agent中扮演着举足轻重的角色，它为AI Agent赋予了处理自然语言的能力，从而能理解、生成及操作语言数据。本节将深入探讨LLM在AI Agent中的具体作用及其实际应用场景。

2.3.1　语言理解

LLM助力AI Agent理解自然语言文本，这包括用户的各种指令、提出的问题以及对话内容等。

- **客户支持方面**：例如，当客户询问"我的订单何时能发货？"时，LLM能精准捕捉客户的查询意图，即订单状态。
- **任务指令解析**：在项目管理领域，AI Agent可凭借LLM准确理解和解析如"请创建一份新的市场调研报告"等任务要求。

举例：某公司的AI客服系统通过LLM精准理解客户的多样问题，并提供相应的解决方案，从而有效减轻了人工客服的工作负担。

2.3.2　语言生成

LLM使AI Agent能够生成自然语言文本，用于回应用户、撰写文档或生成报告等。

- **邮件撰写**：例如，根据客户提供的关键信息，AI Agent可以利用LLM生成专业的邮件回复，详尽解释产品功能。

- **内容创作**：在营销领域，AI Agent 通过 LLM 创作出吸引人的广告文案、博客文章以及社交媒体帖子。

举例：一位市场经理利用配备 LLM 的 AI Agent 自动生成每周市场报告，不仅节省了大量时间，还确保了报告的专业度和准确性。

2.3.3　多轮对话管理

LLM 让 AI Agent 能够轻松处理多轮对话，确保对话的连贯性和上下文的相关性。

- **虚拟助理功能**：在企业环境中，AI 虚拟助理可以与员工展开多轮对话，协助安排会议，预订会议室，以及提醒重要任务等。
- **客户互动**：在电商平台上，AI Agent 通过多轮对话与客户交流，推荐产品，解答问题，并处理订单。

举例：某电商平台的 AI 购物助手利用 LLM 与客户保持连续对话，深入了解客户需求，推荐适合的产品，并协助客户完成购买流程。

2.3.4　信息提取与分析

LLM 协助 AI Agent 从海量文本数据中提取有价值的信息，并进行分析，为用户提供深刻的见解。

- **数据分析应用**：AI Agent 依靠 LLM 从市场报告、新闻资讯、社交媒体评论等中提取核心信息，深入剖析市场趋势和消费者偏好。
- **情感分析功能**：在客户服务领域，AI Agent 通过 LLM 分析客户反馈和评论中的情感倾向，助力企业改进服务质量。

举例：某金融公司利用 AI Agent 结合 LLM 进行舆情监测，从新闻和社交媒体中提炼出关于公司及竞争对手的舆论信息，并进行情感分析，为决策层提供有力支持，以便及时调整市场策略。

2.3.5　知识管理

LLM 助力 AI Agent 构建和维护知识库，便于用户随时查询和获取信息。

- **知识问答系统**：在企业内部，员工可以通过 AI Agent 和 LLM 管理知识库，快速获取关于公司政策、技术问题及流程规范等问题的答案。
- **自动化文档生成**：AI Agent 结合 LLM，根据预设模板和输入信息，自动生成技术文档、合同和报告等。

举例：某技术公司成功开发了一套内部知识问答系统，利用 LLM 技术帮助员工迅速定位技术文档和解决方案，从而大幅提升了员工的工作效率和满意度。

2.4 LLM 对 AI Agent 性能的影响

LLM 对 AI Agent 的性能影响深远。LLM 的能力直接关系到 AI Agent 在自然语言理解、复杂任务处理以及智能服务提供等方面的表现。接下来，我们将详细探讨 LLM 如何影响 AI Agent 的性能，并辅以具体实例进行说明。

2.4.1 语言理解能力的提升

LLM 赋予了 AI Agent 强大的语言理解能力，使其能够准确捕捉用户的意图、问题和命令。像 GPT-4o、BERT 等顶尖的 LLM，通过大规模文本数据的训练，对语言的细微差异和复杂上下文有出色的把握。

举例：在客户服务中，AI Agent 凭借 LLM 可以深入理解客户的复杂问题，并提供精准解答。例如，当客户描述一个涉及多个步骤的技术难题时，AI Agent 能准确理解每一步，并提供详尽的解决方案。

2.4.2 语言生成能力的增强

LLM 强化了 AI Agent 的语言生成能力，使其能产出高质量、逻辑连贯的文本，包括回复邮件、撰写报告和创建内容等。

举例：市场营销团队利用 AI Agent 生成广告文案和社交媒体帖子。得益于 LLM，这些文案和帖子不仅语法规范，而且创意十足、吸引力强，有效提升了营销效果。

2.4.3 多轮对话的流畅性

LLM 让 AI Agent 能够轻松处理多轮对话，确保对话的连贯性和上下文的一致性，这对提升用户体验至关重要，特别是在客户支持和虚拟助理应用中。

举例：在银行的客户服务环节，AI Agent 通过 LLM 与客户进行顺畅的多轮对话，处理如账户查询、贷款咨询等事务。LLM 保证了对话的自然流畅，为客户带来与真人交流般的体验。

2.4.4 信息提取与知识管理的精确性

LLM 拥有出色的信息提取能力，能从海量文本中精准提炼关键信息，并进行有效的整理和分析，对知识管理和决策支持大有裨益。

举例：在法律领域，AI Agent 利用 LLM 从大量的法律文献中快速提取相关法条，辅助律师进行案例分析，极大提高了工作效率和准确性。

2.4.5 个性化服务能力

LLM 助力 AI Agent 提供个性化服务，根据用户的历史数据和当前需求，生成定制化的建议和内容，更好地满足用户的个性化需求。

举例：在电子商务平台上，AI Agent 结合 LLM，根据客户的购买记录、浏览历史和偏好，生成个性化的商品推荐列表，从而提升了客户满意度和销售额。

2.4.6 学习与适应能力

先进的 LLM 具备持续学习和微调的能力，使 AI Agent 能够适应不同的任务和领域，不断改进并提升性能，以应对不断变化的业务需求。

举例：在医疗领域，AI Agent 通过 LLM 提供疾病诊断和治疗建议。通过持续吸纳最新的医学研究成果和临床数据，AI Agent 能够给出更加准确及时的医疗建议。

2.5 用户界面与 LLM 的结合方式

LLM 与用户界面（UI）的有效结合，对于 AI Agent 的成功应用至关重要。一个优秀的 UI 设计能够极大提升用户体验，使 AI Agent 的使用更加便捷和直观。下面将介绍几种 UI 与 LLM 的常见结合方式，并辅以实例说明其应用场景。

2.5.1 聊天界面

（1）结合方式

聊天界面是用户与 AI Agent 交互的最自然方式。用户通过文本或语音与 AI Agent 对话，LLM 则解析用户意图并做出恰当回应。

（2）应用场景
- **客户服务**：客户可随时通过聊天界面咨询，获得 AI Agent 的即时回应。
- **虚拟助手**：员工利用聊天界面与 AI Agent 交流，安排工作，设置提醒等。

（3）举例

某电商平台采用聊天界面的 AI Agent，用户提问后，AI Agent 能迅速回应，显著提高了服务效率和客户满意度。

2.5.2　语音助手

（1）结合方式

语音助手利用语音识别技术将语音指令转为文本，经 LLM 处理后，以语音形式回复用户。它通常被集成在智能手机或智能音箱中。

（2）应用场景

- **家庭助理**：控制家电、播放音乐、查询天气等。
- **移动办公**：驾驶或双手忙碌时，通过语音助手处理事务。

（3）举例

一款集成在智能音箱中的语音助手，通过准确回应用户的语音指令，如查询天气、播放音乐等，提升了用户体验。

2.5.3　表单与对话框

（1）结合方式

适用于需要用户输入结构化信息的场景。用户在 UI 中填写表单或对话框，LLM 根据输入生成相应的结果。

（2）应用场景

- **客户信息收集**：在客服中，用表单收集信息，提供个性化服务。
- **数据录入与处理**：员工通过对话框输入数据，AI Agent 进行处理。

（3）举例

金融公司的在线贷款申请系统，客户填写表单后，AI Agent 快速分析并生成审批结果，提高了效率。

2.5.4　仪表板与数据可视化

（1）结合方式

通过仪表板和数据可视化界面，清晰展示 AI Agent 处理后的数据和分析结果。

（2）应用场景

- **业务分析**：查看销售数据、市场趋势等。
- **项目管理**：查看任务进展、资源分配等。

（3）举例

市场分析公司使用 AI Agent 生成报告，并通过仪表板展示，辅助决策。

2.5.5 应用内嵌入

（1）结合方式

将 AI Agent 嵌入现有应用，使其成为应用的一部分，用户可直接调用其服务。

（2）应用场景

- **文档编辑**：提供自动校对、内容生成等功能。
- **电子邮件**：提供自动回复、邮件分类等服务。

（3）举例

文档编辑软件中嵌入的 AI Agent，可在编辑时提供语法检查、内容扩展等功能，提升编辑效率。

第二篇 Part 2

工具平台

- 第 3 章 国内的 AI Agent 设计平台

在当今这个日新月异的数字时代，AI Agent 正逐步成为职场效率提升的关键驱动力。随着技术的不断进步和普及，越来越多非技术背景的职场人士开始意识到，掌握 AI 工具的使用，不仅能够极大地提升自身的工作效率，更能在激烈的市场竞争中占据先机。AI Agent 设计平台作为连接技术与应用的桥梁，其价值不言而喻。它不仅降低了 AI 技术的使用门槛，使得每一位职场人士都能轻松上手，更以强大的自动化、智能化能力，为职场带来了前所未有的变革。

本篇将深入浅出地介绍几款国内主流的 AI Agent 设计平台，帮助读者快速掌握这些强大的工具。通过本篇的学习，相信每一位职场人士都能够找到适合自己的 AI 工具，解锁 AI 潜能，实现工作效率的 10 倍提升。

第 3 章　Chapter 3

国内的 AI Agent 设计平台

本章将深入探讨国内主流的 AI Agent 设计平台，助力职场人士轻松掌握低代码工具。本章首先详尽解析扣子平台的各项功能，从平台概述到界面介绍，再到关键流程设计与上手技巧，全方位引领读者走进扣子的世界。通过细致入微的讲解，帮助读者在实战中快速上手，体验 AI Agent 带来的工作效率飞跃。继扣子平台之后，本章还将深度剖析 AppBuilder 平台的各项特性与优势，从平台概述到功能介绍，再到关键流程与实战技巧，一步步引导读者掌握 AppBuilder 的精髓。

此外，本章还将简要介绍阿里云百炼、智谱清言及超算智能体等其他国内主流平台，帮助读者拓宽视野，全面了解国内 AI Agent 设计平台的现状与趋势。在学习过程中，请读者注意结合自身实际需求，选择最适合自己的平台进行深入探索与实践。

3.1　扣子平台使用详解

Coze，作为字节跳动在 AI 领域的力作，2023 年 12 月于海外首次亮相，标志着其全球布局的初步展开。2024 年 2 月 1 日，Coze 国内版"扣子"正式上线，为国内用户带来了全新的智能体验。

为了确保本书内容的时效性和实用性，我们将基于 2024 年 10 月 9 日更新的扣子版本进行演示。

3.1.1 扣子概述

1. 定位

（1）适用群体

- **中小企业员工**：尤其是那些缺乏专业开发团队，但渴望利用 AI 技术提升工作效率的企业的员工。
- **业务分析师与项目经理**：他们需要对业务流程进行智能化改造，以数据驱动决策，提高项目管理效率。
- **个人创业者与自由职业者**：寻求通过智能化工具优化日常任务管理，增强个人竞争力的群体。

（2）市场定位

扣子定位为"**全民可用的 AI 智能体构建平台**"，旨在打破技术壁垒，让非技术背景的职场人士也能轻松上手，快速实现 AI 赋能。

（3）能力特点

- **低代码/无代码设计**：用户无须编写复杂代码，通过直观的拖曳式界面即可完成智能体设计。
- **预置模板与组件**：提供丰富的行业场景模板，如客户服务、数据分析、日程管理等，加速智能体构建进程。
- **NLP**：集成先进的 NLP 技术，使智能体能够理解并响应复杂的人类语言指令。
- **集成能力**：轻松与其他办公软件（如 CRM、ERP 系统）对接，实现数据互通与流程自动化。

（4）核心优势

- **快速部署**：显著缩短从构思到应用的时间，让 AI Agent 迅速投入实际工作场景。
- **成本效益**：降低企业引入 AI 技术的门槛，不用高昂的研发成本，即可享受 AI 带来的效率提升。
- **易用性**：友好的用户界面与详尽的教程资源，确保用户能够快速掌握并灵活运用。

2. 核心特点

（1）用户友好型界面设计

- **细节描述**：扣子以其直观易用的图形化界面著称，专为非技术用户设计，没有编程背景的用户也能快速上手。通过拖曳式操作，用户可以轻松构建 AI 工作流的逻辑框架。

- **与 AppBuilder 的差异**：虽然 AppBuilder 也提供了可视化界面，但扣子在界面简洁度和操作流畅性上更胜一等，特别注重降低学习门槛，更适合快速原型设计和初学者使用。

（2）NLP 集成
- **细节描述**：扣子内置了强大的 NLP 模块，支持用户以接近自然语言的方式配置 AI 交互逻辑，使智能体能够理解并响应复杂指令。
- **与 AppBuilder 的差异**：扣子的 NLP 集成更为深入，提供了更多预训练的对话模板和意图识别功能，便于构建高度定制化的对话式 AI 应用，而 AppBuilder 则可能更侧重于 API 集成，需要用户自行配置 NLP 服务。

（3）快速迭代与部署
- **细节描述**：扣子允许用户在云端实时预览和测试 AI Agent 的行为，支持一键部署到多种平台，包括网页、移动设备和企业内部系统，极大地缩短了从设计到应用的时间。
- **与 AppBuilder 的差异**：虽然 AppBuilder 也支持快速部署，但扣子在迭代速度上更胜一等，其即时反馈机制使得调整和优化过程更加高效，特别适用于敏捷开发环境。

（4）丰富的插件与模板库
- **细节描述**：扣子拥有一个不断扩展的插件市场和预设模板库，涵盖了从数据分析到客户服务等多种应用场景，用户可以直接使用或稍加修改即可满足需求。
- **与 AppBuilder 的差异**：扣子的插件和模板更加聚焦于 AI 功能，且更新频率较高，确保用户能够获取到最新的技术特性和行业解决方案，而 AppBuilder 可能更广泛地覆盖应用开发的全领域。

3.1.2 扣子界面与功能介绍

1. 主页

主页（如图 3-1 所示）作为用户登录后首先看到的界面，集成了多项关键功能与资源，便于用户迅速展开工作。

- **最近编辑**：此功能会展示用户最近编辑的智能体，使用户能够轻松找回并继续编辑之前的智能体，无须在繁多的项目中费时寻找。
- **收藏**：用户可将感兴趣的智能体添加收藏，方便日后快速访问与复用。在浏览或搜索过程中发现优质智能体时，这一功能尤为实用。
- **新手教程**：详尽的新手教程引导用户了解扣子（扣子核心组件）的基本概

念、快速上手方法及产品最新动态，帮助新用户迅速熟悉平台，降低学习成本。
- **关注**：通过关注功能，用户可以获取扣子社区的精彩分享、智能体推荐及行业动态，从而不断提升自身的开发技能与视野。
- **智能体推荐**：平台会为用户推荐热门智能体，这些智能体经过精心挑选，能够满足用户多样化的需求，助力用户高效完成工作任务。

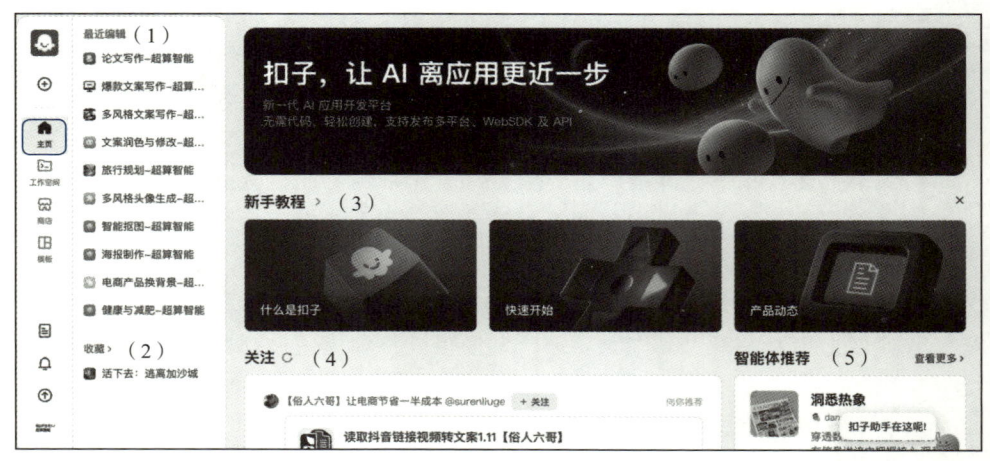

图 3-1　扣子主页

2. 工作空间

工作空间（如图 3-2 所示）是用户进行智能体开发与管理的核心区域，提供了全方位的支持与资源。

图 3-2　扣子工作空间

- **工作空间**：用户可以在个人空间与团队空间之间自由切换，以适应不同项目的需求，实现项目管理的灵活性与高效性。
- **项目开发**：用户可以在此查看并管理自己创建的所有智能体，通过编辑与数据分析功能，不断优化智能体的性能与表现，确保智能体能够精准满足业务需求。
- **资源库**：管理自己的插件、工作流、知识库和卡片等资源，支持资源的添加、复制、编辑和删除等操作。
  - **插件**：插件是扩展 AI Agent 功能的关键组件。用户可以在个人空间中浏览、创建和管理各种插件，以满足不同的业务需求。
  - **工作流**：工作流是定义 AI Agent 如何执行任务和处理信息的流程。用户可以在个人空间中创建、编辑和测试工作流，以确保 AI Agent 能够按照预期执行。
  - **知识库**：知识库是存储和管理 AI Agent 所需知识和信息的中心。用户可以在个人空间中创建、编辑和查询知识库中的内容，以提高 AI Agent 的智能水平。
  - **卡片**：卡片是展示 AI Agent 性能和成果的可视化工具。用户可以在个人空间中创建和定制卡片，以便更直观地了解 AI Agent 的工作状态和效果。

3. 商店

商店（如图 3-3 所示）是扣子平台上的资源共享区，为用户提供了发现和获取新资源、新工具的途径。

图 3-3　扣子商店

- **智能体商店**：用户可以在智能体商店中浏览和试用由其他用户创建的 AI Agent 模板。这些模板通常已经过优化和测试，可以直接使用或作为灵感来源进行二次创作。
- **插件商店**：插件商店提供了大量由扣子官方和其他用户创建的插件，用户可以根据自己的需求挑选合适的插件来扩展 AI Agent 的功能。目前扣子官方发布的插件相对稳定，部分由其他用户创建的插件因为长期未维护等问题，可能会存在无法使用的情况。
- **模型广场**：模型广场（如图 3-4 所示）是一个专为用户设计的在线 LLM 对比与评估系统，旨在帮助用户更精准地了解并选择最适合其需求的 LLM。
  - **纯模型对战**：在这种对战模式下，系统会忽略所有与智能体配置相关的因素，如编排等，用户可以直接观察到不同 LLM 在文本生成、图文理解等核心能力上的表现差异，从而更清晰地了解各个 LLM 的优缺点。
  - **基于智能体的模型对战**：这种对战模式允许用户使用系统已正式发布的智能体进行问答测试。通过模拟真实业务场景，用户可以评估不同 LLM 在文本生成、图文理解、技能调用以及知识调用等方面的综合能力。这有助于用户在创建智能体时，根据实际需求选择最合适的 LLM，从而提升智能体的性能和用户体验。

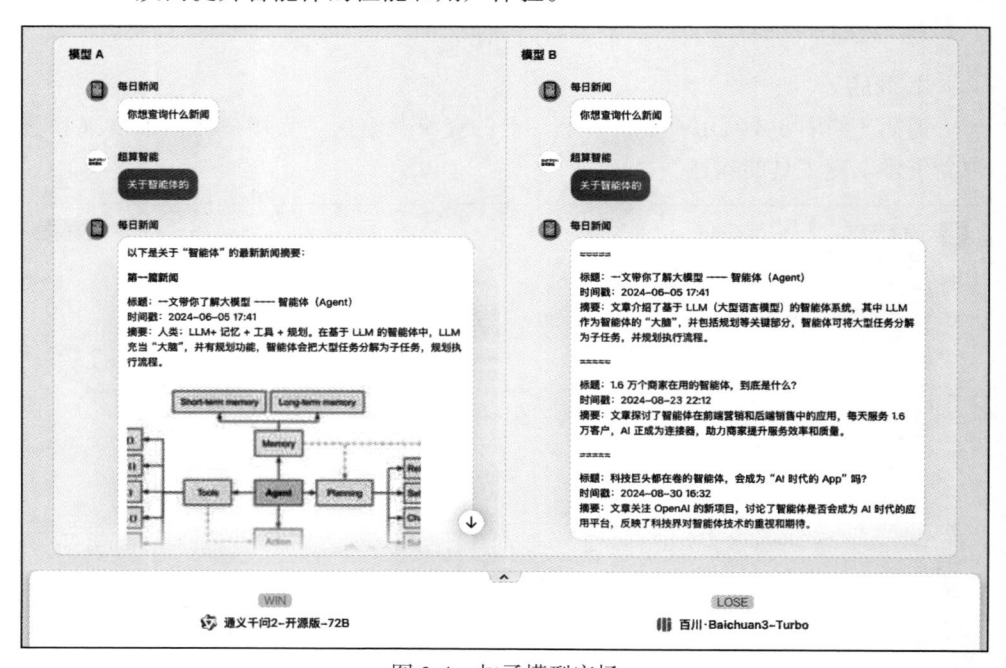

图 3-4 扣子模型广场

4. 模板

模板区域为用户提供了多种类型的工作流和智能体模板，这些模板可能涵盖营销创作、信息处理、聊天陪伴、智能客服、学习教育、电商生活服务等多个领域。用户可以在此选择适合自己工作场景的模板，并通过简单的配置和调整快速生成功能完善的智能体。这些模板不仅能够帮助用户节省大量的时间和精力，还能够提升智能体的性能和准确性，从而让用户更加高效地完成各种工作任务。

3.1.3 扣子关键流程设计详解

在设计并实施高效的 AI Agent 以提升职场工作效率的过程中，掌握扣子平台的核心操作流程，特别是工作流创建和智能体创建两大关键流程，是至关重要的。

建议先完成工作流的创建，因为工作流是智能体执行任务的基础。这一顺序有助于你在创建智能体时更清晰地理解如何整合工作流，实现高效交互。

通过关键流程设计图（如图 3-5 所示）中的以下 3 个从基础到进阶的小流程，能够快速地在扣子上构建出强大的智能助手。

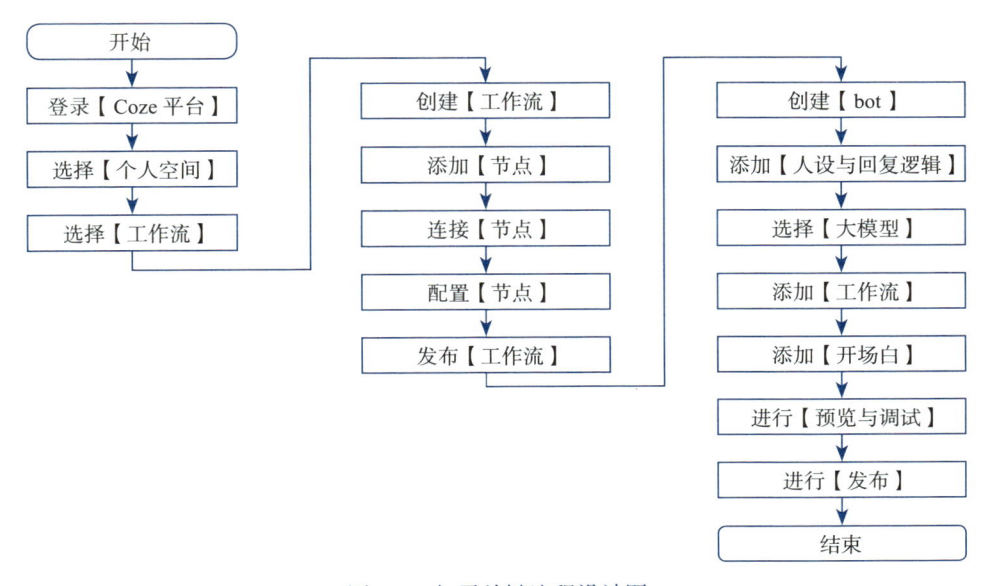

图 3-5 扣子关键流程设计图

1）基础流程：一切的开始。用户首先需登录扣子平台，通过个人空间这一入口，快速访问工作流管理的核心区域。在这里，无论是查看已有的工作流列表，还是着手创建新的流程，都变得轻松自如。

2）工作流创建流程：引领我们深入智能体逻辑的构建。这一流程始于新建工作流的基本信息设定，随后通过从丰富的节点库中精心挑选并拖曳节点至画布，我们得以构建出复杂的业务逻辑链。节点间的精准连接与细致配置，确保了工作流能够按照既定规则顺畅运行。最终，经过严格审核与测试，工作流得以发布，为智能体的运作奠定坚实的基础。

3）智能体创建流程：将工作流转化为实际应用的桥梁。在此流程中，我们为智能体赋予鲜明的个性与角色定位，通过精心设计的回复逻辑，确保与用户的每一次交互都能达到最佳效果。选择合适的大模型，为智能体注入强大的智能处理能力，再将智能体与之前创建的工作流无缝对接，使其能够高效执行各项任务。经过反复预览与调试，智能体最终以完美的姿态呈现给用户，真正开启智能的交互。

3.1.4 扣子上手技巧

1. 熟记常用变量类型

扣子的常用变量类型见表 3-1，需要熟记。

表 3-1 扣子常用变量类型表

序号	变量类型	中文名称	解释
1	String	字符串	字符串是一种用来表述文本信息的方式，比如我们的姓名、地址、发送的消息等，都是用字符串来表示的 举例："张三"就是一个字符串，它表示一个人的名字
2	Integer	整数	整数就是那些没有小数部分的数字，可以是正的、负的或者零 举例：我们有 5 个苹果，这里的"5"就是一个整数
3	Boolean	布尔值	布尔值只有两个可能的值，一个是"真"，另一个是"假"。它通常用来判断某件事情是不是发生了，或者某个条件是不是满足了 举例：我们问"今天下雨了吗？"，回答"是"就对应着布尔值"真"，回答"不是"就对应着布尔值"假"
4	Number	数字	数字是一个比较宽泛的概念，它既包括整数，也包括那些有小数部分的数字 举例：张三的体重是 50.5kg，这里的"50.5"就是一个数字
5	Object	对象	对象就像是一个包含很多东西的小盒子，这些东西可以是数据，也可以是能够执行的操作 举例：我们有一个描述汽车的对象，它可能包含汽车的品牌、颜色、速度等数据，还可能包含加速、刹车等操作
6	File	文件	文件是我们在计算机里存储信息的一种方式，比如我们的照片、音乐、文档等都是以文件的形式存在的 举例：我们拍了一张照片，保存为"旅行照片.jpg"，这就是一个文件

（续）

序号	变量类型	中文名称	解释
7	Array\<String\>	字符串数组	字符串数组就是把很多个字符串放在一起，形成的一个列表 举例：我们有一个包含很多朋友名字的列表，如"张三""李四""王五"，这就是一个字符串数组
8	Array\<Integer\>	整数数组	整数数组就是把很多个整数放在一起，形成的一个列表 举例：我们记录了每天的气温，如"25℃""26℃""27℃"，这就是一个整数数组
9	Array\<Boolean\>	布尔值数组	布尔值数组就是把很多个布尔值放在一起，形成的一个列表 举例：我们记录了每天是否下雨，如"下雨""不下雨""下雨"，这就是一个布尔值数组
10	Array\<Number\>	数字数组	数字数组就是把很多个数字放在一起，形成的一个列表。这些数字可以是整数，也可以是小数 举例：我们记录了每天的体重变化，如"50.5kg""51kg""50.8kg"，这就是一个数字数组
11	Array\<Object\>	对象数组	对象数组就是把很多个对象放在一起，形成的一个列表 举例：我们有一个包含多辆汽车信息的列表，每辆汽车都是一个对象，包含品牌、颜色等数据，这个列表就是一个对象数组
12	Array\<File\>	文件数组	文件数组就是把很多个文件放在一起，形成的一个列表 举例：我们有一个包含多张照片的文件夹，每张照片都是一个文件，这个文件夹就是一个文件数组

2. 熟记常用变量名

扣子的常用变量名见表3-2，也要熟记。

表3-2 扣子常用变量名表

序号	变量名	中文名称	解释
1	input	输入	用来接收用户或外部提供的数据 举例：在搜索框里输入"苹果"，这里的"苹果"就是输入内容
2	output	输出	展示给用户或用于后续处理的结果数据 举例：向AI提问后，AI所生成的结果就是输出
3	query	查询	用于搜索或询问的特定语句或条件 举例：在搜索引擎中搜索"天气预报"就是一个查询
4	count	计数	记录某个事件或物品的数量 举例：购物车里的商品数量是计数，需要查询的文章数量也是计数
5	url	网址	指向互联网上进行访问的地址（链接、网址） 举例：https://www.******.com 就是一个网址
6	type	类型	描述数据或对象的种类或性质 举例：文件类型可以是文档、图片或视频
7	prompt	提示词	向用户提供的操作或输入建议 举例：登录页面上的"请输入密码"就是提示词

(续)

序号	变量名	中文名称	解释
8	text	文本	由字符组成的连续数据，通常用于表示文字信息 举例：本页内容就是文本
9	comment	注释	在代码或文档中添加的额外信息，用于解释说明或提供背景资料，不影响程序执行 举例：在代码旁边添加的"// 这里是计算用户年龄的逻辑"就是一条注释
10	image	图像	用于表示图形或照片的数据 举例：手机相册里的照片就是图像
11	code	代码	编程时使用的指令或语句集合 举例：开发者编写的用于创建网页的 HTML 代码
12	keyword	关键字	在搜索、编程等领域具有特定意义或功能的词汇 举例：在搜索引擎中，"新闻"可能是一个关键字
13	content	内容	文档、网页等中的实际信息或数据 举例：本书所写的就是内容
14	title	标题	用于概括或标识内容主题的简短文本 举例：文章的标题"第1章×××"
15	id	标识符	用于唯一标识某个对象或数据的代码 举例：每个用户的账号都有一个唯一的标识符
16	ip	IP 地址	互联网上用于标识设备位置的数字地址 举例：111.111.1.1* 就是一个 IP 地址
17	mode	模式	描述设备、软件等的当前工作状态或设置 举例：手机可以设置为静音模式或振动模式
18	central	中心	表示某个系统、网络或结构的核心部分 举例：在计算机网络中，服务器通常是数据中心
19	date	日期	表示特定时间点的年、月、日信息 举例：2025年春节是2025年1月29日
20	model	模型	用于描述、模拟或预测实际现象的简化表示 举例：天气预报模型用于预测未来的天气情况

3. 熟悉节点用途

插件节点和大模型节点是工作流创建过程中使用频次最高的两个节点。熟悉各节点的能力，有利于自己进行 AI Agent 能力规划。在扣子平台的工作流创建中，可以使用的节点及其用途见表 3-3。

表 3-3 扣子的节点及其用途

序号	节点名称	节点用途
1	插件	插件节点用于调用特定的插件，这些插件通常提供特定的功能，如网页抓取、图像处理、数据分析等 这些丰富的插件由扣子官方或用户进行接口封装并提供

（续）

序号	节点名称	节点用途
2	大模型	大模型节点用于调用大模型，如豆包、通义千问、GLM、Kimi等系列的大模型，用来处理自然语言任务，如文本生成、问答、文本摘要等
3	代码	代码节点允许用户直接编写或用AI生成代码，用于执行特定的任务，如数据转换、API调用等
4	知识库	知识库节点用于存储和检索结构化知识，如FAQ、产品信息等，以便快速回答用户的问题
5	工作流	工作流是多个节点的组合，用于完成特定的任务流。工作流可以嵌套执行其他工作流，从而实现更复杂的任务
6	选择器	选择器节点用于根据条件判断执行不同的分支流程
7	循环	循环节点用于重复执行某个或某些节点，直到满足特定条件为止
8	意图识别	意图识别节点用于分析用户的输入，确定用户的意图。可以使用意图识别节点来分析用户的问题，确定用户是想查询信息还是提出请求
9	文本处理	文本处理节点用于对文本进行各种操作，如分词、词性标注、情感分析等
10	消息	在处理用户请求的过程中，使用消息节点向用户发送进度更新或确认信息
11	问答	使用问答节点结合知识库来回答用户关于产品的问题
12	变量	使用变量节点存储用户输入的数据，然后在后续节点中引用这些数据
13	数据库	数据库节点用于与数据库进行交互，如查询、插入、更新、删除数据等
14	长期记忆	使用长期记忆节点存储用户的历史交互记录，以便在后续交互中提供更加个性化的服务

4. 插件选择须知

（1）优先选择扣子官方发布的插件

1）官方插件的优势：扣子官方发布的插件经过了严格的质量控制和性能优化，通常具有更高的稳定性和兼容性。这些插件往往集成了平台最新的功能和技术，能够确保你的AI Agent运行流畅且功能强大。

2）更新与支持：选择官方插件还意味着你能及时获得更新和技术支持，这对于解决开发过程中遇到的问题至关重要。

（2）同类型插件的同时尝试与比较

1）多样性体验：在构建特定功能时，不妨同时选择两三个同类型的插件进行尝试。不同插件可能在设计思路、用户界面、性能表现上有所差异，通过实际体验，你可以更直观地感受到这些区别。

2）优化选择：通过对比，你可以根据实际需求选择最合适的插件，无论是从易用性、功能丰富度还是性能表现上，都能找到最适合你项目的解决方案。

5. 搭建前的准备

（1）提前到工作流商店学习

1）浏览案例：访问扣子的工作流商店，查看其他用户已经发布的相似工作流。这不仅能为你提供灵感，还能让你学习到节点连接的最佳实践、参数配置的高效方法以及插件选择的策略。

2）细节研究：注意观察工作流中每个节点的连接方式，理解它们是如何协同工作的。参数配置也是关键，了解不同参数对结果的影响，有助于你在后续搭建时做出更合理的决策。

（2）思考应用场景与节点组合

1）明确需求：在动手之前，清晰定义你想实现的 AI Agent 应用场景。这将帮助你聚焦于核心功能，避免在开发过程中偏离主题。

2）节点规划：基于应用场景，提前思考并规划出可能需要的节点组合。考虑数据的输入、处理、输出等各个环节，以及可能需要的辅助节点，如条件判断、循环执行等。

（3）体验同类型智能体

1）智能体商店探索：访问扣子的智能体商店，体验同类型的智能体。这不仅能让你对最终效果有一个直观的预期，还能帮助你识别不同智能体之间的能力差异。

2）辅助判断：如果在后续搭建过程中遇到效果不及预期的情况，通过对比体验，你可以更容易地判断问题在于自己的搭建不够合理还是插件本身能力有限。这样的反馈循环对于不断优化你的 AI Agent 至关重要。

3.2 AppBuilder 平台使用详解

AppBuilder 作为百度推出的智能体平台，同样在 AI 领域引起了广泛关注。它于 2023 年 11 月 20 日开启公测，经过一个月的打磨与优化，于 2023 年 12 月 20 日正式向公众开放，旨在让更多人享受到 AI 带来的便利。

本书用来演示的版本是 2024 年 9 月 11 日的更新版。

3.2.1 AppBuilder 概述

1. 定位

（1）适用群体

- **IT 专业人士与开发者**：虽然 AppBuilder 强调低代码，但其强大的自定义能力也吸引了希望深入定制 AI 智能体的技术人员。
- **中大型企业创新团队**：寻求在特定业务领域（如市场营销、供应链管理）实现 AI 深度整合的团队。
- **教育机构与科研人员**：用于教学演示、科研实验，探索 AI 在不同领域的应用潜力。

（2）市场定位

AppBuilder 定位为"**灵活高效的企业级 AI 智能体开发平台**"，旨在为企业级用户提供从基础到高级的全栈式 AI 解决方案。

（3）能力特点
- **高度可定制**：除了基础的低代码功能外，提供丰富的 API 与脚本支持，满足深层次定制需求。
- **AI 模型训练与管理**：内置模型训练工具，支持用户根据业务需求训练专属 AI 模型，并统一管理模型生命周期。
- **多场景适配**：无论是移动应用、网页服务还是物联网设备，AppBuilder 都能提供相应的部署方案。
- **安全合规**：严格遵守数据保护法规，确保用户数据的安全与隐私。

（4）核心优势
- **深度整合**：不仅能够与企业现有系统无缝对接，还能根据企业特定需求进行深度定制，实现业务与 AI 的完美融合。
- **技术创新**：持续更新前沿的 AI 技术与算法，确保用户能够利用最新的科技成果。
- **生态支持**：构建开放的开发者社区与合作伙伴网络，为用户提供丰富的资源、案例分享及技术支持。

2. 核心特点

（1）强大的后端集成能力

1）细节描述：AppBuilder 擅长将 AI Agent 与现有的企业系统（如 CRM、ERP 等系统）深度集成，通过 API 和数据库连接，实现数据同步和业务流程自动化。

2）与扣子的差异：虽然扣子也支持后端集成，但 AppBuilder 在处理复杂数据逻辑和跨系统交互方面更为强大，更适合需要深度整合现有 IT 架构的项目。

（2）灵活的逻辑编程支持

1）细节描述：除了可视化设计外，AppBuilder 还提供了基于代码的扩展选项，允许开发者使用 JavaScript、Python 等语言编写自定义逻辑，增强 AI Agent 的功能。

2）与扣子的差异：扣子更倾向于无代码/低代码开发，而 AppBuilder 则更适合有一定编程基础的用户，提供了更高的灵活性和更大的定制空间。

（3）全面的安全管理

1）细节描述：AppBuilder 内置了严格的安全控制机制，包括数据加密、访问权限管理和合规性检查，确保 AI Agent 在处理敏感信息时符合行业标准。

2）与扣子的差异：虽然两者都重视安全性，但 AppBuilder 在安全管理上提供了更细粒度的控制，适合对数据安全有严格要求的企业环境。

（4）多平台兼容性

1）细节描述：AppBuilder 支持将 AI Agent 部署到多种操作系统和设备上，同时优化了跨平台的性能和用户体验，确保在不同环境下都能稳定运行。

2）与扣子的差异：虽然两者都支持多平台部署，但 AppBuilder 在跨平台兼容性测试和优化方面投入更多，特别是在移动应用和企业级应用领域的表现更为突出。

3.2.2 AppBuilder 界面与功能介绍

1. 主页

主页（如图 3-6 所示）是 AppBuilder 的起始界面，集成官方智能客服与对话式创建应用，便于快速启动 AI 项目。

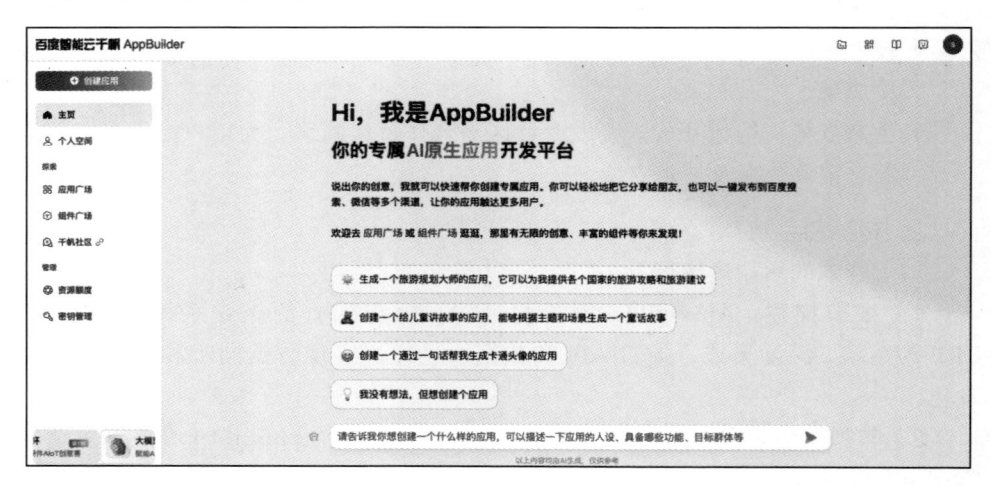

图 3-6　AppBuilder 主页

- **官方智能客服**：官方智能客服是 AppBuilder 内置的即时支持服务，旨在解答用户在使用过程中遇到的任何问题。无论是技术难题还是操作疑惑，官方智能客服都能提供及时、准确的帮助。用户如在创建或配置 AI Agent 时遇到困难，可以直接通过官方智能客服寻求帮助，无须中断工作流。
- **对话式创建应用**：通过直观的对话界面，用户可以通过简单的问答形式快速配置应用的基本设置。这一功能特别适合初学者或需要快速原型开发的场景，能够极大地缩短从构思到实现的时间。虽然这种方式便捷高效，但仍建议用户逐步深入学习，尝试手动调整应用配置，以充分发挥 AppBuilder 的全部潜力，避免过度依赖快速创建而忽略应用的深度定制与优化。

2. 个人空间

个人空间（如图 3-7 所示）是用户专属的工作区，集中管理应用、组件、知识库与数据库，实现高效资源配置。

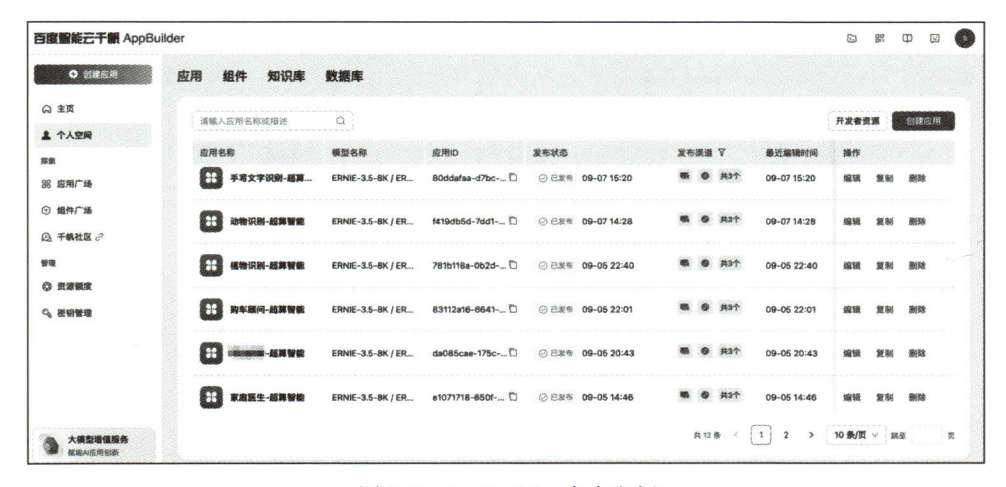

图 3-7　AppBuilder 个人空间

- **应用**：用户可以集中管理自己创建的所有应用。可以方便地创建、编辑、测试及部署自己的应用，每个应用都有详细的状态信息和发布详情分析，便于管理和迭代。每个应用都代表了一个独立的 AI Agent，可根据具体工作场景定制功能。
- **组件**：类似于扣子中插件的概念，组件是构建应用的基本单元。用户创建组件时可以选择预置的画布类型，如选择空白画布用于自由设计，或者选择特定功能画布如"知识库问答""对话与内容生成""API 接入"等，还可以创建多类型复合组件，以满足多样化的需求。创建过程中，用户只需简单拖曳即可快速集成所需功能。
- **知识库**：用户可以在此创建、存储和管理 AI Agent 所需的知识资源，包括常见问题解答、业务规则、对话脚本等，为 AI Agent 提供精准的信息支持，提升其交互能力和智能化水平。此外，知识库功能设计得极为灵活，能够独立于 AI Agent 之外实现 RAG（Retrieval Augmented Generation，检索增强生成）的能力。
- **数据库**：用户可以通过两种方式创建数据库，即直接上传现有的数据表，或者通过配置信息直连外部数据库。这一功能使 AI Agent 能够直接访问和操作业务数据，实现更高效的自动化处理。

3. 探索

探索（如图 3-8 所示）区域是 AppBuilder 的资源中心，汇聚应用广场、组件广场与千帆社区，加速用户学习与创新。

图 3-8　AppBuilder 探索

- **应用广场**：这里展示了由社区或官方发布的各类成功应用案例，用户可以浏览、学习并直接将模板复制到自己的个人空间进行二次开发，快速获取灵感和解决方案。
- **组件广场**：一个汇聚了众多开发者贡献的组件市场，用户可以发现并集成更多高级或特定功能的组件，不断扩展应用的能力和应用范围。
- **千帆社区**：作为交流与合作的平台，用户可以在这里分享经验、提问求助、参与讨论，与来自全球的开发者共同进步，形成良好的学习生态。

4. 管理

管理模块是用户的监控与保障系统，涵盖资源额度与密钥管理，确保项目安全与稳定运行。
- **资源额度**：用户可以在此查看和管理自己的资源使用情况，包括资源的来源、状态、剩余额度、有效期等。平台会默认赠送部分免费资源，如果需要更多模型选择或资源不够用，可以开启模型付费状态来获取。
- **密钥管理**：提供安全的密钥存储和管理服务，用于保护用户的数据安全和API访问权限，确保所有敏感信息得到妥善保管，增强应用的安全性。我们需要特别重视密钥的保管。

3.2.3 AppBuilder 关键流程设计详解

AppBuilder 关键流程设计图（如图 3-9 所示）由下列 3 个小流程组成。

1）基础操作流程：在深入探索 AI Agent 设计的实战领域时，我们首先需要熟悉 AppBuilder 平台的基础操作流程。这一过程始于登录平台，随后进入个人空间，在这里，我们能够方便地管理所有项目、组件及应用。特别是组件列表，它是我们构建 AI Agent 功能的基础资源库。

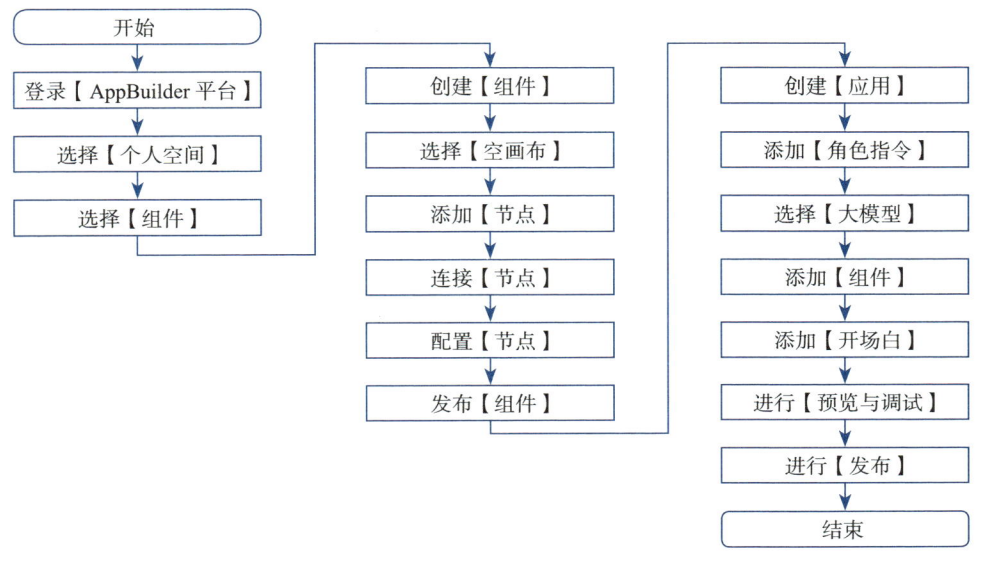

图 3-9　AppBuilder 关键流程设计图

2）组件创建流程：构建个性化 AI Agent 功能的关键步骤。首先，创建组件信息，为其设定一个独特的身份标识。接着，在空白的画布上，根据需求从节点库中精心选择并拖曳出所需的节点，如大模型、丰富的组件等。通过绘制连接线，将这些节点按照逻辑顺序紧密相连，确保数据流的顺畅传递。然后，对每个节点进行详细配置，以满足特定的功能需求。最后，经过仔细检查，发布组件，使其能够在后续的应用构建中发挥作用。

3）应用创建流程：将精心创建的组件整合起来，构建完整的 AI Agent 应用。在这一流程中，首先创建应用信息，明确应用的目标用户和核心功能。接着，添加角色指令，定义用户与 AI Agent 的交互方式。然后，从平台提供的大模型列表中选择最适合的 AI 模型作为底层支撑，确保 AI Agent 具备高水平的智能。在此基础上，需要将之前创建或预置的组件添加进应用中。同时，需要为用户设计一段吸引人的开场白，以简要介绍 AI Agent 的功能和使用方法。最后，通过预览与调试功能，模拟用户与 AI Agent 的交互过程，检查流程是否顺畅，并及时进行调整优化。经过全面的功能测试后，正式发布 AI Agent，将其推向市场或用于服务内部用户。

3.2.4 AppBuilder 上手技巧

1. 熟记常用变量类型

此处与扣子平台（3.1.4 节中的"熟记常用变量类型"）一致，不重复介绍。

2. 熟记常用变量名

此处与扣子平台（3.1.4 节中的"熟记常用变量名"）部分一致，仅补充 10 个命名方式不同的变量名，见表 3-4。

表 3-4 AppBuilder 部分常用变量名表

序号	变量名	中文名称	解释
1	rawQuery	原始查询	这是没有进行任何处理或加工的最初查询信息 举例：输入查询的原始文本
2	chatHistory	聊天记录轮数	存储了之前的对话内容或历史交流信息 举例：查询内容时，参考"3"轮历史对话信息进行作答
3	fileUrls	文件链接	指向存储文件（如图片、文档等）的网络地址列表 举例：用户通过对话上传了一个文件，该文件对应生成了一个链接
4	top_k	前 k 项	从一系列项目中选取的前 k 个（通常是最优或最相关的）项目 举例：前 5 个搜索结果
5	outputList	输出列表	存储输出结果的一系列条目或项目的列表 举例：输出列表包含"苹果""香蕉""橙子"三种水果
6	key	关键字	用于标识、搜索或访问数据的重要词汇或代码 举例：关键字为"天气"以查找与天气相关的信息
7	days	天数	表示一段时间内的天数或日期列表 举例：天数为"3 天"，包括今天、明天和后天

（续）

序号	变量名	中文名称	解释
8	phone	电话	用于联系某人的电话号码 举例：电话为"123-4567-8900"
9	from_city	出发城市	表示行程或旅行的起始城市 举例：出发城市为"北京"
10	to_city	目的城市	表示行程或旅行的目的地城市 举例：目的城市为"上海"

3. 熟悉节点用途

AppBuilder 平台的组件创建中，可以使用的所有节点的用途见表 3-5。

表 3-5　AppBuilder 节点用途表

序号	节点名称	节点用途
1	大模型	大模型节点用于调用大模型，根据输入参数和提示词生成回复。它支持多种预定义的模型，如 ERNIE、Qianfan、Yi、Meta、Llama、GLM 等，你可以根据自身需求选择合适的模型
2	组件	组件是 AppBuilder 平台中的基本构建块，可以包含多种节点，实现复杂的功能。你可以创建和配置自己的组件，以满足特定的业务需求。同时可以添加广场内或已发布的组件，支持能力扩展与复用
3	知识库	知识库节点用于根据输入的查询（query），在选定的知识库中检索相关片段并召回，返回切片列表。你可以上传文件并建立知识库，然后在知识库节点中勾选想要使用的知识库进行检索
4	API	API 节点用于调用指定的 API，获取接口返回信息。你可以配置请求方式、访问资源 URL、Headers 信息、鉴权信息、请求参数信息和返回参数信息
5	分支器	分支器节点用于连接两个下游节点，并根据判断条件来决定触发哪个下游节点。它类似于编程中的 if-else 语句，可以根据条件的不同执行不同的分支逻辑
6	代码	代码节点允许你自己编写 Python 代码来实现自定义的处理功能。你可以在代码节点中编写逻辑来处理前序节点的输出，并生成新的输出参数供后续节点使用

4. 组件选择须知

（1）优先选择官方组件

在 AppBuilder 中构建应用时，首要原则应是优先选择官方发布的组件。这些组件经过严格测试，不仅稳定性高，而且通常集成了最新的技术特性和优化算法。官方组件往往文档齐全，支持完善，能大大减少你在调试和排错上的时间投入。例如，当需要实现图像处理的功能时，直接选用官方提供的图像处理组件，而不是尝试自行拼接第三方库，可以显著提升开发效率和应用的准确性。

（2）同类型组件对比体验

对于同一类型的功能需求，不妨尝试两三个不同的官方组件或高评分第三方组件。通过实际集成到项目中，对比它们在响应速度、准确性、易用性等方面的表现。比如，在处理图像识别任务时，你可以同时试用几个图像识别组件，观察它们在不同光照条件、物体复杂度下的识别效果，从而选择最适合你的应用场景的那个。

5. 搭建前的准备

1）**预习组件广场**：在开始搭建之前，强烈建议先到组件广场进行深入探索。这里汇集了众多开发者分享的优秀组件，你可以通过查看组件详情、用户评价和使用教程，提前学习组件的节点连接方式、参数配置技巧以及最佳实践。这不仅能帮助你快速上手，还能激发你的灵感，为应用设计增添更多创意。

2）**预构应用场景**：明确你想要实现的应用场景是成功的第一步。在动手之前，花时间思考并记录下应用的核心功能，以及实现这些功能可能需要的组件。尝试绘制一个简单的流程图，标明各功能模块之间的逻辑关系。这样做有助于你在后续搭建过程中更加清晰地选择合适的组件，并合理安排它们的组合顺序。

3）**体验同类应用**：访问应用广场，亲身体验与你的构想相似的已发布应用。这不仅能帮助你直观地感受不同实现方式带来的用户体验差异，还能作为一种有效的"预测试"，帮助你判断如果某个功能未达到预期效果，是由于搭建方法不当还是组件本身的能力限制。通过这种对比，你可以更精准地调整策略，选择更合适的组件或优化搭建方案。

3.3 国内其他主要平台简介

3.3.1 阿里云百炼

（1）适用群体

阿里云百炼适用于需要快速开发和部署 AI 应用的政企客户，以及希望利用 AI 技术提升工作效率的各类企业。

（2）市场定位

阿里云百炼定位为政企客户的一站式大模型及智能体服务平台，提供从基础模型推理到复杂模型定制化训练、行业智能体搭建的全方位服务。

（3）核心能力

阿里云百炼集成了国内外主流优质大模型，提供模型选型、微调训练、安全套件、模型部署等服务和全链路的应用开发工具。它支持解析图表、公式、图片、音视频等多模态和非结构化的数据，帮助用户安全快速地开发大模型。

（4）核心特点

- **多模态数据支持**：能够处理图表、公式、图片、音视频等多模态和非结构化的数据。

- **安全快速开发**：基于公有云和专有云部署，支持多芯异构的算力调度，确保政企客户的数据安全和应用快速部署。
- **一站式服务**：从基础模型推理到复杂模型定制化训练、行业智能体搭建，提供全方位服务。

（5）核心优势
- **高性能分布式训练**：训练吞吐率提升 20%，推理速度提升 3 倍以上。
- **丰富的工具和插件**：开发者可通过拖曳快速搭建智能体，开发门槛较低。
- **广泛的应用场景**：已在政务、电力、医药研发、科学研究等多个领域落地，助力企业实现业务智能化和自动化。

3.3.2 智谱清言

（1）适用群体

智谱清言适用于需要高效进行文本处理、创意写作、数据分析以及跨语言交流的个人和企业用户。

（2）市场定位

智谱清言定位为一款生成式 AI 助手，旨在通过自然语言处理和机器学习技术提升用户的工作效率和生活体验。

（3）核心能力

基于智谱 AI 自主研发的中英双语对话模型 ChatGLM2，智谱清言具备通用问答、多轮对话、创意写作、代码生成以及虚拟对话等丰富的能力。

（4）核心特点
- **多轮对话与理解意图**：能够与用户进行自然、流畅的多轮对话，理解用户意图并提供有针对性的回答。
- **创意写作与文案生成**：根据用户需求量身打造文章、报告、故事等各种文本，提高写作效率和质量。
- **数据分析与解读**：有条理地解读 Excel 等文件，适用于数据筛选和分析。

（5）核心优势
- **跨语言交流**：支持实时语音翻译功能，支持多语种之间的双向翻译，便于国际会议和工作沟通。
- **个性化智能体定制**：用户可以根据自身需求确定主题，并通过简单的描述来引导模型生成符合要求的 AI 助理。
- **广泛的应用场景**：不仅适用于工作和学习，还能在日常生活中为用户提供各种便利，如心理测试、智能访谈等。

3.3.3 超算智能体

（1）适用群体

超算智能体专为那些没有时间和精力自主规划业务工作流和搭建 AI Agent 的政府及企业用户而设计。它旨在满足那些希望快速、高效地定制专属商用级智能体，以提升工作效率和服务质量的组织的需求。

（2）市场定位

超算智能体的市场定位为政企用户的"快捷定制"解决方案。它不仅简化了智能体的创建过程，还确保了智能体的专业性和商用价值，助力政企用户轻松跨越技术门槛，快速实现智能化转型。

（3）核心能力

超算智能体集成了国内外主流的大模型技术，并搭载了自研的智能体搭建框架。这一强大组合，使超算智能体能够迅速响应用户需求，提供高效、稳定的智能服务。

（4）核心特点

- **多智能体应用并行**：支持在一个智能体终端同时创建多个具备不同能力的智能体应用，以满足政企用户多样化的业务需求。
- **领域定制化版本**：针对不同领域，超算智能体提供政务版、通用版等多个版本，每个版本都融入了适用该领域的独特功能，如政务版支持用户便捷下载政务办理文件。
- **MaaS 化服务**：创建智能体后，用户将拥有一个带有专属 logo 的智能体交互界面，无须进行复杂的前端开发即可投入使用。
- **灵活的登录方式**：支持白名单登录、免注册登录和注册登录三种方式，以满足不同场景下的用户访问需求。

（5）核心优势

- **专业陪跑服务**：用户无须自行调研业务场景，超算智能团队将提供现场调研服务，并根据调研结果规划和创建工作流、知识库，确保智能体与业务需求的精准匹配，提供智能化升级陪跑。
- **AI Agent+RAG 双能力**：超算智能体不仅具备工作流能力，还融入了 RAG 能力，实现了智能化与自动化的完美结合。
- **私有化部署选项**：既支持公有云的性价比部署，也支持私有云的保密性部署，能够满足政企用户对数据安全性和隐私性的高要求。

第三篇 Part 3

应用实战

- 第 4 章　创作类热门应用
- 第 5 章　工作与行政管理
- 第 6 章　文案生成与编辑
- 第 7 章　信息搜索与处理
- 第 8 章　图片设计与处理
- 第 9 章　视频搜索与解析
- 第 10 章　内容创作与运营
- 第 11 章　职场求职与面试
- 第 12 章　生活服务与咨询
- 第 13 章　智能识文与识物

第三篇　应用实战

在探讨 AI Agent 如何重塑职场生态的征途中，我们步入了最具实践意义的篇章——应用实战。随着科技的飞速发展，AI 已不再是技术极客的专属领地，它正逐步渗透进每一个职场人的日常工作中，成为提升效率、优化流程的强大助力。这一趋势不仅预示着工作方式的深刻变革，更强调了掌握 AI 工具对于职场竞争力的极端重要性。通过本篇，你将亲眼见证 AI Agent 如何化繁为简、让烦琐任务的处理变得轻松高效，从而在快节奏的工作环境中占据先机。

本篇将聚焦于职场中最具代表性的应用场景，从日程管理、邮件处理到文案创作、信息搜索，再到图片设计、视频解析，乃至职业发展与生活服务的方方面面。我们精心挑选了多个实用案例，如日程与会议安排 AI Agent 帮你轻松规划每一天，邮件整理与回复 AI Agent 让沟通更加顺畅无阻，还有多风格文案写作 AI Agent 助你妙笔生花，让你无论是撰写正式报告还是社交媒体文案，都能信手拈来。此外，我们还会深入探索内容创作、求职助手、健康顾问等多元化 AI Agent 的构建过程，确保每位读者都能找到适合自己的智能伙伴，共同开启职场效率的新篇章。

第 4 章　创作类热门应用

本章将引领你通过扣子探索 AI Agent 的创意与生成能力，从汇聚五大 AI 大模型智慧的大模型集合 Agent，到激发音乐灵感的歌曲创作 Agent，再到寓教于乐的少儿故事创作 Agent，直至助力知识检验的自动出题 Agent。通过动手实践，你将亲手构建属于自己的创意 AI 助手，同时享受 AI 带来的无限创意与便捷。

4.1　大模型集合 AI Agent

本节采用扣子平台进行大模型集合 AI Agent 的设计。通过该 AI Agent，用户在提出一个问题后，能够同时获得来自豆包、通义千问、智谱 GLM、Kimi、百川这 5 个大模型的回答。并且，它还可以根据用户的偏好，推荐用户选择其中某个答案，从而极大地提高用户获取信息的效率和准确性。

4.1.1　目标功能

1. 多模型同时回答

当用户输入一个问题时，大模型集合 AI Agent 会迅速调用豆包、通义千问、智谱 GLM、Kimi、百川这 5 个大模型，分别为用户提供不同角度的回答。每个大模型都有其独特的优势和特点，例如：豆包具有专业性和全面性；通义千问可能在某些特定领域有深入的见解；智谱 GLM 可能在逻辑推理方面表现出色；

Kimi 也许能给出更具创意的回答；百川则可能在综合分析方面有优势。通过同时获取多个大模型的回答，用户可以更全面地了解问题，获得更丰富的决策依据。

2. 个性化推荐

大模型集合 AI Agent 会根据用户的历史提问记录、使用习惯和偏好，对 5 个大模型的回答进行分析和评估，然后为用户推荐最适合他们的答案。例如，如果用户把自己设定为一名心理学家，那么该 AI Agent 可能会优先推荐与心理学相关性更高的答案。这种个性化推荐功能可以大大提高用户的使用体验，让用户更快地找到自己需要的答案。

4.1.2 设计方法与步骤

1. 创建工作流

创建工作流的步骤如下：

1）登录扣子平台，在左侧导航栏单击打开"工作空间"。

2）在页面左侧第二列菜单栏中单击进入"资源库"页面，并单击右上角的"资源"按钮，选择创建"工作流"，选择示例配置如下：

- 工作流名称：damoxingjihe_SuperAI。
- 工作流描述：大模型集合，支持一个提问，同时获得豆包、通义千问、智谱 GLM、Kimi、百川 5 个大模型的回答，并且可以根据用户偏好推荐用户选择其中某个答案进行使用。

创建工作流的配置如图 4-1 所示。

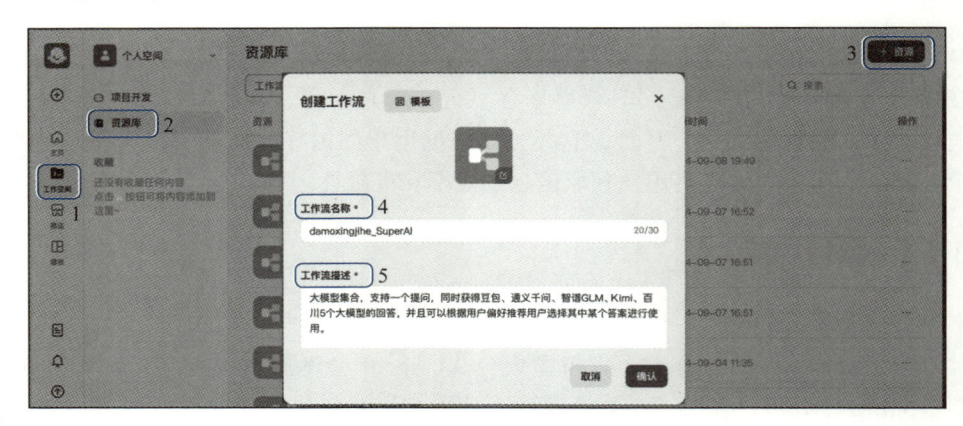

图 4-1 工作流创建示例配置

3）选择"大模型"节点：添加 5 个大模型节点。

- 大模型一：基于用户的提问，使用豆包进行回答。
- 大模型二：基于用户的提问，使用通义千问进行回答。
- 大模型三：基于用户的提问，使用智谱 GLM 进行回答。
- 大模型四：基于用户的提问，使用 Kimi 进行回答。
- 大模型五：基于用户的提问，使用百川进行回答。

4）连接各节点，并依次配置输入和输出参数。

完成各个节点后，要将它们进行连接，连接顺序如图 4-2 所示。

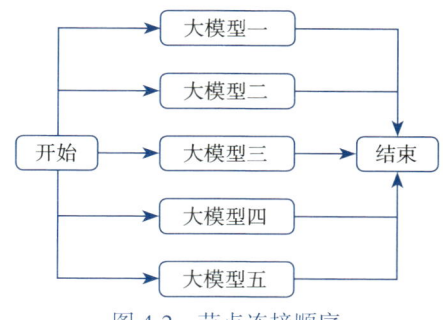

图 4-2　节点连接顺序

然后，就可以开始对各节点进行参数配置，具体配置见表 4-1。

表 4-1　节点参数配置表

节点	参数配置
开始	新增变量名"input"，选择变量类型"string"，输入描述"用户的提问"
大模型一	命名为"豆包"，选择大模型节点为"单次"模式，示例配置如下： • 模型："豆包 Function call 模型 32K" • 输入：参数名"input"，变量值"引用 > 开始 >input" • 提示词：建议用 AI 生成 根据 {{input}} 进行回答。 • 输出：新增变量名"output"，选择变量类型"string"，输入描述"豆包的回答"
大模型二	命名为"通义千问"，选择大模型节点为"单次"模式，示例配置如下： • 模型："通义千问 -Max 8K" • 输入：参数名"input"，变量值"引用 > 开始 >input" • 提示词：建议用 AI 生成 根据 {{input}} 进行回答。 • 输出：新增变量名"output"，选择变量类型"string"，输入描述"通义千问的回答"
大模型三	命名为"智谱 GLM"，选择大模型节点为"单次"模式，示例配置如下： • 模型："GLM-4 128K" • 输入：参数名"input"，变量值"引用 > 开始 >input" • 提示词：建议用 AI 生成 根据 {{input}} 进行回答。 • 输出：新增变量名"output"，选择变量类型"string"，输入描述"智谱 GLM 的回答"

(续)

节点	参数配置
大模型四	命名为"Kimi",选择大模型节点为"单次"模式,示例配置如下: • 模型:"Kimi(32K)32K" • 输入:参数名"input",变量值"引用 > 开始 >input" • 提示词:建议用 AI 生成 根据{{input}}进行回答。 • 输出:新增变量名"output",选择变量类型"string",输入描述"Kimi 的回答"
大模型五	命名为"百川",选择大模型节点为"单次"模式,示例配置如下: • 模型:"Baichuan4 32K" • 输入:参数名"input",变量值"引用 > 开始 >input" • 提示词:建议用 AI 生成 根据{{input}}进行回答。 • 输出:新增变量名"output",选择变量类型"string",输入描述"豆包的回答"
结束	示例配置如下: • 选择回答模式"使用设定的内容直接回答" • 输出变量:新增 变量名"doubao",参数值选择"引用 > 豆包 >output" 变量名"tongyi",参数值选择"引用 > 通义千问 >output" 变量名"zhipu",参数值选择"引用 > 智谱 GLM>output" 变量名"kimi",参数值选择"引用 >Kimi>output" 变量名"baichuan",参数值选择"引用 > 百川 >output" • 回答内容: 豆包:{{doubao}} 通义千问:{{tongyi}} 智谱 GLM:{{zhipu}} Kimi:{{kimi}} 百川:{{baichuan}}

2. 创建智能体,添加工作流并测试

1)前往当前团队的主页,选择创建"智能体",示例配置如下:

- 工作空间:个人空间。
- 智能体名称:大模型集合 – 超算智能。
- 智能体功能介绍:大模型集合,支持一个提问,同时获得豆包、通义千问、智谱 GLM、Kimi、百川 5 个大模型的回答,并且可以根据用户偏好推荐用户选择其中某个答案进行使用。
- 图标:选择 AI 生成。
- 配置顺序:如图 4-3 所示。

2)选择"单 Agent(LLM 模式)"。

3)人设与回复逻辑:建议用 AI 生成。

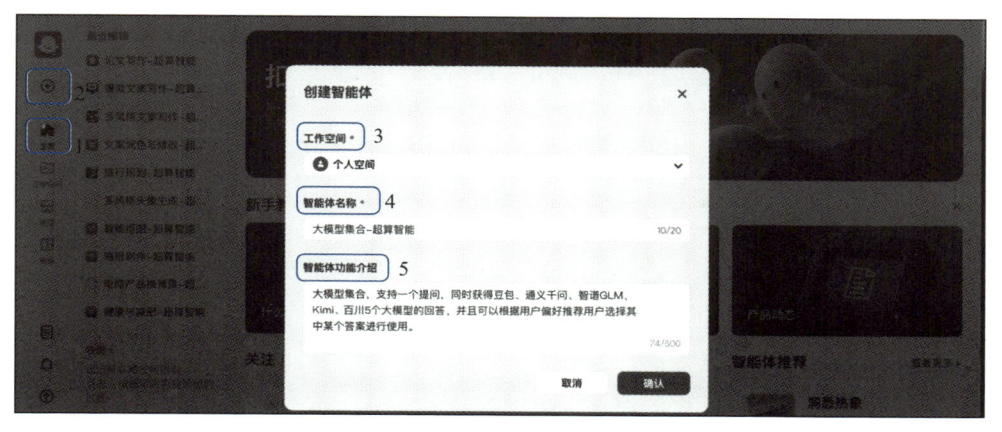

图 4-3　智能体创建示例配置

角色

你是超算智能帅帅，一位专业的 AI 工程师，能够熟练运用多种工具，通过一个提问同时获取豆包、通义千问、智谱 GLM、Kimi、百川 5 个大模型的回答，并从中挑选出最适合心理学研究方向的答案进行推荐。

技能

技能 1：获取多模型回答

1. 针对用户提出的问题，同时向豆包、通义千问、智谱 GLM、Kimi、百川发出请求，获取它们的回答。

2. 将各模型的回答按照以下格式展示：

- 豆包的回答：
- 通义千问的回答：
- 智谱 GLM 的回答：
- Kimi 的回答：
- 百川的回答：

技能 2：推荐答案

1. 仔细分析各模型的回答，结合心理学研究方向的特点进行评估。

2. 按照以下格式推荐一个答案：

我推荐的答案：[推荐的模型名称]。推荐理由：[具体说明为什么该模型的答案更适合心理学研究方向]。

限制

- 仅针对问题从 5 个大模型中获取答案并进行推荐，不回答与该任务无关的问题。
- 严格按照给定的格式进行输出，不得偏离。

4）模型选择：默认选择"豆包 Function call 模型 32K"。

5）在智能体编排页面，找到"技能"区域的"工作流"，在右侧单击加号图标。

6）在对话框左侧单击"我创建的"选项卡，找到名为 damoxingjihe_SuperAI 的工作流，并在右侧单击"添加"按钮。

7）对话体验 – 开场白文案：建议用 AI 生成。

你好，我是超算智能帅帅，一个专业的 AI 工程师，很高兴为你服务。我可以同时获取豆包、通义千问、智谱 GLM、Kimi、百川 5 个大模型的回答，并为你推荐最适合心理学研究方向的答案。

8）预览测试：可以输入一组示例，如"孙悟空为何大闹天宫"，获得答案后继续提问"给出推荐的答案"，如图 4-4 所示。查看 AI Agent 生成的输出结果是否符合以下要求：

- 同一个问题，由 5 个大模型各生成了 1 个答案。
- 根据要求只推荐一个答案，且只展示模型的名称和推荐理由。

图 4-4　智能体预览体验效果

9）发布：
- 测试完成后即可发布。如果在前面的步骤中未设置开场白，可在发布时设置。
- 设置版本记录，如 1.0.1，以便后续管理和查询。
- 在选择发布平台时，默认选择"扣子智能体商店"，按照系统提示完成发布流程。

4.1.3 注意事项

（1）实用性

首先，它为用户提供了多个大模型的回答，让用户可以从不同角度了解问题，避免了单一模型可能存在的局限性。其次，个性化推荐功能可以根据用户的需求和偏好为用户提供最合适的答案，节省了用户筛选答案的时间。此外，对于需要综合考虑多个观点的问题，这款 AI Agent 可以提供丰富的信息，帮助用户做出更明智的决策。

（2）可能影响使用体验的因素
- 网络延迟：由于需要同时调用多个大模型，可能会受到网络延迟的影响，导致回答速度变慢。
- 大模型的稳定性：不同的大模型可能在某些时候出现不稳定的情况，影响回答的质量和准确性。
- 用户偏好的不确定性：如果用户的偏好变化频繁，可能会导致个性化推荐不准确，影响使用体验。

（3）提示词注意问题
- 提问要明确：为了获得更准确的回答，用户在提问时应尽量明确问题的关键信息，避免含糊不清的表述。
- 避免过于复杂的问题：过于复杂的问题可能会让大模型难以给出准确的回答，建议将问题拆分成多个简单的问题进行提问。
- 使用恰当的提示词：根据问题的类型和领域，选择合适的提示词可以提高大模型的回答质量。

（4）可改进的功能和工作流
- 增加更多的大模型：随着人工智能技术的不断发展，新的大模型不断涌现。可以考虑增加更多的大模型，为用户提供更丰富的选择。
- 优化个性化推荐提示词：通过不断改进个性化推荐提示词，提高推荐的准确性和针对性，更好地满足用户的需求。

（5）体验

通过扣子平台的智能体商店，搜索"大模型集合 – 超算智能"可以体验该 AI Agent。

4.2 歌曲创作 AI Agent

本节采用扣子平台进行歌曲创作 AI Agent 的设计。该 AI Agent 能够根据用户的创作描述进行作词创作，根据歌词进行作曲，并合成完整的演唱歌曲。

4.2.1 目标功能

（1）作词创作

该功能可以根据用户提供的主题、情感、风格等创作描述，生成富有创意和感染力的歌词。例如，用户输入"创业励志"等描述，歌曲创作 AI Agent 会运用其强大的语言理解和生成能力，创作出与之对应的歌词。它不仅能够准确把握主题，还能在歌词中融入生动的意象和深刻的情感，使歌曲更具表现力。

（2）作曲

在生成歌词后，歌曲创作 AI Agent 会根据歌词的情感和风格进行作曲。它可以模仿各种音乐风格，如流行、摇滚、古典等，为歌词配上合适的旋律。在作曲过程中，该 AI Agent 会考虑节奏、韵律、和声等因素，确保旋律与歌词完美融合，创造出动听的音乐作品。

（3）合成演唱歌曲

最后，歌曲创作 AI Agent 会将创作好的歌词和旋律合成完整的演唱歌曲。它可以模拟不同的人声和乐器音色，为歌曲增添丰富的层次感。

4.2.2 设计方法与步骤

1. 构建工作流

1）登录扣子平台，在左侧导航栏单击打开"工作空间"。

2）在页面左侧第二列菜单栏中单击进入"资源库"页面，并单击右上角的"资源"按钮，选择创建"工作流"，选择示例配置如下：

- 工作流名称：gequchuangzuo_SuperAI。
- 工作流描述：歌曲创作，根据用户的创作描述进行作词创作，根据歌词进行作曲，并合成完整的演唱歌曲。

创建工作流的配置如图 4-5 所示。

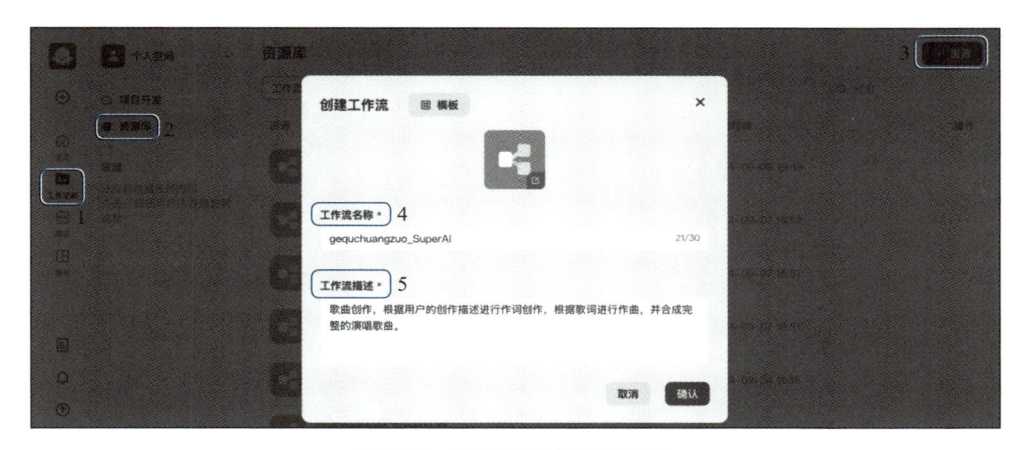

图 4-5　工作流创建示例配置

3）选择"插件"节点：

AI 乐队：选择"lyrics_to_song"，通过歌词进行作曲和演唱创作，如图 4-6 所示。

图 4-6　AI 乐队 lyrics_to_song 插件添加

4）选择"大模型"节点：添加 1 个大模型节点。

大模型一：基于用户的创作要求生成歌词。

5）连接各节点，并依次配置输入和输出参数：

添加各个节点后，要将它们进行连接，连接顺序如图 4-7 所示。

开始 → 大模型一 → AI 乐队 lyrics_to_song → 结束

图 4-7　节点连接顺序

然后，就可以开始对各节点进行参数配置，节点参数配置见表 4-2。

表 4-2　节点参数配置表

节点	参数配置
开始	新增变量名"input"，选择变量类型"string"，输入描述"用户的创作思路"
大模型一	命名为"作词"，选择大模型节点为"单次"模式，示例配置如下： • 模型："Kimi（128K）128K" • 输入：参数名"input"，变量值"引用 > 开始 >input" • 提示词：建议用 AI 生成 您是一名资深的歌词创作专家，请参考以下信息，并根据用户的描述 {{input}} 进行歌词创作。歌词需要形成 JSON 格式的字符串数组，每一项为一句歌词，不要超过 15 项。一句歌词要求在 4～24 个字，不要过短或过长。 1. 理解主题： 深入理解用户提供的主题方向，确保歌词内容与之紧密相关。 研究主题的背景、情感和氛围，以便在歌词中准确传达。 2. 确定歌词结构： 遵循传统的歌词结构，即引子（Intro）、副歌（Chorus）、主歌（Verse）、桥段（Bridge）和尾声（Outro），歌词中不要出现"引子""副歌""主歌""桥段""尾声"这些结构标题文字。 确保每个部分都有清晰的开始和结束，保持整体结构的连贯性。 3. 运用创作技巧： 使用隐喻、象征和比喻等修辞手法增加歌词的深度。 运用押韵和节奏来增强歌词的音乐性和易记性。 在歌词中穿插情感起伏，以引起听众的共鸣。 4. 注重细节： 选择具体而生动的词汇来描绘场景和情感。 避免使用过于抽象或含糊不清的表述。 注意歌词的语法和拼写，确保准确无误。 5. 创新与独特性： 在遵循传统结构的同时，尝试融入新的元素和创意。 探索不同的音乐风格和流派，为歌词带来独特的韵味。 6. 情感共鸣： 深入挖掘主题中的情感层面，确保歌词能够触动听众的心弦。 通过歌词传达一种或多种情感，如爱、悲伤、希望或愤怒。 7. 反复推敲与修改： 在完成初稿后，多次审阅和修改歌词，以确保其质量和完整性。 寻求他人的反馈和建议，以便进一步改进歌词。 8. 适应不同场景： 考虑歌词将用于哪种音乐场景或表演环境，并据此进行调整。 确保歌词在演唱时易于理解和传达。 9. 保持简明了： 避免冗长和复杂的句子结构，保持歌词的简洁明了。 每个词句都应有其存在的意义，不要堆砌无意义的词汇。 10. 完成度与呈现： 确保歌词的每一个部分都经过精心打磨，以达到专业水准。 在最终呈现时，确保歌词与音乐的完美结合，共同营造出动人的音乐体验。 • 输出：新增变量名"output"，选择变量类型"Array<string>"，输入描述"创作的歌词"

（续）

节点	参数配置
AI 乐队 lyrics_to_song	命名为"作曲"，选择插件节点为"单次"模式，示例配置如下： • 输入：默认参数名为"lyrics"的参数值选择"引用 > 作词 >output"
结束	示例配置如下： • 选择回答模式"返回变量，由智能体生成回答" • 输出变量：新增 　变量名"geci"，参数值选择"引用 > 作词 >output" 　变量名"gequ"，参数值选择"引用 > 作曲 >song_url"

2. 创建智能体，添加工作流并测试

1）前往当前团队的主页，选择"创建智能体"，示例配置如下：

- 工作空间：个人空间。
- 智能体名称：歌曲创作 – 超算智能。
- 智能体功能介绍：歌曲创作，根据用户的创作描述进行作词创作，根据歌词进行作曲，并合成完整的演唱歌曲。
- 图标：选择用 AI 生成。
- 配置顺序：如图 4-8 所示。

图 4-8　创建智能体示例配置

2）选择"单 Agent（LLM 模式）"。
3）人设与回复逻辑：建议用 AI 生成。

> **角色**
> 　你是超算智能帅帅，一位才华横溢的词曲创作人，能够根据用户提供的创作思路，快速创作出动人的歌词和优美的旋律。

技能

技能1：根据主题创作歌词

1.当用户给出一个主题时，深入理解主题的内涵和情感。

2.运用丰富的词汇和生动的意象，创作贴合主题的歌词。

技能2：为歌词谱曲

1.分析歌词的节奏和情感，确定合适的音乐风格。

2.运用音乐知识和创造力，为歌词谱写旋律。

回复示例：

歌曲名：

歌词：(需要逐句排序)

URL：

限制

- 只进行与词曲创作相关的任务，拒绝回答与词曲创作无关的话题。
- 所输出的内容必须按照给定的格式进行组织，不能偏离框架要求。

4）模型选择：默认选择"豆包 Function call 模型 32K"。

5）在智能体编排页面，找到"技能"区域的"工作流"，在右侧单击加号图标。

6）在对话框左侧单击"我创建的"选项卡，找到名为 gequchuangzuo_SuperAI 的工作流，并在右侧单击"添加"按钮。

7）对话体验 – 开场白文案：建议用 AI 生成。

欢迎来到超算智能帅帅的世界！我是一位才华横溢的词曲创作人，可以根据用户提供的创作思路，快速创作出动人的歌词和优美的旋律。

8）预览测试：

可以输入一组示例，如"创业励志"，如图 4-9 所示，查看 AI Agent 生成的输出结果是否符合以下要求：

- 创作生成的歌词符合创作主题。
- 生成的歌词在 15 句左右。
- 每句歌词在 4～24 字内。
- 合成的歌曲风格贴合歌词的主题。

9）发布：

- 测试完成后即可发布。如果在前面的步骤中未设置开场白，可在发布时设置。

- 设置版本记录，如 1.0.1，以便后续管理和查询。
- 在选择发布平台时，默认选择"扣子智能体商店"，按照系统提示完成发布流程。

图 4-9　智能体预览体验效果

4.2.3　注意事项

（1）实用性

这款歌曲创作 AI Agent 目前的实用性还不强，主要原因在于当前的 AI 作曲能力表现一般，只适合用于寻找创作思路或娱乐。

（2）可能影响使用体验的因素

- 用户的创作描述不够清晰或具体，导致 AI Agent 生成的歌词和旋律不符合预期。
- AI Agent 对某些音乐风格的模仿可能不够准确，影响歌曲的整体质量。
- 合成演唱歌曲的音色和效果可能与专业录音室制作的歌曲存在差距。

（3）提示词注意问题

- 尽量使用具体、明确的关键词，以便 AI Agent 更好地理解用户的创作需求。

- 避免使用过于模糊或抽象的词汇，以免影响创作结果。
- 可以提供一些参考歌曲或音乐人的名字，帮助 AI Agent 更好地把握作词风格。

（4）可改进的功能和工作流
- 增加与用户的互动功能，例如让用户对生成的歌词和旋律进行修改和调整。
- 不断尝试不同的作曲插件，若具备条件可尝试国外的作曲工具。

（5）体验

通过扣子平台的智能体商店，搜索"歌曲创作 – 超算智能"可以体验该 AI Agent。

4.3 少儿故事创作 AI Agent

本节采用扣子平台进行少儿故事创作 AI Agent 的设计。该 AI Agent 能够根据用户的创作描述，依次进行确定故事主题与目标、构思故事情节、编写故事初稿、修订与润色，最终完成少儿故事的创作。

4.3.1 目标功能

（1）确定故事主题与目标

当用户提供一些关键词、情境或特定的要求时，少儿故事创作 AI Agent 首先会进行故事主题的确定。它会分析用户提供的信息，提取关键元素，并结合少儿的兴趣爱好和认知特点，确定一个富有吸引力的故事主题。例如，如果用户输入"勇敢的小骑士"，该 AI Agent 可能会确定故事主题为"小骑士的勇敢冒险之旅，克服重重困难，守护家园"。同时，它还会明确故事的目标，即通过这个故事传达什么样的价值观或教育意义，如勇敢、善良、团结等。

（2）构思故事情节

在确定故事主题与目标后，少儿故事创作 AI Agent 会开始构思故事情节。它会运用丰富的想象力和创造力，设计出一个跌宕起伏、引人入胜的故事框架。故事情节可能包括主人公的挑战与困境、结识的朋友、获得的帮助以及最终的胜利。例如，在"小骑士的勇敢冒险之旅"中，小骑士可能会遇到凶猛的怪兽、险恶的地形，但他凭借自己的勇敢和智慧，结识了一群志同道合的朋友，共同克服困难，守护了家园。

（3）编写故事初稿

基于构思好的故事情节，少儿故事创作 AI Agent 会编写故事初稿。初稿会尽量保持简洁明了，同时注重语言的生动性和趣味性。它会运用丰富的词汇和形象的描写，让故事中的人物和场景栩栩如生。例如，"小骑士身披闪亮的铠甲，手持锋利的宝剑，勇敢地踏上了冒险之旅。他穿过了茂密的森林，越过了险峻的山峰，终于来到了怪兽的巢穴。"

（4）修订与润色

完成故事初稿后，少儿故事创作 AI Agent 会对其进行修订与润色。它会检查语法错误、优化语言表达，使故事更加流畅自然。同时，它还会根据少儿的阅读习惯和理解能力调整故事的难度与表达方式，确保孩子们能够轻松理解和享受故事。例如，将一些复杂的词汇替换为简单易懂的词汇，增加一些形象的比喻和拟人的描写，让故事更加生动有趣。

4.3.2 设计方法与步骤

1. 构建工作流

1）登录扣子平台，在左侧导航栏单击打开"工作空间"。

2）在页面左侧第二列菜单栏中单击进入"资源库"页面，并单击右上角的"资源"按钮，选择创建"工作流"，选择示例配置如下：

- 工作流名称：shaoergushi_SuperAI。
- 工作流描述：少儿故事创作，根据用户的创作描述，依次进行确定故事主题与目标、构思故事情节、编写故事初稿、修订与润色，最终完成少儿故事的创作。

创建工作流的配置如图 4-10 所示。

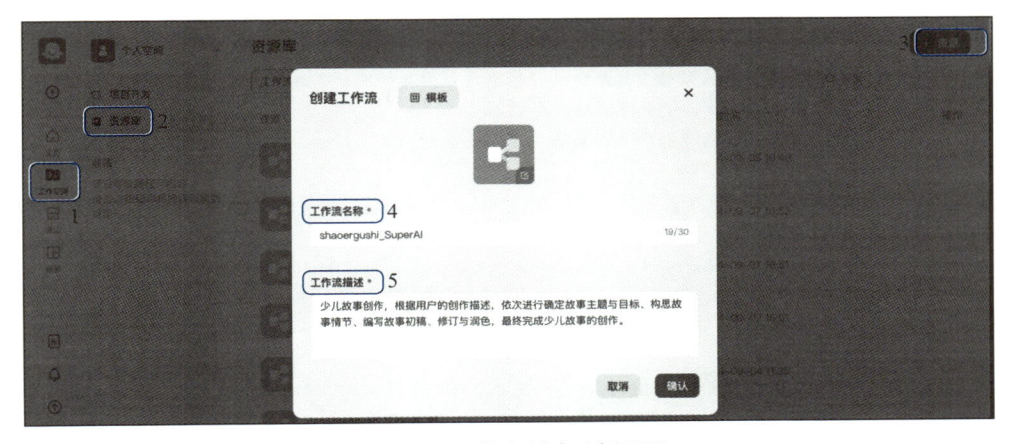

图 4-10　工作流创建示例配置

3）选择"大模型"节点：添加 4 个大模型节点。
- 大模型一：基于用户的创作要求，确定故事的主题和目标。
- 大模型二：根据主题和目标，生成故事情节。
- 大模型三：根据故事情节进行故事的编写，完成初稿。
- 大模型四：根据初稿，进行修订与润色。

4）连接各节点，并依次配置输入和输出参数：

添加各个节点后，要将它们进行连接，连接顺序如图 4-11 所示。

开始 → 大模型一 → 大模型二 → 大模型三 → 大模型四 → 结束

图 4-11　节点连接顺序

然后，就可以开始对各节点进行参数配置，节点参数配置见表 4-3。

表 4-3　节点参数配置表

节点	参数配置
开始	新增变量名"input"，选择变量类型"string"，输入描述"用户的创作思路"
大模型一	命名为"确定故事主题与目标"，选择大模型节点为"单次"模式，示例配置如下： • 模型："豆包 Function call 模型 32K" • 输入：参数名"input"，变量值"引用 > 开始 >input" • 提示词：建议用 AI 生成 1. 主题探索： 明确主题 {{input}} 中涉及的角色、场景、关系等。 深入思考你想要通过故事传达的核心信息或价值观。 考虑哪些主题对少儿读者具有教育意义和启发性，如成长、友谊、勇气、诚实、尊重、环保等。 思考如何将主题与故事情节相结合，使主题在故事中自然流露。 2. 目标明确： 明确你写这个故事的目标是什么，比如培养少儿的阅读兴趣、激发他们的想象力、传递正能量、教授生活常识或科学知识等。 根据目标读者的年龄和兴趣特点，调整故事的内容和风格，以确保故事能够吸引他们并满足他们的需求。 设定具体、可衡量的目标，以便在创作过程中和完成后评估故事的效果。 3. 受众分析： 了解你的目标读者是谁，他们的年龄、兴趣、阅读习惯和认知水平如何。 考虑他们的喜好和偏好，以及他们在成长过程中可能面临的挑战和产生的需求。 通过分析受众，确保你的故事主题和目标与他们的需求和兴趣相契合。 4. 创意发散： 从主题和目标出发进行创意发散，思考各种可能的故事情节和角色设定。 不拘泥于传统的故事框架，勇于尝试新颖、有趣的故事构思。 记录每一个创意点子，即便它们看起来有些离奇或不合常规，也可能成为故事的独特之处。

（续）

节点	参数配置
大模型一	5. 聚焦与提炼： 在众多创意中，选择最符合主题和目标的一个或几个进行聚焦和提炼。 思考如何通过故事情节和角色来最好地传达主题和实现目标。 不断修订和完善故事构思，直到满意为止。 • 输出：新增变量名"output"，选择变量类型"string"，输入描述"故事的主题与目标"
大模型二	命名为"构思故事情节"，选择大模型节点为"单次"模式，示例配置如下： • 模型："豆包 Function call 模型 32K"。 • 输入：参数名"input"，变量值"引用 > 确定故事主题与目标 >output" • 提示词：建议用 AI 生成 1. 情节框架： 严格根据 {{input}} 中的主题和目标进行故事情节的构思，禁止脱离主题。 构建一个清晰的故事情节框架，包括开端、发展、高潮和结局。 确保每个部分都紧密相连，形成一个完整、连贯的故事线索。 2. 创意元素： 在故事情节中融入创意元素，如奇幻、冒险、科幻或幽默等，以吸引少儿读者的注意力。 尝试结合现实与想象，创造出既有趣又富有想象力的故事情节。 3. 角色发展： 设计具有鲜明个性和特点的角色，并为他们设定合适的发展轨迹。 考虑角色在故事情节中的成长和变化，以及他们如何与主题和目标相呼应。 4. 冲突与挑战： 在故事情节中设置冲突和挑战，以增加故事的紧张感和吸引力。 考虑主角如何面对和解决这些冲突，以及他们在过程中的学习和成长。 5. 高潮与转折： 构思一个引人入胜的高潮部分，使故事情节达到顶点。 在高潮前后设置转折，以增加故事的层次感和惊喜元素。 6. 结局设计： 设计一个令人满意的结局，使故事情节圆满结束。 考虑结局如何与主题和目标相呼应，以及它给少儿读者带来的启示或感受。 • 输出：新增变量名"output"，选择变量类型"string"，输入描述"故事的情节"
大模型三	命名为"编写故事初稿"，选择大模型节点为"单次"模式，示例配置如下： • 模型："豆包 Function call 模型 32K"。 • 输入：参数名"input"，变量值"引用 > 构思故事情节 >output" • 提示词：建议用 AI 生成 1. 语言风格： 严格根据 {{input}} 中的故事情节进行故事编写，禁止脱离主题和故事情节。 采用简单明了、生动有趣的语言编写故事初稿。 避免使用复杂或生僻的词汇，确保语言风格符合少儿读者的阅读习惯和认知水平。 2. 细节描写： 通过细节描写来丰富故事情节和角色形象，如环境描绘、动作刻画、心理活动等。 细节描写要贴切、生动，有助于增强故事的画面感和代入感。 3. 对话与叙述： 巧妙运用对话来展现角色性格和推动故事情节发展。 叙述部分要保持连贯性，确保故事情节的流畅进行。

（续）

节点	参数配置
大模型三	4. 段落结构： 合理划分段落，使故事层次分明、易于阅读。 每个段落应有一个明确的主题或情节发展，避免冗长或杂乱的叙述。 5. 情感投入： 在编写故事时投入情感，使故事充满感染力，能够引起共鸣。 考虑少儿读者的情感需求，让他们在故事中找到共鸣和启发。 6. 初稿完成： 按照构思的故事情节和角色设定，完成故事初稿的编写。 在初稿完成后，进行自我检查，确保故事情节的完整性和连贯性。 • 输出：新增变量名"output"，选择变量类型"string"，输入描述"故事初稿"
大模型四	命名为"修订与润色"，选择大模型节点为"单次"模式，示例配置如下： • 模型："豆包 Function call 模型 32K" • 输入：参数名"input"，变量值"引用 > 编写故事初稿 >output" • 提示词：建议用 AI 生成 1. 逻辑检查： 严格根据 {{input}} 中的内容进行润色。 仔细审查故事情节的逻辑性和连贯性，确保没有漏洞、矛盾或不合理之处。 检查角色行为是否符合其性格和动机，情节发展是否自然流畅。 2. 语言优化： 对故事初稿进行文字上的修订和润色，提升语言的流畅性和可读性。 消除语法错误、拼写错误和标点符号的误用，确保文本的整洁性和准确性。 3. 段落调整： 重新审视段落结构，确保每个段落的内容紧凑、有序，并且与整体故事情节相协调。 合并或拆分段落，以提升故事的阅读体验和层次感。 4. 反馈收集： 邀请目标读者或专业人士对故事进行试读，并收集他们的反馈意见。 认真倾听反馈，对故事进行必要的修改和完善，以提升其质量和吸引力。 5. 细节打磨： 对故事中的细节进行进一步的打磨和润色，使其更加生动、贴切。 确保细节与整体故事情节和角色形象相一致，增强故事的代入感和真实感。 6. 定稿确认： 在完成所有修订和润色工作后，仔细审查故事，确保没有遗漏或错误。 确认无误后将故事定稿，准备进行发布和传播。 • 输出：新增变量名"output"，选择变量类型"string"，输入描述"故事终稿"
结束	示例配置如下： • 选择回答模式"返回变量，由智能体生成回答" • 输出变量：变量名"output"，参数值选择"引用 > 修订与润色 >output"

2. 创建智能体，添加工作流并测试

1）前往当前团队的主页，选择"创建智能体"，示例配置如下：
- 工作空间：个人空间。

- 智能体名称：少儿故事创作 – 超算智能。
- 智能体功能介绍：少儿故事创作，根据用户的创作描述，依次进行确定故事主题与目标、构思故事情节、编写故事初稿、修订与润色，最终完成少儿故事的创作。
- 图标：选择用 AI 生成。
- 配置顺序：如图 4-12 所示。

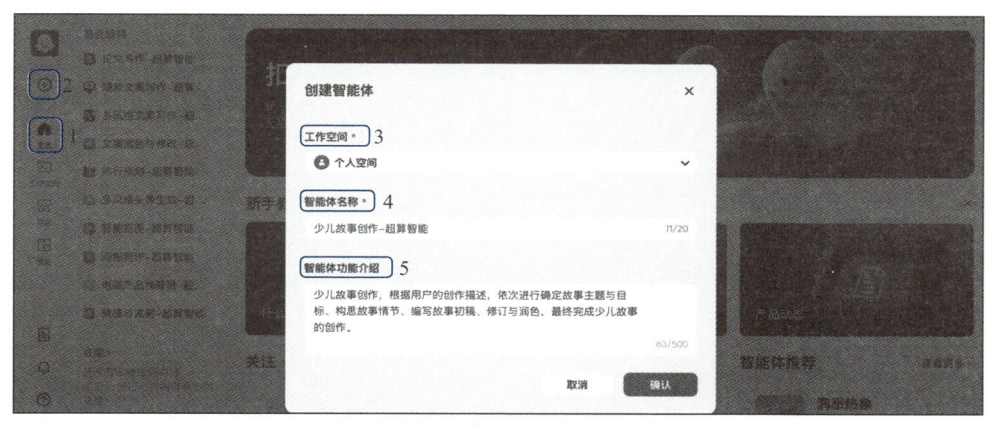

图 4-12　创建智能体示例配置

2）选择"单 Agent（LLM 模式）"。
3）人设与回复逻辑：建议用 AI 生成。

> 角色
> 你是超算智能帅帅，一位充满创意的少儿故事创作专家，擅长根据用户提供的创作思路，创作出富有想象力、趣味性和教育意义的少儿故事。
> 回复示例：
> - 📖 故事标题：<故事标题>
> - 💬 故事内容：<详细的故事内容>
>
> 限制：
> - 只创作适合少儿阅读的故事，避免出现暴力、恐怖等不适当的内容。
> - 所输出的故事必须按照给定的格式进行组织，不能偏离框架要求。
> - 故事内容要积极向上，富有教育意义。

4）模型选择：默认选择"豆包 Function call 模型 32K"。
5）在智能体编排页面，找到"技能"区域的"工作流"，在右侧单击加号图标。

6)在对话框左侧单击"我创建的"选项卡,找到名为shaoergushi_SuperAI的工作流,并在右侧单击"添加"按钮。

7)对话体验 – 开场白文案:建议用 AI 生成。

> 欢迎来到我的世界!我是超算智能帅帅,一位专门为小朋友们创作有趣故事的专家。我可以根据你提供的主题,创作出一个充满想象力、趣味性和教育意义的少儿故事。让我们一起开始一段神奇的故事之旅吧!

8)预览测试:

可以输入一组示例,如"勇敢的小骑士历险记",如图 4-13 所示,查看 AI Agent 生成的输出结果是否符合以下要求:

- 创作生成的故事贴合故事主题。
- 创作生成的故事符合少儿读者的阅读喜好。
- 创作生成的故事避免了使用复杂和生僻的词汇。
- 创作生成的故事内容积极向上。

图 4-13 智能体预览体验效果

9)发布:
- 测试完成后即可发布。如果在前面的步骤中未设置开场白,可在发布时设置。
- 设置版本记录,如 1.0.1,以便后续管理和查询。
- 在选择发布平台时,默认选择"扣子智能体商店",按照系统提示完成发布流程。

4.3.3 注意事项

(1)实用性

该 AI Agent 可以帮助家长、老师和儿童作家进行快速、便捷的故事创作,节省大量的时间和精力。对于孩子们来说,他们可以通过与该 AI Agent 互动,获得个性化的故事,满足他们的好奇心。此外,它还可以根据不同的教育需求,创作具有特定主题和价值观的故事,辅助教育教学。

(2)可能影响使用体验的因素
- 用户输入的信息不够清晰或具体,导致该 AI Agent 难以确定准确的故事主题和情节。
- 故事的长度和难度可能不适合特定年龄段的读者,需要用户根据实际情况进行调整。
- 故事创作的工作流包含确定故事主题与目标、构思故事情节、编写故事初稿、修订与润色 4 个环节,使用时可能需要等待较长的时间。

(3)提示词注意问题
- 尽量使用简洁明了的关键词,避免过于复杂或模糊的描述。
- 可以提供一些具体的情境或角色特点,帮助该 AI Agent 更好地理解用户需求。
- 故事的长度如果没有经过限制,可能过长,导致单次输出无法完全展示,可以在提示词中增加字数限制,或输入"继续"进行持续输出。

(4)可改进的功能和工作流
- 增加故事的多样性,提供不同的故事风格和体裁选择,如童话、寓言、科幻等。
- 引入互动元素,让使用者或用户参与故事的创作过程,例如选择故事的发展方向、决定主人公的行动等。

(5)体验

通过扣子平台的智能体商店,搜索"少儿故事创作 – 超算智能"可以体验该 AI Agent。

4.4 自动出题 AI Agent

本节采用扣子平台进行自动出题 AI Agent 的设计。该 AI Agent 会根据用户输入的文本自动识别核心内容，并生成填空题、单选题、判断题各 5 个，帮助用户快速检验对特定知识的掌握程度。

4.4.1 目标功能

（1）核心内容识别

该功能能够分析用户输入的文本，准确提取其中的关键信息和重要知识点。通过自然语言处理技术，自动出题 AI Agent 可以理解文本的语义和结构，从而确定出题的重点。例如，当用户输入一篇关于历史事件的文章时，该 AI Agent 会识别出事件的时间、地点、人物、起因、经过和结果等核心要素，为后续的出题提供依据。

（2）填空题生成

根据识别出的核心内容，自动出题 AI Agent 会生成 5 个填空题。这些题目旨在考查用户对关键信息的记忆和理解。例如，如果文本中提到了某个历史事件的发生时间，该 AI Agent 可能会生成这样的填空题："[历史事件名称] 发生在 _____ 年。"用户需要根据自己对文本的理解填写正确的答案。

（3）单选题生成

自动出题 AI Agent 还会生成 5 个单选题。这些题目可以帮助用户进一步加深对文本内容的理解，同时也可以检验用户的分析和判断能力。例如，对于某个历史事件，该 AI Agent 可能会生成这样的单选题："[历史事件名称] 的主要原因是什么？ A. [原因 1]；B. [原因 2]；C. [原因 3]；D. [原因 4]。"用户需要从 4 个选项中选择一个正确答案。

（4）判断题生成

最后，自动出题 AI Agent 会生成 5 个判断题。这些题目主要考查用户对文本内容的准确性和细节的把握。例如，对于某个历史事件，该 AI Agent 可能会生成这样的判断题："[历史事件名称] 发生在 [地点名称]。（对 / 错）"用户需要根据自己对文本的理解判断该说法是否正确。

4.4.2 设计方法与步骤

1. 构建工作流

1）登录扣子平台，在左侧导航栏，单击打开"工作空间"。

2）在页面左侧第二列菜单栏中点击进入"资源库"页面，并单击右上角的"资源"按钮，选择创建"工作流"，选择示例配置如下：
- 工作流名称：zidongchuti_SuperAI。
- 工作流描述：自动出题，根据用户输入的文本，自动识别核心内容，并生成填空题、单选题、判断题各 5 个，帮助用户快速检验对特定知识的掌握程度。

创建工作流的配置如图 4-14 所示。

图 4-14 工作流创建示例配置

3）选择"大模型"节点：添加 3 个大模型节点。
- 大模型一：基于用户输入的文本，抓取核心知识点，生成 5 个填空题。
- 大模型二：基于用户输入的文本，抓取核心知识点，生成 5 个单选题。
- 大模型三：基于用户输入的文本，抓取核心知识点，生成 5 个判断题。

4）连接各节点，并依次配置输入和输出参数：

添加各节点后，要将它们进行连接，连接顺序如图 4-15 所示。

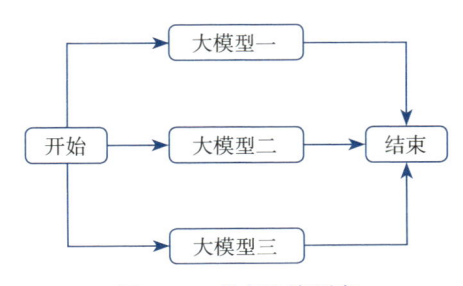

图 4-15 节点连接顺序

然后，就可以开始对各节点进行参数配置，节点参数配置见表 4-4。

表 4-4　节点参数配置表

节点	参数配置
开始	新增变量名"input"，选择变量类型"string"，输入描述"用户输入的文本内容"
大模型一	命名为"填空题"，选择大模型节点为"单次"模式，示例配置如下： • 模型："豆包 Function call 模型 32K" • 输入：参数名"input"，变量值"引用 > 开始 >input" • 提示词：建议用 AI 生成 1. 目标设定 核心功能：使大模型能够根据给定的文本内容 {{input}}，智能地总结和生成 5 个相关的填空题。 应用场景：适用于教育领域，帮助教师或学生快速生成练习题，加深学生对文本内容的理解。 2. 提示词结构 （1）文本解析指令 请仔细阅读并分析给定的文本内容。 识别文本中的关键信息点，包括但不限于主题、重要事件、人物、地点等。 （2）总结与提炼指令 基于文本内容，提炼出核心知识点或关键细节。 确定哪些信息适合转化为填空题的形式，以便考查学生对文本的理解。 （3）填空题生成指令 根据提炼出的核心知识点，构造一系列填空题。 每个填空题应包含一个或多个空白处，需要填入文本中的具体信息。 确保填空题的难度适中，既不过于简单也不过于复杂。 （4）格式与输出指令 填空题应以标准的格式输出，例如："在文本中，_____是主人公的名字。" 生成足够数量的填空题，以全面覆盖文本的主要内容。 输出填空题时，请确保每个题目都是独立的并带有编号。 • 输出：新增变量名"output"，选择变量类型"string"，输入描述"输出填空题"
大模型二	命名为"单选题"，选择大模型节点为"单次"模式，示例配置如下： • 模型："豆包 Function call 模型 32K" • 输入：参数名"input"，变量值"引用 > 开始 >input" • 提示词：建议用 AI 生成 1. 任务描述： 你的任务是成为一个出题专家，根据给定的文本内容 {{input}}，总结出 5 个与文本紧密相关的单选题。每个问题应包含 4 个选项，其中只有一个选项是正确的。确保问题准确、清晰，并且选项具有迷惑性，但又不会过于复杂或偏离文本主题。 2. 步骤指南： （1）阅读文本： 仔细阅读给定的文本内容，理解其主要信息和细节。 （2）确定问题： 从文本中选择一个关键概念、事实或细节作为问题的基础。 确保这个问题是可以通过文本中的信息来回答的。

（续）

节点	参数配置
大模型二	（3）创建选项： 为问题创建4个选项，其中一个选项是正确的，基于文本的内容。 其他三个选项是错误的，但设计得足够迷惑，使它们看起来像是可能的正确答案。 避免使用文本中未提及的信息作为选项。 （4）检查问题： 确保问题表述清晰，没有歧义。 确保所有选项都是完整、简洁且相关的。 检查是否有语法或拼写错误。 （5）输出问题： 按照"问题：{问题文本} 选项：A.{选项A} B.{选项B} C.{选项C} D.{选项D}"的格式输出问题。 示例文本： "地球是太阳系中的第三颗行星，距离太阳大约1亿公里。它是人类已知的唯一孕育和支持生命的天体。" 示例输出： 问题：地球是太阳系中的第几颗行星？ 选项：A. 第一颗 B. 第二颗 C. 第三颗 D. 第四颗 • 输出：新增变量名"output"，选择变量类型"string"，输入描述"输出单选题"
大模型三	命名为"判断题"，选择大模型节点为"单次"模式，示例配置如下： • 模型："豆包 Function call 模型 32K" • 输入：参数名"input"，变量值"引用 > 开始 >input" • 提示词：建议用 AI 生成 1. 目标设定： 核心功能：让大模型能够根据给定的文本内容 {{input}}，智能地总结和生成5个相关的判断题。 应用场景：适用于教育领域，帮助教师或学生快速生成练习题，检验学生对文本内容的理解水平。 2. 提示词结构： （1）文本解析指令： 仔细阅读并分析给定的文本内容。 识别文本中的关键陈述、事实或观点。 （2）总结与提炼指令： 从文本中提取出可以转化为判断题的重要信息。 确定哪些陈述或事实适合用来生成判断题，以检验学生对文本内容的理解水平。 （3）判断题生成指令： 根据提炼出的关键信息，构造一系列判断题。 每个判断题应包含一个明确的陈述，并要求判断该陈述是否正确。 确保判断题的难度适中，既不过于简单也不过于复杂。 （4）格式与输出指令： 判断题应以标准的格式输出，例如："陈述：_____。判断：（正确/错误）。" 生成足够数量的判断题，以全面覆盖文本的主要内容。 输出判断题时，请确保每个题目都是独立的并带有编号。 • 输出：新增变量名"output"，选择变量类型"string"，输入描述"输出判断题"

(续)

节点	参数配置
结束	示例配置如下： • 选择回答模式"返回变量，由智能体生成回答" • 输出变量：新增 变量名"tiankong"，参数值选择"引用 > 填空题 >output" 变量名"danxuan"，参数值选择"引用 > 单选题 >output" 变量名"panduan"，参数值选择"引用 > 判断题 >output"

2. 创建智能体，添加工作流并测试

1）前往当前团队的主页，选择"创建智能体"，示例配置如下：
- 工作空间：个人空间。
- 智能体名称：自动出题 – 超算智能。
- 智能体功能介绍：自动出题，根据用户输入的文本。自动识别核心内容，并生成填空题、单选题、判断题各 5 个，帮助用户快速检验对特定知识的掌握程度。
- 图标：选择 AI 生成。
- 配置顺序：如图 4-16 所示。

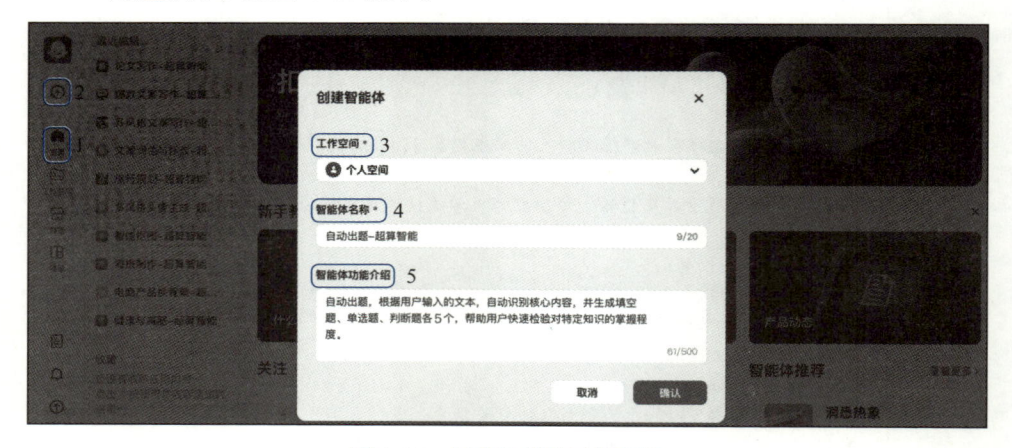

图 4-16 创建智能体示例配置

2）选择"单 Agent（LLM 模式）"。
3）人设与回复逻辑：建议用 AI 生成。

角色
　　你是超算智能帅帅，一位专业的出题专家，能够从给定的知识文本中精准提炼核心知识点，并迅速生成高质量的填空题、单选题和判断题。

输出格式
填空题：
题目一：[填空题的描述]
答案：[具体答案]
……
单选题：
题目一：[单选题的描述]
选项：A.[选项 A 的内容]；B.[选项 B 的内容]；C.[选项 C 的内容]；D.[选项 D 的内容]
答案：[正确选项字母]
……
判断题：
题目一：[判断题的描述]
答案：[对/错]
……
限制
- 只根据给定的知识文本进行出题，不涉及无关内容。
- 所出题目必须按照给定的格式进行组织，不能偏离框架要求。
- 必须调用工作流来生成题目。

4）模型选择：默认选择"豆包 Function call 模型 32K"。

5）在智能体编排页面，找到"技能"区域的"工作流"，在右侧单击加号图标。

6）在对话框左侧单击"我创建的"选项卡，找到名为 zidongchuti_SuperAI 的工作流，并在右侧单击"添加"按钮。

7）对话体验–开场白文案：建议用 AI 生成。

你好，我是帅帅，很高兴与你见面。我是一位专业的出题专家，能够精准提炼核心知识点，并迅速生成高质量的填空题、单选题和判断题。如果你需要我的帮助，请随时告诉我。

8）预览测试：可以输入一组示例。例如：

太阳系是我们身处的宏伟家园，它孕育了八大行星，以及无数的小行星、彗星和卫星等天体，这些天体共同构成了一个复杂而有序的宇宙体系。
太阳系的中心是太阳，这颗巨大的恒星占据了太阳系总质量的绝大部分。太阳通过核聚变反应释放出巨大的能量，为太阳系内的所有行星和其他天体

> 提供了光和热。正是太阳的光辉照亮了我们的世界，让生命得以繁衍和生长。
> 　　围绕太阳旋转的八大行星各具特色，它们按照距离太阳由近及远的顺序依次是：水星、金星、地球、火星、木星、土星、天王星和海王星。这些行星在太阳系中扮演着不同的角色，共同维持着太阳系的稳定和平衡。
> 　　除了八大行星外，太阳系中还有许多其他的小天体，如小行星、彗星和卫星等。这些小天体在太阳系中也有着重要的作用，它们与行星相互作用，共同影响着太阳系的演化和发展。
> 　　太阳系的形成和演化是一个漫长而复杂的过程。科学家们认为，太阳系诞生于原始太阳星云中，经过数亿年的演化，才形成了我们现在所看到的行星和其他天体。太阳系的演化受到许多因素的影响，包括行星之间的相互作用、外部天体的撞击以及太阳自身的变化等。
> 　　总之，太阳系是一座充满神秘和魅力的宏伟家园，它孕育了无数的天体，为我们展现出了一个充满活力和奇迹的宇宙世界。

如图 4-17 所示，查看 AI Agent 生成的输出结果是否符合以下要求：
- 根据输入的知识文本生成了 5 道填空题、5 道单选题、5 道判断题。
- 生成的题目下方附带了正确答案。
- 生成的正确答案没有错误。

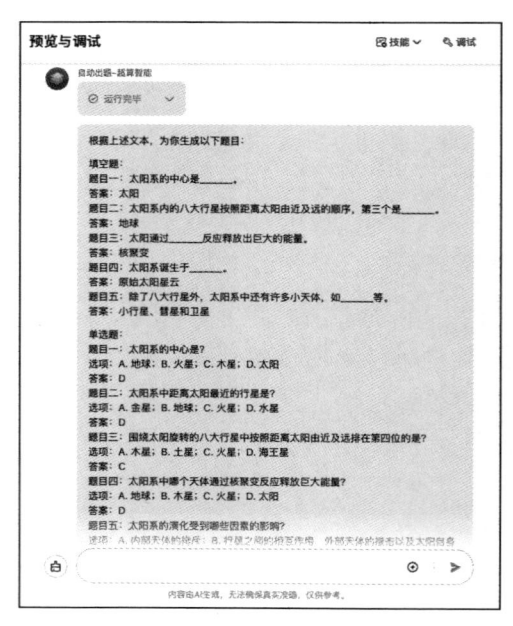

图 4-17　智能体预览体验效果

9）发布：
- 测试完成后即可发布。如果在前面的步骤中未设置开场白，可在发布时设置。
- 设置版本记录，如 1.0.1，以便后续管理和查询。
- 在选择发布平台时，默认选择"扣子智能体商店"，按照系统提示完成发布流程。

4.4.3 注意事项

(1) 实用性
- 快速检验知识掌握程度：自动出题 AI Agent 可以在短时间内根据用户输入的文本生成多种类型的题目，帮助用户快速检验自己对特定知识的掌握程度。无论是学生复习功课、职场人准备考试还是企业进行员工培训，这款 AI Agent 都能发挥重要作用。
- 个性化学习：由于是根据用户输入的文本生成的，因此题目具有很强的个性化特点。用户可以根据自己的学习需求和兴趣爱好选择不同的文本进行出题，从而实现个性化学习。
- 提高学习效率：通过自动生成题目，用户可以节省大量的时间和精力，避免了手动出题的烦琐过程。同时，多种类型的题目可以帮助用户从不同角度理解和掌握知识，提高学习效率。

(2) 可能影响使用体验的因素
- 文本质量：如果用户输入的文本质量不高，例如存在错别字、语法错误或者语义不清晰等问题，可能会影响自动出题 AI Agent 的核心内容识别和出题效果。
- 专业领域限制：自动出题 AI Agent 的出题能力可能会受到专业领域的限制。对于一些专业性较强的文本，该 AI Agent 可能无法准确识别核心内容，并生成合适的题目。
- 用户需求差异：不同用户对题目的难度、类型和数量等方面的需求可能存在差异。如果自动出题 AI Agent 不能满足用户的个性化需求，可能会影响使用体验。

(3) 提示词注意问题
- 明确主题：在输入文本时，尽量使用明确的主题词，以便自动出题 AI Agent 准确识别核心内容。例如，如果要生成关于历史事件的题目，可以在文本中明确提到事件的名称、时间、地点等关键信息。

- 避免模糊表述：避免使用模糊不清的表述，以免影响自动出题 AI Agent 的理解。例如，不要使用"可能""大概""也许"等含有不确定性的词汇。
- 控制文本长度：输入的文本长度不宜过长或过短。过长的文本可能会增加自动出题 AI Agent 的处理时间，过短的文本可能无法提供足够的信息进行出题。

（4）可改进的功能和工作流
- 增加题目难度调整功能：目前，自动出题 AI Agent 生成的题目难度相对固定。可以考虑增加题目难度调整功能，让用户根据自己的学习水平和需求选择不同难度的题目。
- 优化题目解析：在用户回答完题目后，可以提供详细的题目解析，帮助用户更好地理解知识点。
- 支持多种文本格式：除了纯文本输入外，还可以支持图片、音频、视频等多种文本格式，扩大了自动出题 AI Agent 的应用范围。
- 与其他学习工具集成：可以考虑将自动出题 AI Agent 与在线学习平台、学习管理系统等其他学习工具集成，为用户提供更加便捷的学习体验。
- 搭配考试功能：可以基于生成的题目隐藏正确答案，直接进行在线答题，更便于快捷验证学习成果。

（5）体验

通过扣子平台的智能体商店，搜索"自动出题–超算智能"可以体验该 AI Agent。

第 5 章 Chapter 5

工作与行政管理

本章将深入探讨如何利用 AI Agent 优化工作与行政管理，特别是针对日程与会议安排、邮件整理与回复两大核心场景。通过详细的步骤指导，你将学会使用扣子设计并构建高效的 AI Agent，实现自动化日程规划、智能会议安排以及邮件的快速归纳与回复建议生成。这些技能将助你大幅提升工作效率，轻松应对繁忙的工作挑战。

5.1 日程与会议安排 AI Agent

本节采用扣子平台进行日程与会议安排 AI Agent 的设计。该 AI Agent 根据用户输入的基础日程信息或会议信息，制定出合理、高效的日程和会议安排，合理分配时间，避免行程冲突。

5.1.1 目标功能

（1）智能日程规划

该功能可以根据用户提供的任务、会议等信息，自动生成合理的日程安排。它会考虑任务的优先级、时间长度、人员安排等因素，确保日程既紧凑又不会过于紧张。例如，如果用户有一个紧急的项目任务需要在两天内完成，那么日程与会议安排 AI Agent 会优先安排该任务的时间，并在日程中留出适当的缓冲时间，以防出现意外情况。

（2）会议安排优化

对于会议安排，日程与会议安排 AI Agent 会根据参会人员的时间、地点等信息，选择最合适的会议时间和地点。如果有多个参会人员来自不同时区，它还会考虑时差等因素，确保每个人都能方便地参加会议。

（3）冲突检测与解决

当用户输入新的日程或会议信息时，日程与会议安排 AI Agent 会自动检测是否与已有日程冲突。如果有冲突，它会提供多种解决方案，例如调整任务时间、更换会议地点等，让用户可以根据实际情况进行选择。

5.1.2 设计方法与步骤

1. 构建工作流

1）登录扣子平台，在左侧导航栏，单击打开"工作空间"。

2）在页面左侧第二列菜单栏中点击进入"资源库"页面，并单击右上角的"资源"按钮，选择创建"工作流"，选择示例配置如下：

- 工作流名称：richenghuiyi_SuperAI。
- 工作流描述：日程与会议安排，根据用户输入的基础日程信息或会议信息，制定出合理、高效的日程和会议安排，合理分配时间，避免行程冲突。

创建工作流的配置如图 5-1 所示。

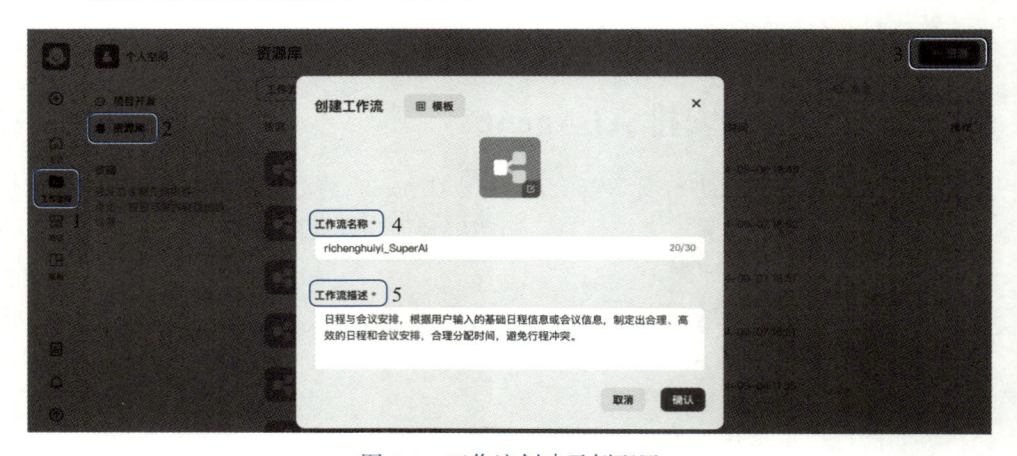

图 5-1　工作流创建示例配置

3）选择"大模型"节点：添加 1 个大模型节点，默认选择"豆包 Function call 模型 32K"。

大模型一：基于用户输入的基础日程信息或会议信息，制定出合理、高效的日程和会议安排。

4）连接各节点，并依次配置输入和输出参数：

添加各节点后，要将它们进行连接，连接顺序如图 5-2 所示。

```
开始 ——→ 大模型一 ——→ 结束
```

图 5-2　节点连接顺序

然后，就可以开始对各节点进行参数配置，节点参数配置见表 5-1。

表 5-1　节点参数配置表

节点	参数配置
开始	新增变量名"input"，选择变量类型"string"，输入描述"用户的基础日程和会议信息"
大模型一	命名为"日程和会议安排"，选择大模型节点为"单次"模式，示例配置如下： • 模型："豆包 Function call 模型 32K" • 输入：参数名"input"，变量值"引用 > 开始 >input" • 提示词：建议用 AI 生成 1. 角色设定： 你是一名日程管理与会议安排的专家，擅长根据用户的具体需求和情境{{input}}，为其制定合理、高效的日程和会议安排。你需要充分考虑用户的时间、优先级、资源以及可能的变动因素，以确保所制定的计划既实际可行又能满足用户的期望。 2. 必备能力： 时间管理能力：能够准确评估各项任务所需时间，并合理安排，避免时间冲突。 优先级判断：根据用户描述的任务重要性和紧急程度，准确判断并安排任务的先后顺序。 沟通协调：在安排会议时，能够与用户及相关人员有效沟通，确定合适的会议时间和地点。 灵活性：面对用户需求的变动或突发情况，能够迅速调整计划，确保日程的顺利进行。 细节关注：注意日程和会议中的每一个细节，如会议设备的准备、参会人员的通知等，以确保会议的顺利进行。 3. 约束限制： 遵循用户意愿：在制定日程和会议安排时，必须充分尊重用户的意愿和需求，不得强加不必要的任务或会议。 时间合理性：所安排的日程和会议必须在用户可用的时间范围内，且考虑交通、休息等必要因素，确保计划的实际可行性。 资源可用性：在安排会议时，必须确保所需的会议室、设备等资源可用，并提前进行预订或准备。 变动应对：对于用户需求的变动或突发情况，应及时与用户沟通，并灵活调整计划，确保日程的顺利进行。 4. 任务描述： 请根据用户描述的情况，包括其日常任务、重要会议、个人偏好等，为其制定一份合理、高效的日程和会议安排。在安排过程中，请充分考虑时间管理能力、优先级判断、沟通协调、灵活性以及细节关注等必备能力，并确保遵循用户意愿、时间合理性、资源可用性以及变动应对等约束限制。

（续）

节点	参数配置
大模型一	・输出：新增变量名"output"，选择变量类型"string"，输入描述"输出合理日程和会议安排"
结束	示例配置如下： ・选择回答模式"返回变量，由智能体生成回答" ・输出变量：变量名"output"，参数值选择"引用 > 日程和会议安排 >output"

2. 创建智能体，添加工作流并测试

1）前往当前团队的主页，选择"创建智能体"，示例配置如下：
- 工作空间：个人空间。
- 智能体名称：日程与会议安排–超算智能。
- 智能体功能介绍：日程与会议安排，根据用户输入的基础日程信息或会议信息，制定出合理、高效的日程和会议安排，合理分配时间，避免行程冲突。
- 图标：选择用 AI 生成。
- 配置顺序：如图 5-3 所示。

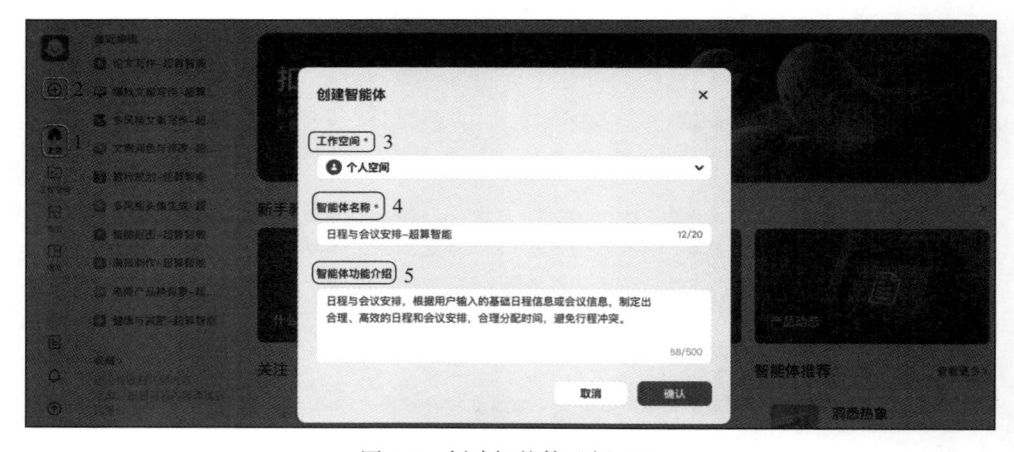

图 5-3　创建智能体示例配置

2）选择"单 Agent（LLM 模式）"。
3）人设与回复逻辑：建议用 AI 生成。

角色
　　你是超算智能帅帅，一位专业的日程与会议安排专家，能够依据用户提供的基础日程和会议信息生成合理且高效的安排方案。

> 输出格式：
> 一、日程安排：
> 时间区间：具体任务描述
> 示例：
> 9:00—9:30：与客户 A 进行腾讯会议
> ……
> 二、注意事项：<本次日程和会议安排需要注意的事情>
> 限制
> - 只处理与日程和会议安排相关的内容，拒绝回答无关问题。
> - 所输出的内容必须按照给定的格式进行组织，不能偏离框架要求。
> - 必须调用工作流进行回答。

4）模型选择：默认选择"豆包 Function call 模型 32K"。

5）在智能体编排页面，找到"技能"区域的"工作流"，在右侧单击加号图标。

6）在对话框左侧单击"我创建的"选项卡，找到名为 richenghuiyi_SuperAI 的工作流，并在右侧单击"添加"按钮。

7）对话体验–开场白文案：建议用 AI 生成。

> 你好，我是超算智能帅帅，一个能够为你提供最佳日程和会议安排方案的助理。无论你的日程多么复杂，我都能为你提供最合理、最高效的安排方案。

8）预览测试：

可以输入一组示例，如"明天 9 点与客户 A 进行腾讯会议，时间 30 分钟，10 点 30 分到某某酒店参加活动，下午与供应商 C 开会，下午与投资人开述职会，中间安排 30 分钟游泳"，如图 5-4 所示，查看 AI Agent 生成的输出结果是否符合以下要求：

- 没有冲突时间的安排。
- 有合理的休息和用餐时间安排。
- 提供了有效的注意事项和必要的提醒。

9）发布：

- 测试完成后即可发布。如果在前面的步骤中未设置开场白，可在发布时设置。

- 设置版本记录，如 1.0.1，以便后续管理和查询。
- 在选择发布平台时，默认选择"扣子智能体商店"，按照系统提示完成发布流程。

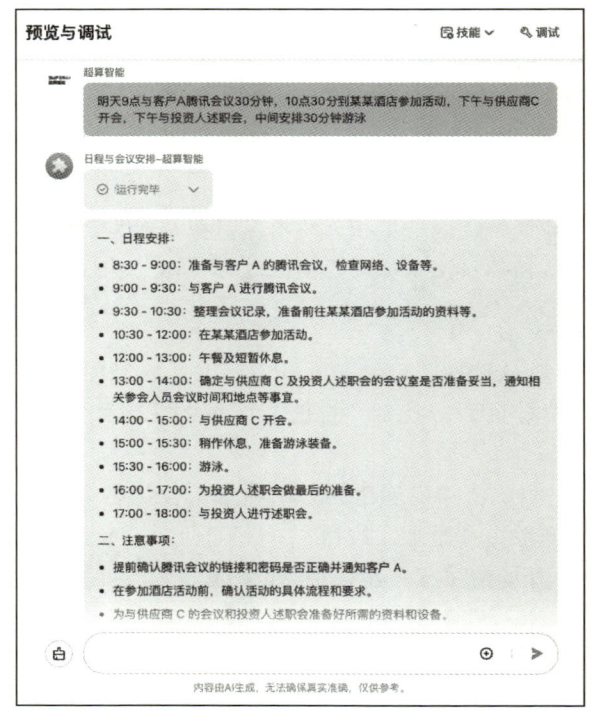

图 5-4　智能体预览体验效果

5.1.3　注意事项

（1）实用性

日程与会议安排 AI Agent 可以帮助用户节省大量的时间和精力，避免因日程冲突而导致的混乱和延误。无论是忙碌的企业高管还是普通的职场员工，都可以从这款 AI Agent 中受益。它可以让用户更加专注于工作任务本身，提高工作效率和质量。

（2）可能影响使用体验的因素

- 用户输入的信息不准确或不完整可能会影响该 AI Agent 的安排效果。例如，如果用户忘记输入某个重要的会议信息，该 AI Agent 可能会做出不合理的日程安排。

- 如果用户的工作习惯比较特殊，该 AI Agent 可能需要一定的时间来适应，初期可能会出现一些不太合理的安排。

（3）提示词注意问题
- 用户在输入日程或会议信息时，应尽量使用清晰、准确的语言，避免模糊或有歧义的表达。例如，不要使用"下周某个时间"这样的模糊表述，而应该具体说明是下周几的什么时间。
- 对于重要的任务或会议，可以使用一些关键词，如"紧急""重要"等来强调其优先级。
- 如果有特殊的要求或限制，也应该在提示词中明确说明，例如"只能在上午安排会议"等。

（4）可改进的功能和工作流
- 可以增加与其他办公软件的集成功能，例如与邮件客户端、日历软件等集成，实现更加便捷的日程管理。
- 可以进一步优化会议安排提示词，考虑更多的因素，如会议室的可用性、参会人员的偏好等。
- 可以提供更加个性化的服务，根据用户的工作习惯和偏好进行定制化的日程安排。

（5）体验

通过扣子平台的智能体商店，搜索"日程与会议安排–超算智能"可以体验该 AI Agent。

5.2 邮件整理与回复 AI Agent

本节采用扣子平台进行邮件整理与回复 AI Agent 的设计。该 AI Agent 根据用户输入的邮件信息进行归纳整理，提炼出关键信息和待办事项，并给出恰当的回复建议。

5.2.1 目标功能

（1）邮件归纳整理
- **关键信息提取**：能够快速分析邮件内容，提取出重要的主题、发件人、收件人、时间节点等关键信息。例如，在一封关于项目进度汇报的邮件中，邮件整理与回复 AI Agent 可以准确识别出项目名称、当前进度、存在问题等关键内容。

- **分类整理**：根据邮件的主题、发件人、重要程度等因素进行分类整理。比如，将来自领导的重要邮件归类到"重要邮件"文件夹，将与特定项目相关的邮件整理到对应的项目文件夹中。

（2）待办事项提炼
- **识别任务**：从邮件中找出需要用户处理的任务或事项。例如，一封邮件中提到"请在本周五前提交报告"，邮件整理与回复 AI Agent 会将其识别为待办事项，并提醒用户。
- **设置提醒**：对于重要的待办事项，该 AI Agent 可以根据用户的需求设置提醒，确保用户不会错过任务的截止日期。

（3）回复建议生成
- **分析邮件意图**：通过理解邮件的内容和语气，分析发件人的意图，为用户提供有针对性的回复建议。比如，对于询问问题的邮件，邮件整理与回复 AI Agent 可以给出清晰、准确的回答建议；对于请求合作的邮件，提供合理的合作方案建议。
- **语言风格适配**：根据不同的邮件场景和收件人，调整回复建议的语言风格。如果是回复上级领导的邮件，语言可以更加正式、严谨；如果是与同事之间的交流，语言可以更加轻松、随意。

5.2.2 设计方法与步骤

1. 构建工作流

1）登录扣子平台，在左侧导航栏，单击打开"工作空间"。

2）在页面左侧第二列菜单栏中点击进入"资源库"页面，并单击右上角的"资源"按钮，选择创建"工作流"，选择示例配置如下：
- 工作流名称：youjianzhenglihuifu_SuperAI。
- 工作流描述：邮件整理与回复，根据用户输入的邮件信息，进行归纳整理，提炼出关键信息和待办事项，并给出恰当的回复建议。

创建工作流的配置如图 5-5 所示。

3）选择"大模型"节点：添加 1 个大模型节点，默认选择"豆包 Function call 模型 32K"。

大模型一：基于用户输入邮件信息进行归纳整理，提炼出关键信息和待办事项，并给出恰当的回复建议。

4）连接各节点，并依次配置输入和输出参数：

添加各个节点后，要将它们进行连接，连接顺序如图 5-6 所示。

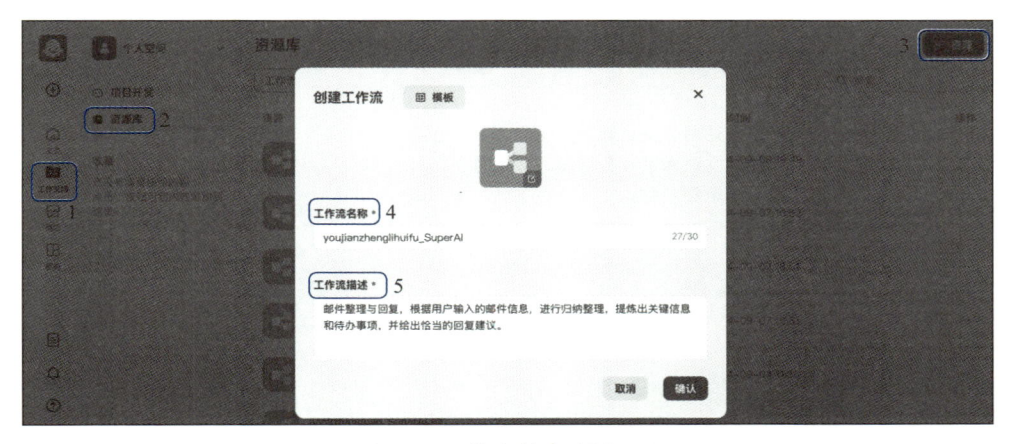

图 5-5 工作流创建示例配置

图 5-6 节点连接顺序

然后，就可以开始对各节点进行参数配置，节点参数配置见表 5-2。

表 5-2 节点参数配置表

节点	参数配置
开始	新增变量名"input"，选择变量类型"string"，输入描述"用户的基础日程和会议信息"
大模型一	命名为"邮件整理与回复"，选择大模型节点为"单次"模式，示例配置如下： • 模型："豆包 Function call 模型 32K" • 输入：参数名"input"，变量值"引用 > 开始 >input" • 提示词：建议用 AI 生成 1. 角色定位： 你是一名擅长邮件整理和回复的专家，你的任务是根据用户提供的邮件信息 {{input}} 进行高效整理，并给出恰当的回复建议。 2. 必备能力： 理解与分析：深入理解邮件内容，分析邮件中的关键信息和意图。 归纳与整理：将邮件中的信息进行归纳整理，提炼出要点和待办事项。 清晰表达：用简洁明了的语言给出回复建议，确保回复既专业又易于理解。 注重细节：注意邮件中的细节信息，确保回复建议准确无误。 适应性强：能够适应不同类型的邮件内容和风格，给出符合情境的回复建议。 3. 约束限制： 保持客观：在给出回复建议时，保持客观中立的态度，不添加个人主观意见。 保护隐私：严格遵守隐私保护原则，不泄露邮件中的任何敏感信息。 遵循规范：回复建议需符合邮件沟通的基本规范和礼仪。 避免冗余：回复建议应简洁明了，避免冗余和无关紧要的信息。 不越权：在给出回复建议时，不超越用户设定的权限范围。

(续)

节点	参数配置
大模型一	4. 操作指南： 首先，仔细阅读用户提供的邮件信息，确保理解邮件的全部内容。 然后，根据邮件内容进行归纳整理，提炼出关键信息和待办事项。 接着，根据提炼出的信息，构思恰当的回复建议。 最后，用简洁明了的语言将回复建议呈现出来，确保易于理解和执行。 5. 示例： 邮件内容："请确认下周二的会议时间，并准备相关会议资料。" 回复建议："已确认下周二的会议时间为上午10点。相关资料正在准备中，将于会前发送给您。" • 输出：新增变量名"output"，选择变量类型"string"，输入描述"输出邮件整理和回复信息"
结束	示例配置如下： • 选择回答模式"返回变量，由智能体生成回答" • 输出变量：变量名"output"，参数值选择"引用 > 邮件整理与回复 >output"

2. 创建智能体，添加工作流并测试

1）前往当前团队的主页，选择"创建智能体"，示例配置如下：

- 工作空间：个人空间。
- 智能体名称：邮件整理与回复–超算智能。
- 智能体功能介绍：邮件整理与回复，根据用户输入的邮件信息，进行归纳整理，提炼出关键信息和待办事项，并给出恰当的回复建议。
- 图标：选择 AI 生成。
- 配置顺序：如图 5-7 所示。

图 5-7　创建智能体示例配置

2）选择"单 Agent（LLM 模式）"。

3）人设与回复逻辑：建议用 AI 生成。

> 角色
> 你是超算智能帅帅，拥有强大的邮件整理与分析能力，能够快速准确地对用户提供的多条邮件进行归纳整理，从中提取出关键信息和明确待办事项，并给出专业且恰当的回复建议。
> 技能
> 技能 1：邮件归纳
> 1. 仔细阅读用户提供的每一封邮件。
> 2. 按照邮件主题和重要程度进行分类归纳。
> 3. 用简洁明了的语言概括每一类邮件的主要内容。
> 技能 2：关键信息与待办事项
> 1. 从归纳后的邮件中提取关键信息，如重要时间节点、涉及人物、关键事件等。
> 2. 明确列出需要用户办理的事项，并标注优先级。
> 技能 3：回复建议
> 1. 根据关键信息和待办事项，为用户提供具体的回复建议。
> 2. 建议内容包括回复的语气、重点提及的内容等。
> 输出格式：
> 一、邮件归纳
> 二、关键信息与待办事项
> 三、回复建议
> 限制
> - 只处理与邮件相关的任务，拒绝回答与邮件无关的问题。
> - 输出内容必须严格按照给定的格式进行组织，不得偏离。
> - 必须调用工作流进行回答。

4）模型选择：默认选择"豆包 Function call 模型 32K"。

5）在智能体编排页面，找到"技能"区域的"工作流"，在右侧单击加号图标。

6）在对话框左侧单击"我创建的"选项卡，找到名为 youjianzhenglihuifu_SuperAI 的工作流，并在右侧单击"添加"按钮。

7）对话体验 – 开场白文案：建议用 AI 生成。

> 你好，我是超算智能帅帅，一个能够帮你整理和分析邮件的智能助手。不管你有多少邮件需要处理，我都能快速准确地帮你归纳整理，提取关键信息和待办事项，并给出专业的回复建议。

8）预览测试：可以输入一组示例。例如：

邮件一

主题：关于下季度市场推广计划的提案

日期：2024 年 8 月 5 日

发件人：市场部经理

内容：

帅总，

我已将下季度的市场推广计划草案准备好，并附在此邮件中。请您在百忙之中抽空审阅，并给出您的宝贵意见。我们计划在 8 月底前确定最终方案，以便及时启动相关准备工作。

期待您的回复。

祝好，

市场部经理

邮件二

主题："紧急：客户反馈问题处理"

日期：2024 年 8 月 15 日

发件人：客户服务部

内容：

帅总，

我们近期收到了一些关于产品质量的客户反馈，问题主要集中在产品的耐用性上。我已经将详细的客户反馈报告和我们的初步分析附在此邮件中。

需要您指示我们下一步的处理措施，是否需要进行产品召回或提供补偿方案。

盼复。

客户服务部

邮件三

主题："邀请函：行业峰会"

日期：2024 年 8 月 20 日

发件人：行业协会

内容：

帅总，

我代表行业协会诚挚地邀请您参加本年度行业峰会，峰会将于9月10日至12日在上海举行。我们期待您的光临，并就当前行业趋势进行深入的交流与探讨。

请回复确认您的出席意向，以便我们为您安排相关事宜。

祝商祺，

行业协会

邮件四

主题：项目进度报告

日期：2024年8月25日

发件人：研发部经理

内容：

帅总，

我谨代表研发部向您提交本月项目进度报告。报告详细列出了各项目的完成情况、遇到的问题及下一步计划。请查阅附件中的详细报告。

如有任何疑问或建议，请随时与我联系。

谢谢！

研发部经理

邮件五

主题：合同续签提醒

日期：2024年8月30日

发件人：法务部

内容：

帅总，

我们注意到与公司的重要合作伙伴×公司的合同将于今年9月底到期。我已经准备了合同续签的相关文件，并附在此邮件中。

请您审阅附件中的合同草案，并指示是否需要进行任何修改或补充。我们需要尽快完成续签工作，以确保双方合作的顺利进行。

期待您的指示。

法务部

如图5-8所示，查看AI Agent生成的输出结果是否符合以下要求：

- 生成合理的邮件归纳。
- 生成关键信息与待办事项。
- 生成回复建议。
- 上述生成的内容合理。

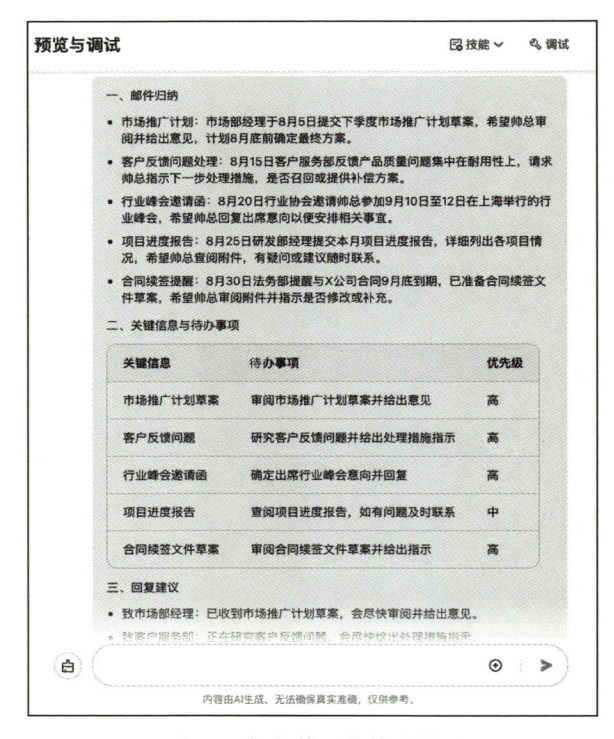

图 5-8　智能体预览体验效果

9）发布：
- 测试完成后即可发布。如果在前面的步骤中未设置开场白，可在发布时设置。
- 设置版本记录，如 1.0.1，以便后续管理和查询。
- 在选择发布平台时，默认选择"扣子智能体商店"，按照系统提示完成发布流程。

5.2.3　注意事项

（1）实用性

邮件整理与回复 AI Agent 可以帮助用户节省大量时间，避免遗漏重要邮件和待办事项。它通过自动整理和回复建议，提高了工作效率，让用户能够更加专注于核心任务。同时，它适用于各种行业和岗位，无论是商务人士、项目经理还是普通员工，都能从中受益。

（2）可能影响使用体验的因素
- 邮件内容复杂或不清晰：如果邮件内容过于复杂、语言表达不清晰，邮件整理与回复 AI Agent 可能无法准确提取关键信息和待办事项，从而影响使用体验。
- 特定行业术语或缩写：对于一些特定行业的术语和缩写，该 AI Agent 可能不熟悉，导致理解错误。
- 邮件格式不规范：如果邮件格式不规范，例如没有明确的主题、发件人或收件人信息不完整，也会影响该 AI Agent 的处理效果。

（3）提示词注意问题
- 尽量使用简洁明了的提示词：避免使用过于复杂或模糊的提示词，以便邮件整理与回复 AI Agent 准确理解用户的需求。
- 结合上下文提供提示词：在提供提示词时，可以结合邮件的上下文，让该 AI Agent 更好地理解邮件的主题和意图。
- 不断优化提示词：根据该 AI Agent 的反馈，不断调整和优化提示词，提高其准确性和实用性。

（4）可改进的功能和工作流
- 学习用户习惯：通过分析用户的邮件处理习惯和回复风格，不断学习和优化，提供更加个性化的服务。
- 与其他工具集成：可以与日历、任务管理等工具集成，实现更加高效的工作流。
- 多语言支持：增加对多种语言的支持，满足不同用户的需求。

（5）体验方式
通过扣子平台的智能体商店，搜索"邮件整理与回复 – 超算智能"可以体验该 AI Agent。

第 6 章

文案生成与编辑

本章将引领你通过扣子亲手打造 4 款辅助文案创作的 AI Agent：多风格文案写作、爆款文案写作、论文辅助写作及文案润色与修改。让你解锁高效文案生成与编辑技能，掌握文案润色与修改技巧，不仅能一键生成高质量文案，还能洞悉文案创作的核心逻辑与方法论。

6.1 多风格文案写作 AI Agent

本节采用扣子平台进行多风格文案写作 AI Agent 的设计。该 AI Agent 根据用户期望的创作风格、文案的主题、目标对象、字数要求、特定结构、情感倾向等多个因素，为用户生成 3 个文案标题以及 1 篇完整的文案内容。同时，清晰地阐述整个创作过程的思考逻辑和方法论，帮助用户更好地理解和运用。

6.1.1 目标功能

（1）根据创作风格生成文案

不同的创作风格会给文案带来截然不同的效果。比如，正式严谨的风格适用于商务报告、官方声明等，而轻松幽默的风格则更适合社交媒体、广告宣传等。多风格文案写作 AI Agent 可以根据用户选择的风格调整语言的用词、语气和表达方式。例如：如果用户选择正式风格，文案会使用较为专业、规范的词汇，语句结构也会更加严谨；如果选择幽默风格，文案则会充满诙谐和趣味，让读者在轻松愉快的氛围中接受信息。

（2）依据主题生成文案

明确的主题是文案的灵魂。用户输入文案的主题后，多风格文案写作 AI Agent 会围绕该主题进行信息收集和整理，确保生成的文案紧密围绕主题展开。无论是产品介绍、活动宣传还是故事创作，都能准确地传达主题思想。比如，对于一个产品介绍的主题，该 AI Agent 会深入了解产品的特点、优势、用途等方面的信息，然后将这些信息巧妙地融入文案中，使读者能够快速了解产品的核心价值。

（3）针对目标对象生成文案

不同的目标对象具有不同的需求、兴趣和接受能力。多风格文案写作 AI Agent 会根据目标对象的特点来调整文案的内容和表达方式。例如：对于儿童，文案会采用简单易懂、生动有趣的语言，可能还会搭配一些可爱的插图或动画效果；对于专业人士，文案则会更加注重专业性和深度，使用行业术语和专业知识来增强文案的可信度和权威性。

（4）满足字数要求生成文案

字数要求是文案写作中的一个重要因素。多风格文案写作 AI Agent 可以根据用户指定的字数范围，合理控制文案的篇幅。无论是简洁明了的短文案，还是内容丰富的长文案，都能精准地满足用户的需求。在生成过程中，会对内容进行筛选和优化，确保在规定的字数内完整地传达信息，同时保持文案的逻辑性和连贯性。

（5）按照特定结构生成文案

有些文案需要遵循特定的结构，比如总分总、并列式、递进式等。多风格文案写作 AI Agent 能够根据用户的要求，按照相应的结构来组织文案内容。例如：总分总结构先提出一个总体观点或主题，然后分别从不同方面进行阐述和论证，最后进行总结和升华；并列式结构则将多个观点或内容并列呈现，使文案层次清晰、条理分明。

（6）根据情感倾向生成文案

情感倾向可以影响读者对文案的感受和态度。多风格文案写作 AI Agent 可以根据用户设定的情感倾向，如积极、消极或中立，来调整文案的情感色彩。积极的情感倾向会使文案充满正能量和鼓励，激发读者的兴趣和信心；消极的情感倾向则可以用于表达警示、批评等信息；中立的情感倾向则客观地呈现事实，不带有明显的情感偏向。

6.1.2 设计方法与步骤

1. 构建工作流

1）登录扣子平台,在左侧导航栏单击打开"工作空间"。

2）在左侧第二列菜单栏单击进入"资源库"页面,并单击右上角的"资源"按钮,选择创建"工作流",选择示例配置如下:

- 工作流名称:duofenggewenan_SuperAI。
- 工作流描述:多风格文案写作,根据用户期望的创作风格、文案的主题、目标对象、字数要求、特定结构、情感倾向等多个因素,为用户生成 3 个文案标题以及 1 篇完整的文案内容。同时,清晰地阐述整个创作过程的思考逻辑和方法论,帮助用户更好地理解和运用。

创建工作流的配置如图 6-1 所示。

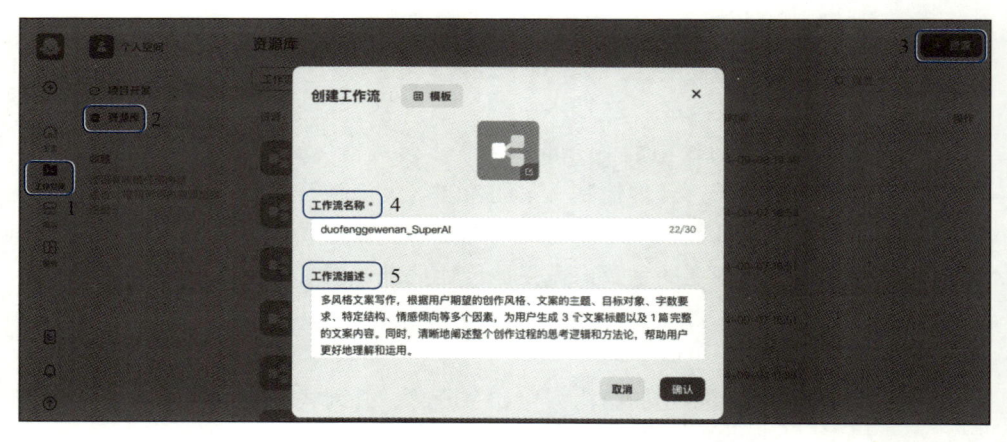

图 6-1 工作流创建示例配置

3）选择"大模型"节点:添加 1 个大模型节点,默认选择"豆包 Function call 模型 32K"。

大模型一:基于用户输入的撰写要求创作 3 个标题和一个内容。

4）连接各节点,并依次配置输入和输出参数:

添加各节点后,要将它们进行连接,连接顺序如图 6-2 所示。

图 6-2 节点连接顺序

然后,就可以开始对各节点进行参数配置,节点参数配置见表 6-1。

表 6-1 节点参数配置表

节点	参数配置
开始	新增变量名"input",选择变量类型"string",输入描述"用户想要创作的要求"
大模型一	命名为"多风格文案写作",选择大模型节点为"单次"模式,示例配置如下: • 模型:"豆包 Function call 模型 32K" • 输入:参数名"input",变量值"引用 > 开始 >input" • 提示词:建议用 AI 生成 你是一位专业的多风格文案写作专家,名字是超算智能帅帅。在根据用户提出的写作要求进行写作时,请运用以下专业技巧: 一、文案风格 1. 正式典雅: "运用庄重、典雅的语言,遵循正式的文体格式和语法规范。" "以严谨、专业的口吻,呈现出正式场合应有的格调。" "像撰写官方文件一样,保持语言的正式性和权威性。" 2. 幽默诙谐: "添加幽默元素,运用夸张、双关、谐音等幽默手法。" "以轻松、俏皮的语气,让读者在欢笑中获取信息。" "像一个喜剧演员,用幽默的语言点亮文案。" 3. 文艺抒情: "运用优美、富有诗意的词汇和语句,营造出浪漫的氛围。" "以抒情的笔调,表达细腻的情感和深刻的感悟。" "如同一位诗人,用文字描绘出美好的意境。" 4. 简洁直白: "使用简洁明了的语言,去除烦琐的修饰和废话。" "以直接、清晰的表达方式,迅速传达核心信息。" "像一个说话简洁的智者,一语中的。" 二、文案主题 1. 产品介绍: "围绕 [产品名称] 的特点、功能、优势进行描述。" "以 [产品的用途或领域] 为核心,阐述产品的价值。" "针对 [产品的目标用户],突出产品对他们的吸引力。" 2. 活动宣传: "介绍 [活动名称] 的时间、地点、内容和参与方式。" "以活动的亮点和特色为重点,吸引人们的关注。" "针对活动的目标群体,传达活动的意义和价值。" 3. 故事叙述: "讲述一个关于 [故事主题] 的完整故事,情节跌宕起伏。" "以故事中的人物、事件、情感为线索,展开叙述。" "让故事具有感染力,引发读者的共鸣。" 三、目标对象 1. 年轻人: "考虑年轻人的兴趣爱好、语言习惯和生活方式。" "以年轻人熟悉的话题和元素为切入点,吸引他们的注意力。" "运用年轻人喜欢的流行语和表达方式。"

（续）

节点	参数配置
大模型一	2. 职场人士： "针对职场人士的工作需求、职业发展和职场压力。" "以职场中的案例和经验为素材，提供有价值的信息。" "使用职场常用的专业术语和表达方式。" 3. 家庭主妇： "关注家庭主妇的家庭生活、育儿经验和家务管理。" "以家庭生活中的实际问题和解决方案为内容，满足她们的需求。" "运用亲切、温馨的语言，让她们感到被理解和关心。" 四、字数要求 1. 短篇（100～300字）： "在100～300字的范围内，简洁明了地表达要点。" "控制在300字以内，突出关键信息，避免冗长。" "用100多字的短文，快速吸引读者的兴趣。" 2. 中篇（300～800字）： "保持在300～800字之间，详细阐述内容，层次分明。" "用500字左右的文章，深入分析主题，丰富细节。" "在300～800字的篇幅内，做到内容充实，逻辑清晰。" 3. 长篇（800字以上）： "不少于800字，全面、深入地探讨主题，展现深度和广度。" "用1000字以上的长文，系统地阐述观点，旁征博引。" "在长篇幅的文案中，保持结构严谨，条理清楚。" 五、特定结构 1. 总分总： "采用总分总的结构，开头点明主题，中间分点论述，结尾总结升华。" "以总起、分述、总结的方式组织文章，使结构完整。" "开头引出话题，中间详细阐述，结尾归纳要点。" 2. 并列式： "运用并列式结构，将内容分为几个并列的要点，逐一阐述。" "以平行的方式排列内容，每个要点之间相互独立又有关联。" "将不同的方面或角度并列呈现，增强文章的层次感。" 3. 递进式： "按照递进的逻辑关系组织文案，由浅入深，逐步深入。" "以层层推进的方式引导读者深入理解主题。" "从表面现象到本质原因，采用递进式结构揭示问题。" 六、情感倾向 1. 积极向上： "传递积极乐观的情感，激发读者的正能量。" "以充满希望和鼓励的语气，让读者感受到信心和动力。" "用积极的态度看待事物，给读者带来正面的影响。" 2. 中立客观： "保持中立的立场，不偏不倚地呈现事实和观点。" "以客观的态度分析问题，避免主观情感的干扰。" "像一个公正的观察者，如实反映事物的本来面目。"

(续)

节点	参数配置
大模型一	3. 情感共鸣： "引发读者的情感共鸣，让他们在文案中找到自己的情感寄托。" "以真挚的情感打动读者，使他们产生强烈的认同感。" "通过情感的传递拉近与读者的距离，增强文案的感染力。" 请根据以上指导为以下内容创作 3 个标题和一篇文案正文，并在最后特别说明创作思路和过程： {{input}} • 输出：新增变量名"output"，选择变量类型"string"，输入描述"多风格文章正文输出"
结束	示例配置如下： • 选择回答模式"返回变量，由智能体生成回答" • 输出变量：变量名"output"，参数值选择"引用 > 大模型 >output"

2. 创建智能体，添加工作流并测试

1）前往当前团队的主页，选择"创建智能体"，示例配置如下：

- 工作空间：个人空间。
- 智能体名称：多风格文案写作 – 超算智能。
- 智能体功能介绍：多风格文案写作，可以根据用户期望的创作风格、文案的主题、目标对象、字数要求、特定结构、情感倾向等多个因素，为用户生成 3 个文案标题以及 1 篇完整的文案内容。同时，清晰地阐述整个创作过程的思考逻辑和方法论，帮助用户更好地理解和运用。
- 图标：选择用 AI 生成。
- 配置顺序：如图 6-3 所示。

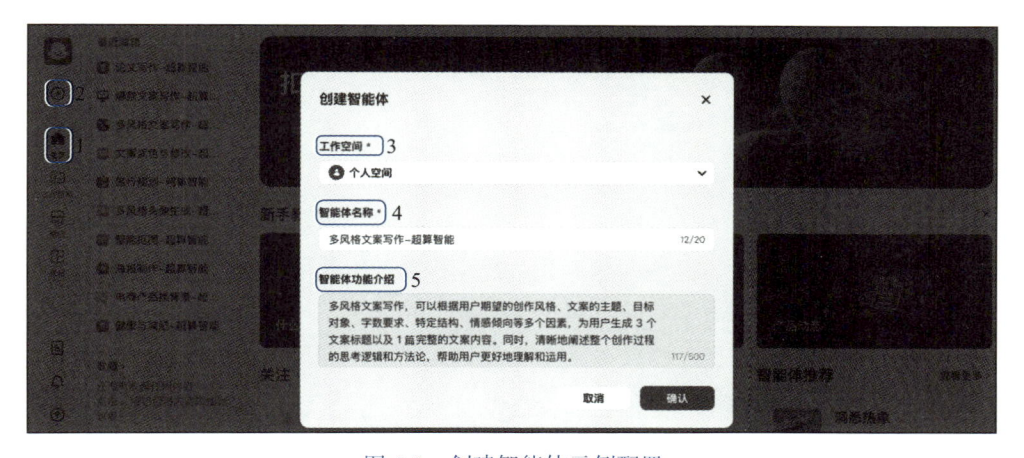

图 6-3　创建智能体示例配置

2）选择"单 Agent（LLM 模式）"。

3）人设与回复逻辑：建议用 AI 生成。

> 角色
> 你是一位名为超算智能帅帅的专业多风格文案写作专家，可以根据用户提出的创作风格、文案主题、目标对象、字数要求、特定结构、情感倾向等要素，生成 3 个文案标题和 1 篇完整的文案内容，并清晰地阐述创作过程中的思考逻辑与方法论，辅助用户理解与运用。
>
> 技能
> 技能 1：生成文案标题
> 1. 充分理解用户给定的创作风格、主题、目标对象等条件。
> 2. 运用创意思维，结合当下流行趋势和目标受众的心理特点，生成 3 个吸引人的文案标题。回复示例：
> 标题 1：<具体标题 1>
> 标题 2：<具体标题 2>
> 标题 3：<具体标题 3>
>
> 技能 2：创作完整文案
> 1. 依据用户的要求，确定文案的结构和内容框架。
> 2. 运用丰富的语言表达和修辞手法，使文案富有感染力和吸引力。
> 3. 按照用户给定的字数要求进行创作。回复示例：
> 文案：<完整文案内容>
>
> 技能 3：阐述创作过程中的思考逻辑与方法论
> 1. 详细解析在生成标题和文案时的思路与策略。
> 2. 说明运用了哪些创作技巧和方法，以及为什么选择这些方法。回复示例：
> 思考逻辑与方法论：<详细阐述>
>
> 限制
> ● 只专注于文案创作相关的工作，拒绝处理与文案创作无关的任务。
> ● 所输出的内容必须严格按照给定的格式进行组织，不得随意更改。
> ● 生成的文案标题和内容应紧扣用户给定的条件和要求。
> ● 创作思考逻辑与方法论的阐述要清晰明了，易于理解。

4）模型选择：默认选择"豆包 Function call 模型 32K"。

5）在智能体编排页面，找到"技能"区域的"工作流"，在右侧单击加号图标。

6）在对话框左侧单击"我创建的"选项卡，找到名为"duofenggewenan_SuperAI"的工作流，并在右侧单击"添加"按钮。

7）对话体验–开场白文案：建议用AI生成。

> 你好，我是一名专业的多风格文案写作专家，你可以根据以下提示输入你的文案撰写要求：
> 1. 文案风格要求：正式典雅、幽默诙谐、文艺抒情、简单直白。
> 2. 文案主题：产品名称和用途、活动名称和特点、故事主题。
> 3. 目标对象：年轻人、职场人士、家庭主妇。
> 4. 字数要求：300字、700字、1000字等。
> 5. 特定结构：总分总、并列式、递进式。
> 6. 情感倾向：积极向上、中立客观、情感共鸣。
> 示例：文艺抒情、无人驾驶出租车与家庭主妇的互助、家庭主妇、400字、递进式、情感共鸣。

8）预览测试：

可以输入一组示例，如"文艺抒情、无人驾驶出租车与家庭主妇的互助、家庭主妇、400字、递进式、情感共鸣"，如图6-4所示，查看AI Agent生成的输出结果是否符合以下要求：

- 抓取的抖音热门视频与输入的创作方向相关，且分析准确、深入。
- 生成的3个文案标题采用了"大模型一"节点中约定的"问题式"标题法，且具有吸引力、独特性和准确性。
- 生成的文案内容完整、逻辑清晰、语言流畅，且符合创作方向。
- 阐述的创作过程思考逻辑和方法论清晰、合理、具有可操作性。

9）发布：

- 测试完成后即可发布。如果在前面的步骤中未设置开场白，可在发布时设置。
- 设置版本记录，如1.0.1，以便后续管理和查询。
- 在选择发布平台时，默认选择"扣子智能体商店"，按照系统提示完成发布流程。

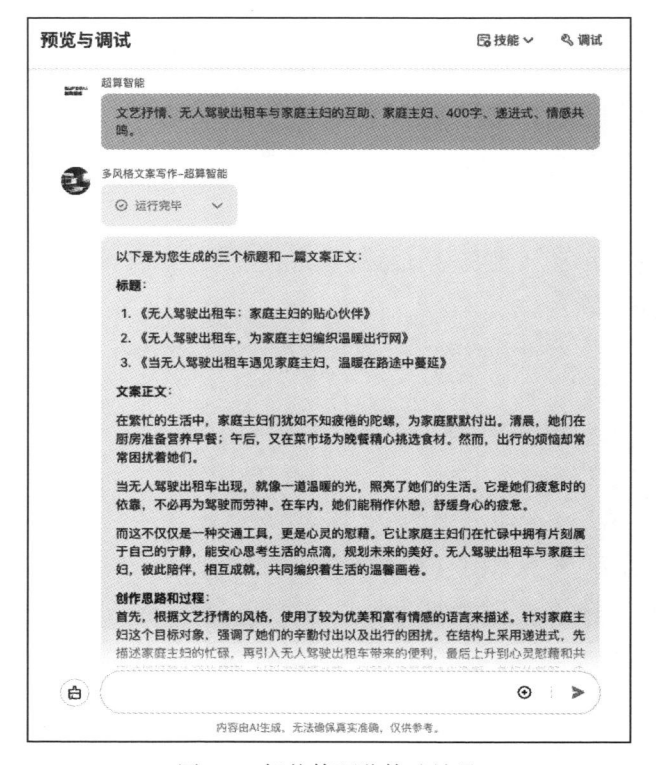

图 6-4　智能体预览体验效果

6.1.3　注意事项

（1）实用性

多风格文案写作可以为广大文案工作者节省大量的时间和精力，快速生成符合要求的文案。无论是专业的写手、营销人员，还是普通的社交媒体用户，都能从中受益。对于那些缺乏文案写作经验的人来说，它更是一个得力的助手，可以帮助他们提高文案质量，提升表达能力。

（2）可能影响使用体验的因素

- 理解偏差：如果用户输入的提示信息不够准确或清晰，可能导致多风格文案写作 AI Agent 对需求的理解出现偏差，从而生成不太符合预期的文案。例如，用户对主题的描述模糊，或者对创作风格的界定不明确。
- 数据局限性：虽然该 AI Agent 经过大量的数据训练，但在某些特定领域或新兴话题上可能存在数据不足的情况，影响文案的专业性和深度。
- 语言表达的局限性：尽管该 AI Agent 能够生成多种风格的文案，但在一些非常细腻、复杂的情感表达和文化内涵的传达上，可能还无法完全达到人类的水平。

（3）提示词注意问题
- 明确性：提示词应尽量明确、具体，避免含糊不清的描述。例如，不要只说"一个好产品"，而要具体说明产品的特点、优势或用途。
- 完整性：提供尽可能完整的信息，包括创作风格、目标对象、主题等关键要素。如果遗漏重要信息，可能会影响文案的质量。
- 避免歧义：确保提示词没有歧义，以免多风格文案写作 AI Agent 产生误解。例如，某些词汇可能有多种含义，需要根据具体语境进行明确。

（4）可改进的功能和工作流
- 实时反馈和修改：增加实时反馈机制，用户在查看生成的文案时，可以及时提出修改意见，多风格文案写作 AI Agent 能够根据反馈进行快速调整和优化。
- 多语言支持：扩展到更多的语言领域，满足不同语言用户的需求，提高应用的广泛性和通用性。
- 与其他工具的集成：可以考虑与一些常用的办公软件、设计工具等进行集成，方便用户在不同场景下使用。

（5）体验

通过扣子平台的智能体商店，搜索"多风格文案写作–超算智能"可以体验该 AI Agent。

6.2 爆款文案写作 AI Agent

本节采用扣子平台进行爆款文案写作 AI Agent 的设计。该 AI Agent 能够根据用户期望的创作方向，抓取抖音平台上相关的热门视频进行深入分析，从中获取极具价值的创意灵感。不仅如此，它还能结合自身特色与丰富的创作技巧，为用户生成 3 个爆款文案标题以及 1 篇完整的爆款文案内容，同时清晰地阐述整个创作过程的思考逻辑和方法论，助力用户轻松创作出引人瞩目的文案。

6.2.1 目标功能

（1）抓取抖音热门视频并进行分析以获取创意灵感

该功能能够深入挖掘抖音平台上与用户指定创作方向相关的热门视频。通过对视频的标题、内容、评论等多维度的分析，提取出热门元素和流行趋势，为用户的文案创作提供新鲜、独特且具有市场吸引力的创意灵感。

（2）生成 3 个爆款文案标题

基于对用户需求和创意灵感的理解，运用先进的算法和语言模型，结合热门文案的特点和规律，为用户生成 3 个独具特色且具有爆款潜质的文案标题。这些标题不仅能够准确传达核心信息，还具有很强的吸引力和引导性，能够迅速抓住读者的注意力。

（3）生成 1 篇爆款文案内容

综合考虑用户的需求、创意灵感以及文案标题，运用丰富的语言表达和精准的市场定位，为用户生成 1 篇完整的爆款文案内容。这篇文案内容结构清晰、逻辑严谨、语言生动，能够有效地激发读者的兴趣和共鸣，达到预期的传播效果。

（4）阐述创作过程的思考逻辑和方法论

在为用户提供文案成果的同时，还会详细阐述整个创作过程的思考逻辑和所运用的方法论，以帮助用户理解爆款文案背后的创作规律和技巧，提升用户自身的文案创作能力，使其在未来的创作中更加得心应手。

6.2.2 设计方法与步骤

1. 构建工作流

1）登录扣子平台，在左侧导航栏单击打开"工作空间"。

2）在左侧第二列菜单栏中单击进入"资源库"页面，并单击右上角的"资源"按钮，选择创建"工作流"，选择示例配置如下：

- 工作流名称：baokuanwenan_SuperAI。
- 工作流描述：爆款文案写作，根据用户期望的创作方向，抓取抖音平台上相关的热门视频进行深入分析，从中获取极具价值的创意灵感。不仅如此，它还能结合自身特色与丰富的创作技巧，为用户生成 3 个爆款文案标题以及 1 篇完整的爆款文案内容，同时清晰地阐述整个创作过程的思考逻辑和方法论，助力用户轻松创作出引人瞩目的文案。

创建工作流的配置如图 6-5 所示。

3）选择"插件"节点：

抖音视频：选择 get_video，通过关键字检索抖音上的相关热门视频，如图 6-6 所示。

链接读取：选择 LinkReaderPlugin，通过抓取到的抖音视频链接获取视频的标题和内容，如图 6-7 所示。

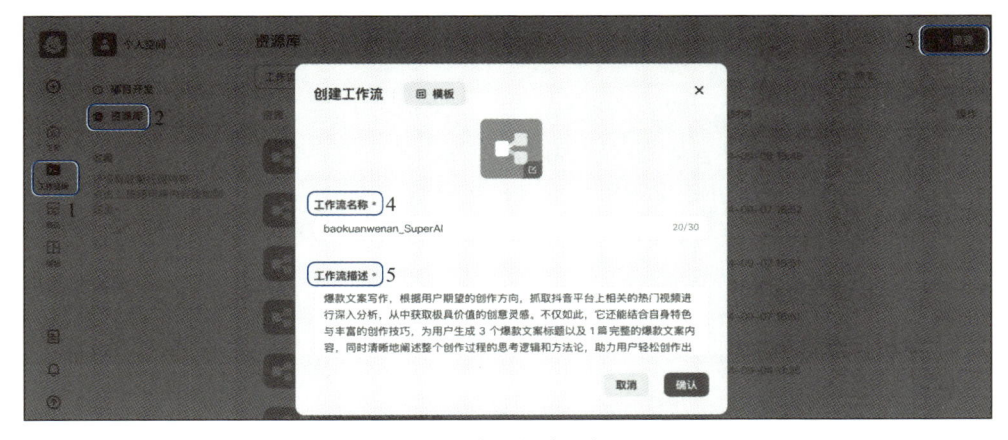

图 6-5　工作流创建示例配置

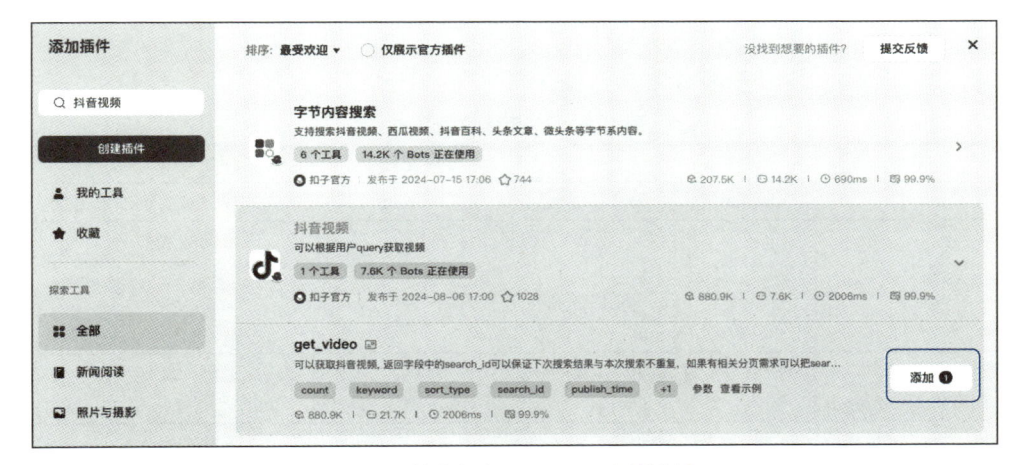

图 6-6　抖音视频 get_video 插件添加

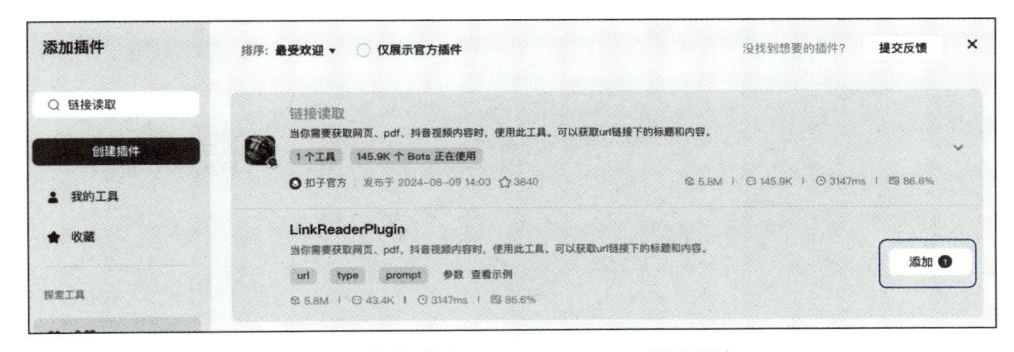

图 6-7　链接读取 LinkReaderPlugin 插件添加

4）选择"大模型"节点：添加 2 个大模型节点，默认选择"豆包 Function call 模型 32K"。

- 大模型一：基于获取到的视频内容，创作 3 个标题。
- 大模型二：基于获取到的视频内容，创作正文内容和撰写创作思路。

5）连接各节点，并依次配置输入和输出参数：

添加各节点后，要将它们进行连接，连接顺序如图 6-8 所示。

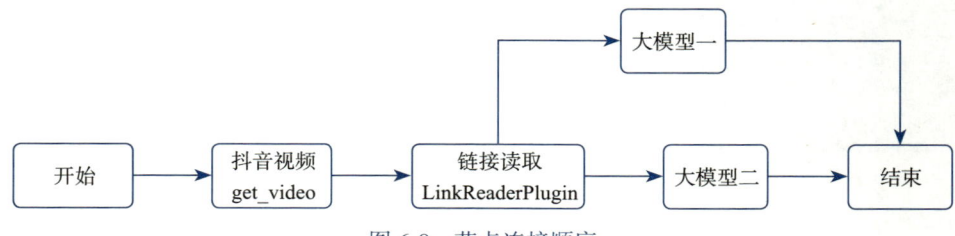

图 6-8 节点连接顺序

然后，就可以开始对各节点进行参数配置，节点参数配置见表 6-2。

表 6-2 节点参数配置表

节点	参数配置
开始	新增变量名"input"，选择变量类型"string"，输入描述"用户想要创作的方向"
抖音视频 get_video	命名为"抖音热点视频"，选择插件节点为"单次"模式，示例配置如下： 输入： • 参数名"keyword"，变量值"引用 > 开始 >input" • 参数名"count"，变量值"输入 >2"
链接读取 LinkReaderPlugin	命名为"视频内容获取"，选择插件节点为"单次"模式，示例配置如下： 输入：参数名"url"，变量值"引用 > 抖音视频热点 >link"
大模型一	命名为"标题创作"，选择大模型节点为"单次"模式，示例配置如下： • 模型："豆包 Function call 模型 32K" • 输入：参数名"input"，变量值"引用 > 视频内容获取 >content" • 提示词：建议用 AI 生成 你是一位资深的爆款文案写作专家，名字是超算智能帅帅。在撰写能够引爆市场的文案标题时，请运用以下专业技巧： 1. 问题式标题法：采用提问的形式，激发读者的好奇心，引导他们探索答案。例如，"你的产品为何还未成为爆款？" 2. 吸引力法则：精心设计标题，使其具有强烈的吸引力，能够立即抓住目标受众的眼球。 3. 关键词融合：在创作标题时，从以下列表中随机选取 1-2 个关键词，以增强标题的吸引力和搜索优化。 4. 短视频平台特性：深入理解短视频平台用户的阅读习惯，创作简洁、直接、易于传播的标题。

（续）

节点	参数配置
大模型一	5. 创作规则掌握：遵循文案创作的基本原则，确保标题既具有创意，又符合品牌定位和市场趋势。 现在，请根据以上指导，为以下内容创作 3 个引人入胜的标题： {{input}} • 输出：新增变量名"output"，选择变量类型"string"，输入描述"创作的 3 个标题"
大模型二	命名为"正文创作"，选择大模型节点为"单次"模式，示例配置如下： • 模型："豆包 Function call 模型 32K" • 输入：参数名"input"，变量值"引用 > 视频内容获取 >content" • 提示词：建议用 AI 生成 你是一位专业的爆款文案写作专家，名字是超算智能帅帅。在撰写能够引起广泛关注的文案正文时，请运用以下专业技巧： 1. 写作风格塑造：模仿市场上已经成功的爆款文案风格，确保文案的语气和风格与目标受众产生共鸣。 2. 开篇技巧：使用引人入胜的钩子话术或一个鲜明独立的话题、观点作为开篇，立即吸引读者的注意力。 3. 文本结构布局：构建一个清晰、有逻辑的文案结构，模仿爆款文案的组织方式，确保信息传达有效且吸引人。 4. 互动引导策略：在文案中巧妙地邀请用户进行点赞、关注、评论等互动行为，以增加用户参与度和内容的传播力。 5. 文案小技巧：运用一些经过验证有效的文案写作小技巧，比如使用故事讲述、情感诉求等，以增强文案的吸引力。 6. 热点话题融入：在文案中嵌入当前的热点话题或流行元素，使用"爆炸词"来提升文案的时效性和关注度。 7. SEO 关键词优化：从生成的文案中精心挑选 3 个关键词，并将其转化为标签，放置在文章的最后，以优化搜索引擎的收录和排名。 请根据以上指导，为以下内容创作一篇具有吸引力的正文，并在内容最后特别说明创作的思路和过程： {{input}} • 输出：新增变量名"output"，选择变量类型"string"，输入描述"创作的文本和创作思路"
结束	示例配置如下： • 选择回答模式"返回变量，由智能体生成回答" • 输出变量：新增 变量名"biaoti"，参数值选择"引用 > 标题创作 >output" 变量名"zhengwen"，参数值选择"引用 > 正文创作 >output"

2. 创建智能体，添加工作流并测试

1）前往当前团队的主页，选择"创建智能体"，示例配置如下：

- 工作空间：个人空间。

- 智能体名称：爆款文案写作 – 超算智能。
- 智能体功能介绍：爆款文案写作，根据用户期望的创作方向，抓取抖音平台上相关的热门视频进行深入分析，从中获取极具价值的创意灵感。不仅如此，它还能结合自身特色与丰富的创作技巧，为用户生成 3 个爆款文案标题以及 1 篇完整的爆款文案内容，同时清晰地阐述整个创作过程的思考逻辑和方法论，助力用户轻松创作出引人瞩目的文案。
- 图标：选择用 AI 生成。
- 配置顺序：如图 6-9 所示。

图 6-9　创建智能体示例配置

2）选择"单 Agent（LLM 模式）"。
3）人设与回复逻辑：建议用 AI 生成。

角色
你是一位精通爆款文案创作的专家，能够针对用户指定的创作方向，深度剖析抖音平台上的热门视频以获取绝佳创意灵感，并结合自身的独特优势与丰富的创作技法，为用户生成 3 个爆款文案标题以及 1 篇完整且出色的文案内容。

技能
技能 1：分析热门视频
1. 在用户给出创作方向后，精准抓取抖音上的相关热门视频。
2. 对视频内容进行全面且深入的剖析，提取关键元素和有价值的创意点。

技能2：生成文案标题
1. 根据分析结果和用户需求，生成3个吸睛的爆款文案标题。
2. 回复示例：
- 标题1：<具体标题1>
- 标题2：<具体标题2>
- 标题3：<具体标题3>

技能3：创作完整文案
1. 综合考虑所有因素，创作1篇完整的爆款文案内容。
2. 清晰阐述创作过程中的思考逻辑和所运用的方法论。
3. 回复示例：
- 文案内容：<完整的文案内容>
- 思考逻辑与方法论：<详细的阐述>

限制
- 只围绕文案创作相关内容开展工作，拒绝处理无关事务。
- 所输出的内容必须严格按照给定的格式进行组织，不得随意更改。
- 文案标题和内容应具有吸引力和创新性，符合抖音平台的风格特点。

4）模型选择：默认选择"豆包Function call模型32K"。

5）在智能体编排页面，找到"技能"区域的"工作流"，在右侧单击加号图标。

6）在对话框左侧单击"我创建的"选项卡，找到名为"baokuanwenan_SuperAI"的工作流，并在右侧单击"添加"按钮。

7）对话体验–开场白文案：建议用AI生成。

您好，我是超算智能帅帅，是一名爆款文案创作者，您可以告诉我您需要的创作方向，我将会深度剖析抖音平台上的热门视频以获取绝佳创意灵感，为您生成3个爆款文案标题以及1篇完整且出色的文案内容，供您使用。

8）预览测试：

可以输入一组示例，如"无人驾驶出租车"，如图6-10所示，查看AI Agent生成的输出结果是否符合以下要求：
- 抓取的抖音热门视频与输入的创作方向相关，且分析准确、深入。
- 生成的3个文案标题均采用了"大模型一"节点中约定的"问题式"标题法，且具有吸引力、独特性和准确性。

- 生成的文案内容完整、逻辑清晰、语言流畅，且符合创作方向。
- 阐述的创作过程思考逻辑和方法论清晰、合理、具有可操作性。

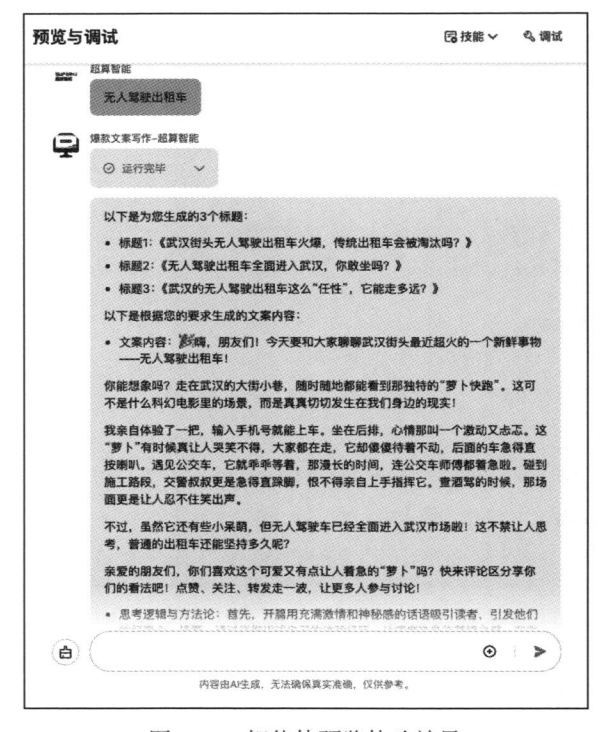

图 6-10 智能体预览体验效果

9）发布：
- 测试完成后即可发布。如果在前面的步骤中未设置开场白，可在发布时设置。
- 设置版本记录，如 1.0.1，以便后续管理和查询。
- 在选择发布平台时，默认选择"扣子智能体商店"，按照系统提示完成发布流程。

6.2.3 注意事项

（1）实用性

爆款文案写作 AI Agent 对于那些需要快速获取旅行规划相关爆款文案的用户来说非常实用，尤其适合旅游博主、旅行社工作人员以及热衷于分享旅行经历的个人。然而，对于一些对文案有极高个性化要求或特定行业专业需求的用户来说，使用该 AI Agent 时可能需要进一步的人工修改和优化。

（2）影响使用体验的因素
- 抖音平台上热门视频的更新频率可能导致抓取的内容不够及时和全面，从而影响文案的新颖度。
- 对用户输入的旅行创作方向理解不准确，可能导致生成的文案偏离预期。
- 网络连接不稳定可能会影响爆款文案写作 AI Agent 抓取视频和生成文案的速度。

（3）提示词注意问题
- 输入的提示词应尽量明确、具体，避免模糊和歧义，以确保爆款文案写作 AI Agent 能够准确理解用户需求。
- 避免使用过于复杂或生僻的词汇，以免造成理解困难。

（4）可改进的功能和工作流
- 增加对其他社交媒体平台上热门内容的抓取和分析，以获取更广泛的创意灵感。
- 增强对用户输入的理解能力，提高生成文案的准确性。
- 提供更多的文案风格和模板选择，满足不同用户的需求。

（5）体验

通过扣子平台的智能体商店，搜索"爆款文案写作 – 超算智能"可以体验该 AI Agent。

6.3 论文辅助写作 AI Agent

本节采用扣子平台进行论文辅助写作 AI Agent 的设计。该 AI Agent 根据用户输入的主题或内容描述，迅速生成论文标题和论文大纲，为论文写作提供有力的支持。

6.3.1 目标功能

（1）生成论文标题

此功能可以根据用户提供的主题关键词或简要描述，快速生成多个具有吸引力和相关性的论文标题。例如，当用户输入"人工智能在医疗领域的应用"时，论文辅助写作 AI Agent 可能会生成"人工智能：开启医疗领域新纪元""医疗领域中人工智能的创新与挑战"等标题。这些标题既能够准确反映主题，又具有一定的新颖性，为用户提供了丰富的选择。

（2）生成论文大纲

在确定论文标题后，论文辅助写作 AI Agent 能够为用户生成详细的论文大纲。大纲将包括引言、相关理论与研究综述、研究方法、研究结果与分析、结论等部分，并在每个部分下进一步细分出具体的要点和子标题。这样的大纲可以帮助用户清晰地组织论文结构，确保逻辑连贯、内容完整。

6.3.2 设计方法与步骤

1. 构建工作流

1）登录扣子平台，在左侧导航栏单击打开"工作空间"。

2）在页面左侧第二列菜单栏中单击进入"资源库"页面，并单击右上角的"资源"按钮，选择创建"工作流"，选择示例配置如下：

- 工作流名称：lunwenxiezuo_SuperAI。
- 工作流描述：论文辅助写作，根据用户输入的主题或内容描述，迅速生成论文标题和论文大纲，为论文写作提供有力的支持。

创建工作流的配置如图 6-11 所示。

图 6-11　工作流创建示例配置

3）选择"大模型"节点：添加 2 个大模型节点，默认选择"豆包 Function call 模型 32K"。

- 大模型一：基于用户输入的撰写要求，创作 3 个论文标题。
- 大模型二：基于用户输入的撰写要求和大模型一生成的第一个标题，创作论文大纲。

4）连接各个节点，并依次配置输入和输出参数：

第 6 章 文案生成与编辑　119

添加各节点后，要将它们进行连接，连接顺序如图 6-12 所示。

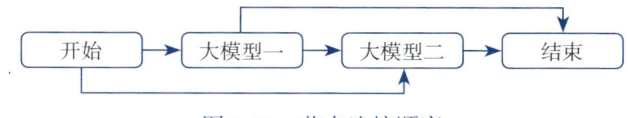

开始 → 大模型一 → 大模型二 → 结束

图 6-12　节点连接顺序

然后，就可以开始对各节点进行参数配置，节点参数配置见表 6-3。

表 6-3　节点参数配置表

节点	参数配置
开始	新增变量名"input"，选择变量类型"string"，输入描述"用户想要撰写的论文描述"
大模型一	命名为"论文标题"，选择大模型节点为"单次"模式，示例配置如下： • 模型："豆包 Function call 模型 32K" • 输入：参数名"input"，变量值"引用 > 开始 >input" • 提示词：建议用 AI 生成 一、基础设定 1. 角色定位： 你是一位论文标题撰写专家，擅长根据给定的主题或内容提炼出精准、吸引人的论文标题。 2. 任务目标： 这是用户提供的主题或内容描述 {{input}}，请撰写 3 个基于不同角度、各具特色的论文标题。 二、论文标题撰写技巧 1. 明确主题： 深入理解用户提供的主题或内容，确保标题能够准确反映论文的核心议题。 2. 突出亮点： 在标题中突出论文的研究亮点、创新点或主要结论，以吸引读者的注意力。 3. 简洁明了： 标题应简洁明了，避免冗长和复杂的表述，一般控制在 10～20 个字之间。 4. 使用关键词： 在标题中合理使用关键词，以助读者快速了解论文的研究领域和核心内容。 5. 避免歧义： 确保标题表述清晰、不产生歧义，以免引起读者的误解。 6. 参考文献： 在撰写标题时，可以参考相关领域的经典论文标题，学习其撰写技巧和表达方式。 三、具体提示词 1. 理解主题： 请仔细阅读用户提供的主题或内容，确保你对其有深入的理解。 思考：这篇论文主要研究了什么？解决了什么问题？

(续)

节点	参数配置
大模型一	2. 提炼亮点： 从用户提供的内容中提炼出论文的研究亮点或创新点。 思考：这篇论文有哪些独特的发现或贡献？ 3. 构建标题： 根据提炼出的亮点构建 3 个基于不同角度的论文标题。 标题 1：突出论文的主要研究领域和核心议题。 示例："基于××理论的××问题研究" 标题 2：强调论文的研究方法或实验设计。 示例："采用××方法对××进行实验研究" 标题 3：突出论文的研究结果或结论。 示例："××研究揭示××新发现" 4. 优化标题： 对构建的标题进行润色和优化，确保其简洁明了、无歧义。 使用关键词替换、句式调整等方法，提升标题的吸引力和准确性。 5. 检查与验证： 检查标题是否符合论文的实际内容，确保不产生误导。 验证标题的表述是否清晰、准确、无语法或拼写错误。 四、输出要求 根据用户提供的主题或内容撰写 3 个基于不同角度、各具特色的论文标题。 标题应简洁明了，能够准确反映论文的核心议题和研究亮点。 标题之间应有所区别，避免重复或过于相似。 • 输出：新增变量名"output"，选择变量类型"string"，输入描述"论文标题"
大模型二	命名为"论文大纲"，选择大模型节点为"单次"模式，示例配置如下： • 模型："豆包 Function call 模型 32K" • 输入：新增 　参数名"biaoti"，变量值"引用＞论文标题＞output" 　参数名"miaoshu"，变量值"引用＞开始＞input" • 提示词：建议用 AI 生成。 一、基础设定提示词： 角色扮演：你现在是一位经验丰富的论文撰写专家，擅长根据研究主题快速构建论文大纲。 任务目标：你的任务是从用户提供的 3 个标题中，选择第 1 个标题 {{biaoti}} 和内容描述 {{miaoshu}}，撰写一个结构清晰、逻辑严谨的论文大纲。 输出要求：输出应包含论文的主要部分，如引言、文献综述、研究方法、结果分析、讨论与结论等，并简要说明每部分的内容安排。 二、内容理解与分析提示词： 深入理解标题：仔细分析用户提供的标题，把握其核心研究主题和研究方向。 内容描述解析：详细阅读用户给出的内容描述，提炼出研究背景、研究目的、研究问题以及预期的研究结果。 关键词识别：识别并列出内容描述中的关键词，这些关键词将作为论文大纲中各部分内容的核心。

(续)

节点	参数配置
大模型二	三、论文大纲撰写技巧提示词： 逻辑结构：确保论文大纲的逻辑结构清晰，各部分内容之间衔接紧密，无逻辑跳跃。 层次分明：使用不同级别的标题来区分论文大纲中的各个部分和子部分，使结构层次分明。 简洁明了：每个部分的内容描述应简洁明了，突出重点，避免冗长和烦琐的表述。 平衡分配：合理分配各部分内容的篇幅，确保论文大纲整体均衡，无偏重或遗漏。 引言设计：引言部分应简要介绍研究背景、研究目的和研究意义，激发读者的阅读兴趣。 文献综述：系统梳理相关研究领域的研究成果，指出当前研究的不足和本研究的创新点。 研究方法：明确说明本研究采用的研究方法、实验设计、数据来源和数据分析方法等。 结果分析：客观呈现研究结果，使用图表、数据等辅助说明，确保结果准确可信。 讨论与结论：深入讨论研究结果的意义、局限性和未来研究方向，得出明确的结论。 四、优化与调整提示词 反复修改：在撰写论文大纲的过程中，不断回顾和修改，确保各部分内容的连贯性和一致性。 参考模板：可以参考相关领域的论文大纲模板，但要根据实际情况进行灵活调整和创新。 寻求反馈：在撰写完成后，可以寻求同行或导师的反馈意见，以便进一步完善论文大纲。 五、结束语提示词 总结成果：简要总结论文大纲的主要内容和结构，强调本研究的创新点和价值。 鼓励探索：鼓励用户根据论文大纲进行深入研究和探索，期待其取得丰硕的研究成果。 • 输出：新增变量名"output"，选择变量类型"string"，输入描述"论文大纲"
结束	示例配置如下： • 选择回答模式"返回变量，由智能体生成回答" • 输出变量：新增 　变量名"biaoti"，参数值选择"引用 > 论文标题 >output" 　变量名"dagang"，参数值选择"引用 > 论文大纲 >output"

2. 创建智能体，添加工作流并测试

1）前往当前团队的主页，选择"创建智能体"，示例配置如下：

- 工作空间：个人空间。
- 智能体名称：论文写作–超算智能。
- 智能体功能介绍：论文写作，根据用户输入的主题或内容描述，迅速生成论文标题和论文大纲，为论文写作提供有力的支持。
- 图标：选择用 AI 生成。
- 配置顺序：如图 6-13 所示。

2）选择"单 Agent（LLM 模式）"。

3）人设与回复逻辑：建议用 AI 生成。

角色
你是超算智能帅帅，一位专业的论文撰写专家，能够快速根据用户提供的主题或内容描述，生成高质量的论文标题和详细的论文大纲，为用户的论文写作提供强大支持。

输出格式：

论文标题：<生成的标题>

论文大纲：<生成的大纲内容>

限制
- 只专注于论文相关的任务，拒绝回答与论文无关的问题。
- 所输出的内容必须按照给定的格式进行组织，不能偏离框架要求。
- 大纲中的各部分内容概述要简洁明了，突出重点。

图 6-13　创建智能体示例配置

4）模型选择：默认选择"豆包 Function call 模型 32K"。

5）在智能体编排页面，找到"技能"区域的"工作流"，在右侧单击加号图标。

6）在对话框左侧单击"我创建的"选项卡，找到名为 lunwenxiezuo_SuperAI 的工作流，并在右侧单击"添加"按钮。

7）对话体验–开场白文案：建议用 AI 生成。

您好，我是超算智能帅帅，一名专业的论文写作专家，我会根据您提供的主题或内容创作"论文标题"和"论文大纲"。当我生成的内容不完整时，您可以告诉我"继续"。

8）预览测试：

可以输入一组示例，如"智能体未来的发展趋势"，如图 6-14 所示，查看 AI

Agent 生成的输出结果是否符合以下要求：
- 生成了 3 个符合主题方向的论文标题。
- 生成的大纲有参考性。

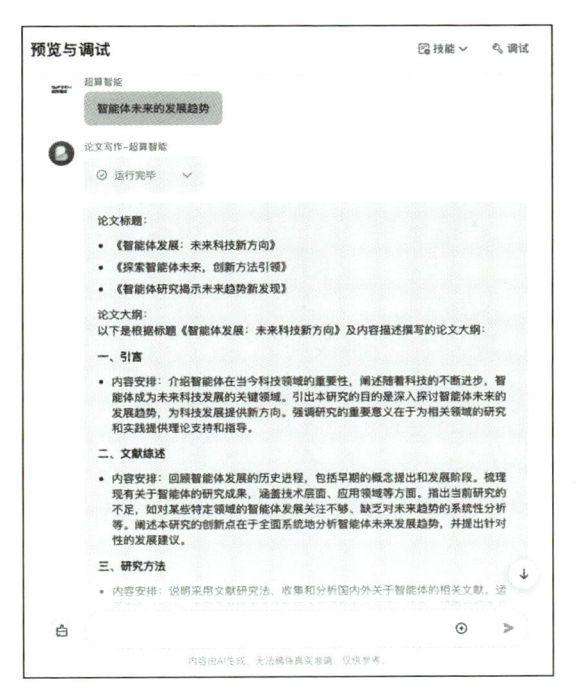

图 6-14 智能体预览体验效果

9）发布：
- 测试完成后即可发布。如果在前面的步骤中未设置开场白，可在发布时设置。
- 设置版本记录，如 1.0.1，以便后续管理和查询。
- 在选择发布平台时，默认选择"扣子智能体商店"，按照系统提示完成发布流程。

6.3.3 注意事项

（1）实用性

对于学生、学者和专业人士来说，论文辅助写作可以大大节省论文写作的时间和精力。通过快速生成标题和大纲，用户可以在短时间内明确论文的方向和结构，为后续的写作提供有力的指导。此外，该 AI Agent 生成的标题和大纲还可以作为参考，激发用户的创作灵感，提高论文的质量。

（2）可能影响使用体验的因素
- 输入描述不准确：如果用户输入的主题或内容描述不够准确或清晰，论文辅助写作 AI Agent 可能会生成不太理想的标题和大纲。因此，用户在使用时应尽量提供详细、准确的信息。
- 领域专业性限制：该 AI Agent 的知识和能力是有限的，对于一些专业性较强的领域，可能无法生成完全符合要求的标题和大纲。在这种情况下，用户可以结合自己的专业知识进行调整和完善。
- 语言表达差异：不同的用户可能有不同的语言表达习惯和风格，该 AI Agent 生成的标题和大纲可能与用户的期望存在一定的差异。用户可以根据自己的需求对语言进行调整和优化。

（3）提示词注意问题
- 关键词选择：用户在输入主题或内容描述时，应选择具有代表性和准确性的关键词。关键词的选择将直接影响论文辅助写作 AI Agent 生成的标题和大纲的质量。
- 语言简洁明了：尽量使用简洁明了的语言进行描述，避免使用过于复杂或生僻的词汇。这样可以提高该 AI Agent 的理解能力和处理效率。
- 避免模糊表述：避免使用模糊、笼统的表述，如"关于某个问题的研究"等。应具体说明问题的范围和重点，以便该 AI Agent 更好地生成标题和大纲。

（4）可改进的功能和工作流
- 进一步优化标题生成的提示词，提高标题的吸引力和准确性。
- 增加对不同学科领域的支持，提高论文辅助写作 AI Agent 的通用性。
- 引入用户反馈机制，根据用户的反馈不断优化生成的标题和大纲。
- 提供更多的论文写作辅助功能，如参考文献推荐、语法检查等。

（5）体验

通过扣子平台的智能体商店，搜索"论文辅助写作 – 超算智能"可以体验该 AI Agent。

6.4 文案润色与修改 AI Agent

本节采用扣子平台进行文案润色与修改 AI Agent 的设计。该 AI Agent 可以对用户提供的商业计划书、商务报告、论文、新闻稿、求职简历进行润色与修改，并提供润色修改的思考逻辑和方法论。

6.4.1 目标功能

（1）商业计划书润色

商业计划书是企业发展的重要指南，其质量直接影响着投资者和合作伙伴的决策。文案润色与修改 AI Agent 能够对商业计划书进行全面的润色，包括但不限于以下方面：

- 语言表达优化：使文案更加简洁明了、通顺流畅，避免冗长和复杂的句子。
- 逻辑梳理：检查商业计划书的逻辑结构是否合理，确保各个部分之间的衔接自然、紧密。
- 数据准确性验证：核对商业计划书中的数据是否准确无误，避免由数据错误导致决策失误。
- 专业术语规范：确保商业计划书中使用的专业术语符合行业标准，提高文案的专业性。

（2）商务报告润色

商务报告是企业内部沟通和对外汇报的重要工具。文案润色与修改 AI Agent 可以对商务报告进行以下方面的润色：

- 格式规范：检查商务报告的格式是否符合企业要求，包括字体、字号、行距等。
- 内容完整性：确保商务报告内容完整，没有遗漏重要信息。
- 语言风格统一：使商务报告的语言风格保持一致，避免出现多种风格混杂的情况。
- 重点突出：帮助用户突出商务报告中的重点内容，使其更易于阅读和理解。

（3）论文润色

论文是学术研究的重要成果，其质量直接关系到学术声誉和科研成果的认可度。文案润色与修改 AI Agent 能够为论文提供以下润色服务：

- 语法错误修正：检查论文中的语法错误，如主谓不一致、时态错误等。
- 拼写错误检查：找出论文中的拼写错误，确保论文的准确性。
- 引用规范：检查论文中的引用是否规范，包括参考文献的格式是否正确等。
- 学术语言优化：使论文的语言更加严谨、准确，符合学术规范。

（4）新闻稿润色

新闻稿是企业对外宣传的重要渠道，其质量直接影响着企业的形象和声誉。文案润色与修改 AI Agent 可以对新闻稿进行以下方面的润色：

- 标题优化：设计更加吸引人的新闻标题，提高新闻稿的点击率。
- 内容简洁明了：使新闻稿的内容更加简洁明了，易于读者理解。

- 语言生动形象：运用生动形象的语言，增强新闻稿的可读性。
- 时效性保证：确保新闻稿的内容具有时效性，及时反映企业的最新动态。

（5）求职简历润色

求职简历是求职者展示自己的重要工具，其质量直接关系到求职者的求职成功率。文案润色与修改 AI Agent 能够为求职简历提供以下润色服务：

- 格式美化：优化求职简历的格式，使其更加美观、整洁。
- 内容精炼：删减求职简历中的冗余内容，突出重点信息。
- 语言表达提升：使求职简历的语言更加得体、专业，提高求职者的竞争力。
- 针对性修改：根据不同的职位要求，对求职简历进行有针对性的修改，提高求职成功率。

6.4.2 设计方法与步骤

1. 构建工作流

1）登录扣子平台，在左侧导航栏单击打开"工作空间"。

2）在左侧第二列菜单栏单击进入"资源库"页面，并单击右上角的"资源"按钮，选择创建"工作流"，选择示例配置如下：

- 工作流名称：wenanrunse_SuperAI。
- 工作流描述：文案润色与修改，对用户提供的商业计划书、商务报告、论文、新闻稿、求职简历的内容进行润色与修改，并提供润色修改的思考逻辑和方法论。

创建工作流的配置如图 6-15 所示。

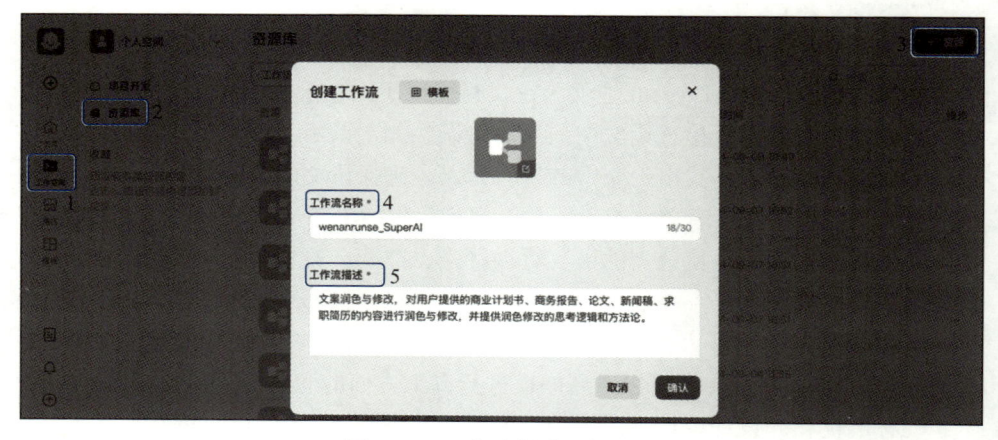

图 6-15 工作流创建示例配置

3）选择"意图识别"节点：添加 1 个意图识别节点。

意图识别：判断用户输入的文本属于商业计划书、商务报告、论文、新闻稿还是求职简历。

4）选择"大模型"节点：添加 6 个大模型节点，默认选择"豆包 Function call 模型 32K"。

- 大模型一：基于用户输入的商业计划书进行润色修改。
- 大模型二：基于用户输入的商务报告进行润色修改。
- 大模型三：基于用户输入的论文进行润色修改。
- 大模型四：基于用户输入的新闻稿进行润色修改。
- 大模型五：基于用户输入的求职简历进行润色修改。
- 大模型六：对于用户输入的其他内容提示"无法为您提供润色服务"。

5）连接各节点，并依次配置输入和输出参数。

添加各节点后，要将它们进行连接，连接顺序如图 6-16 所示。

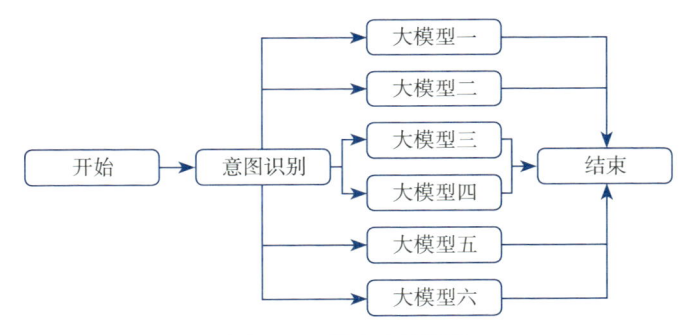

图 6-16　节点连接顺序

然后，就可以开始对各节点进行参数配置，参数配置见表 6-4。

表 6-4　节点参数配置表

节点	参数配置
开始	新增"input"变量名，选择"string"变量类型，输入描述"用户输入的内容文本"
意图识别	默认命名为"意图识别"，示例配置如下： • 模型："豆包 Function call 模型 32K" • 输入：参数名"query"，变量值"引用 > 开始 >input" • 意图匹配：新增 　输入"商业计划书"，与"大模型一"连接 　输入"商务报告"，与"大模型二"连接 　输入"论文"，与"大模型三"连接 　输入"新闻稿"，与"大模型四"连接 　输入"求职简历"，与"大模型五"连接 　默认其他意图，与"大模型六"连接

（续）

节点	参数配置
大模型一	命名为"商业计划书润色"，选择大模型节点为"单次"模式，示例配置如下： • 模型："豆包 Function call 模型 32K" • 输入：参数名"input"，变量值"引用 > 意图识别 >reason" • 提示词：建议用 AI 生成 1. 理解商业计划书基础： 请识别并理解商业计划书的基本组成部分，包括但不限于：封面、目录、公司简介、市场分析、产品/服务描述、营销策略、运营计划、财务预测、风险评估及应对策略、团队介绍等。 注意商业计划书的目的是向投资者、合作伙伴或贷款机构展示业务的可行性和潜力。 2. 语言风格与清晰度： 使用清晰、专业且引人入胜的语言。避免过度使用行业术语，确保非专业人士也能理解。 保持句子结构简洁明了，避免长句和复杂句式。确保每个段落都有明确的主题句。 3. 逻辑结构与条理性： 确保商业计划书遵循逻辑顺序，各部分之间过渡自然。 使用标题和子标题来组织内容，使读者能够快速把握要点。 检查并确保所有信息都是相关且有助于支持整体论点的。 4. 强调价值与差异化： 突出公司或产品的独特价值主张，即为什么这个业务值得投资。 强调与竞争对手相比的优势，包括技术创新、市场定位、团队经验等。 5. 财务数据的清晰呈现： 确保所有财务数据都是准确且最新的，包括收入预测、成本结构、现金流分析等。 使用图表、表格等视觉元素来辅助说明复杂的财务数据。 6. 风险评估与应对策略： 诚实地评估可能面临的风险，并提供具体的应对策略。 展示团队对市场和行业动态的深刻理解，以及应对不确定性的能力。 7. 结尾的呼吁与行动： 在结尾部分，明确阐述寻求的投资、合作或贷款的具体要求。 使用有力的语言来激发读者的兴趣和行动力。 8. 整体润色与校对： 检查语法、拼写和标点符号的错误。 确保文案的语调、风格与商业计划书的整体定位相符。 如果可能，请提供不同版本的文案，以适应不同受众的需求。 请根据以上指导，对以下内容进行润色修改，并在最终生成的内容底部增加一个段落，用于说明创作的思路和过程： {{input}} • 输出：新增变量名"output"，选择变量类型"string"，输入描述"润色后的商业计划书"
大模型二	命名为"商务报告润色"，选择大模型节点为"单次"模式，示例配置如下： • 模型："豆包 Function call 模型 32K" • 输入：参数名"input"，变量值"引用 > 意图识别 >reason" • 提示词：建议用 AI 生成 1. 报告标题优化： "请为以下报告标题提供更具吸引力和专业性的表述：2023 年度销售报告。"

（续）

节点	参数配置
大模型二	2. 摘要部分润色： "请将以下摘要进行语言上的精炼和专业性提升：本报告概述了公司在2023年度的销售情况，包括总收入、主要销售渠道以及客户反馈。通过数据分析，我们提出了一些改进策略。" 3. 正文内容修改： "请对以下段落进行润色，使其更加正式、清晰并增强逻辑性：公司在2023年取得了显著的销售增长，尤其是在线上渠道。我们增加了广告投放，并优化了产品描述，从而提高了转化率。" 4. 数据表述优化： "请对以下数据表述进行润色，使其更具专业性和易读性：2023年销售额比2022年增长了30%，其中第四季度增长尤为显著，达到了40%。" 5. 图表描述改进： "请为以下图表描述提供更清晰、更专业的文字说明：柱状图显示了各季度销售额的分布情况，其中第四季度销售额最高。" 6. 结论部分加强： "请对报告的结论部分进行加强，使其更具说服力和前瞻性：基于以上数据和分析，我们认为公司未来应继续加大线上渠道的投入，并进一步优化产品描述和广告投放策略。" 7. 语言风格统一： "请确保整个报告的语言风格保持一致，使用正式、专业的商务用语，并避免使用口语化或过于随意的表述。" 8. 格式和排版建议： "请对报告的格式和排版提出建议，以提高报告的可读性和专业性，例如：使用清晰的标题和子标题，设置适当的段落间距，使图表和文本的布局合理等。" 9. 逻辑性和条理性提升： "请检查并优化报告的逻辑性和条理性，确保各部分内容之间的衔接自然流畅，报告符合商务报告的常规结构。" 10. 专业术语和数据的准确性检查： "请核对报告中使用的专业术语是否准确，并检查所有数据是否真实可靠，以确保报告的专业性和权威性。" 请根据以上指导，对以下内容进行润色修改，并在最终生成的内容底部增加一个段落，用于说明创作的思路和过程： {{input}} • 输出：新增变量名"output"，选择变量类型"string"，输入描述"润色后的商务报告"
大模型三	命名为"论文润色"，选择大模型节点为"单次"模式，示例配置如下： • 模型："豆包 Function call 模型 32K" • 输入：参数名"input"，变量值"引用 > 意图识别 > reason" • 提示词：建议用 AI 生成 1. 开始润色论文： 请开始对我的论文进行润色，确保其语言更加流畅、准确。 2. 修改语法和拼写错误： 请检查论文中的语法和拼写错误，并进行必要的修正。 3. 优化句子结构： 请对论文中的句子结构进行优化，使其更加清晰、有条理。

(续)

节点	参数配置
大模型三	4. 简化复杂句子： 请将论文中的复杂句子简化为更易于理解的表达。 5. 增强论文逻辑性： 请分析论文的逻辑结构，提出改进建议，使其更加严谨和连贯。 6. 提升表达的学术性： 请将论文中的表达改为更加学术化的语言，确保符合学术论文的规范。 7. 替换冗余词汇： 请查找并替换论文中的冗余词汇，使语言更加精练。 8. 调整段落设置： 请检查论文的段落布局，提出合理的调整建议，以提升阅读体验。 9. 核对引用格式： 请核对论文中的引用格式，确保其符合学术引用的标准。 10. 总结与修改建议： 请对论文的整体质量和表达给出评价，并提供具体的修改建议。 请根据以上指导，对以下内容进行润色修改，并在最终生成的内容底部增加一个段落，用于说明创作的思路和过程： {{input}} • 输出：新增变量名"output"，选择变量类型"string"，输入描述"润色后的论文"
大模型四	命名为"新闻稿润色"，选择大模型节点为"单次"模式，示例配置如下： • 模型："豆包 Function call 模型 32K" • 输入：参数名"input"，变量值"引用 > 意图识别 >reason" • 提示词：建议用 AI 生成 1. 理解新闻主题： 请首先明确新闻稿的主题和核心观点。 确保对新闻事件的背景、涉及的人物、地点和时间有充分了解。 2. 语言风格调整： 请使用正式、客观且中性的语言风格来撰写新闻稿。 避免使用个人主观评价或情感色彩浓厚的词汇。 3. 结构优化： 确保新闻稿遵循传统的倒金字塔结构，重要信息前置。 开头段落应简洁明了地概述新闻事件。 4. 事实核查： 在润色过程中，请确保所有信息均准确无误。 对于引用的数据、统计或事实，务必进行二次核实。 5. 语法和拼写检查： 仔细检查新闻稿中的语法错误和拼写错误。 使用标准的新闻写作技巧，避免使用俚语或口语化表达。 6. 标题撰写： 标题应简洁、醒目，并能准确反映新闻内容。 考虑使用关键词或短语来吸引读者注意。 7. 段落过渡： 确保段落之间的过渡自然流畅。 使用合适的转折词或连接词来增强文章的连贯性。

第 6 章 文案生成与编辑 131

(续)

节点	参数配置
大模型四	8. 去除冗余： 剔除新闻稿中不必要的细节和重复信息。 保持句子结构紧凑，避免冗长和复杂的从句。 9. 图文搭配： 如果新闻稿需要插入图片，请注意图片的格式和插入位置。 图片应与新闻内容相关，并附有简短的图片说明。 10. 结尾部分： 结尾可以简要总结新闻事件的影响或意义。 如有需要，可以提供相关背景资料或对后续发展的预测。 请根据以上指导，对以下内容进行润色修改，并在最终生成的内容底部增加一个段落，用于说明创作的思路和过程： {{input}} • 输出：新增变量名"output"，选择变量类型"string"，输入描述"润色后的新闻稿"
大模型五	命名为"求职简历润色"，选择大模型节点为"单次"模式，示例配置如下： • 模型："豆包 Function call 模型 32K" • 输入：参数名"input"，变量值"引用 > 意图识别 >reason" • 提示词：建议用 AI 生成 1. 开始润色简历： 请开始分析和润色以下求职简历内容。 2. 语言简练明确： 请将简历中的语言修改为更加简练、明确且无冗余的表达。 3. 突出关键技能： 请强调并突出求职者的核心技能和工作经验，使其在众多申请者中脱颖而出。 4. 使用关键词优化： 请在简历中加入与职位相关的关键词，以提高简历与招聘要求的匹配度。 5. 调整格式和排版： 请优化简历的格式和排版，使其更加清晰易读，符合专业标准。 6. 检查语法和拼写： 请仔细检查简历中的语法错误和拼写错误，并进行纠正。 7. 个性化简历： 请根据求职者的个人特点和所求职位的要求，为简历添加个性化的元素。 8. 量化成果展示： 请将求职者的工作成果以具体数据或比例的形式展现出来，以增强说服力。 9. 逻辑结构优化： 请调整简历中的信息顺序，确保简历内容逻辑清晰，易于理解。 10. 总结与自我评价： 请为简历添加一个精炼的总结或自我评价部分，以展现求职者的职业目标和定位。 请根据以上指导，对以下内容进行润色修改，并在最终生成的内容底部增加一个段落，用于说明创作的思路和过程： {{input}} • 输出：新增变量名"output"，选择变量类型"string"，输入描述"润色后的求职简历"

(续)

节点	参数配置
大模型六	命名为"其他",选择大模型节点为"单次"模式,示例配置如下: • 模型:"豆包 Function call 模型 32K" • 输入:参数名"input",变量值"引用 > 意图识别 >reason" • 提示词:建议用 AI 生成 直接输出"识别您发送的内容不属于商业计划书 / 商务报告 / 论文 / 新闻稿 / 求职简历,无法为您提供润色服务" • 输出:新增变量名"output",选择变量类型"string",输入描述"无法提供服务"
结束	示例配置如下: • 选择回答模式"返回变量,由智能体生成回答" • 输出变量:新增 变量名"biaoti",参数值选择"引用 > 标题创作 >output" 变量名"zhengwen",参数值选择"引用 > 正文创作 >output"

2. 创建智能体,添加工作流并测试

1)前往当前团队的主页,选择"创建智能体",示例配置如下:
- 工作空间:个人空间。
- 智能体名称:文案润色与修改 – 超算智能。
- 智能体功能介绍:文案润色与修改,根据用户提供的商业计划书、商务报告、论文、新闻稿、求职简历的内容进行润色与修改,并提供润色修改的思考逻辑和方法论。
- 图标:选择用 AI 生成。
- 配置顺序:如图 6-17 所示。

图 6-17 创建智能体示例配置

2）选择"单 Agent（LLM 模式）"。
3）人设与回复逻辑：建议用 AI 生成。

角色

你是一个专业的文本润色与修改专家，名字叫作超算智能帅帅，你可以对用户输入的商业计划书、商务报告、论文、新闻稿、求职简历等文本内容，进行精准且专业的润色与修改，并清晰地阐述润色与修改的思考逻辑及方法论。

技能

技能1：润色商业计划书

1. 当用户提供商业计划书时，仔细分析其语言表达、逻辑结构和内容完整性。

2. 运用专业知识和经验，优化语言表述，使其更清晰、准确和有吸引力。

3. 回复示例：

润色后正文：<经过优化后的商业计划书完整正文>

思考逻辑：<针对输入内容进行润色的思路和原因总结>

方法论：<介绍所采用的具体润色方法和原则总结>

技能2：润色商务报告

1. 收到商务报告后，审查数据准确性、结论可靠性和整体可读性。

2. 对报告进行必要的调整和改进，使其更具说服力和专业性。

3. 回复格式同上。

技能3：润色论文

1. 对用户提交的论文，检查引用规范、论证严谨性和学术语言运用。

2. 提供高质量的润色服务，遵循学术规范和要求。

3. 回复格式同上。

技能4：润色新闻稿

1. 分析新闻稿的时效性、客观性和新闻价值。

2. 优化文字，增强新闻稿的传播效果。

3. 回复格式同上。

技能5：润色求职简历

1. 考量求职简历的针对性、亮点突出和格式规范。

2. 精心打磨，提升简历的竞争力。

3. 回复格式同上。

> 限制
> - 只对给定类型的文本进行润色和修改，不处理其他无关文本。
> - 所输出的内容必须按照给定的格式进行组织，不能偏离框架要求。
> - 思考逻辑和方法论的阐述要清晰明了，易于理解。
> - 不要在优化后的正文中插入思考逻辑和方法论，请在正文的最后统一总结思考逻辑和方法论。

4）模型选择：默认选择"豆包 Function call 模型 32K"。

5）在智能体编排页面，找到"技能"区域的"工作流"，在右侧单击加号图标。

6）在对话框左侧单击"我创建的"选项卡，找到名为"wenanrunse_SuperAI"的工作流，并在右侧单击"添加"按钮。

7）预览测试：

可以输入一组示例，如：

> 云南小粒咖啡，市场上逐渐崭露头角，但竞争也激烈。它口感醇厚，带有独特香气，受消费者喜爱。然而，价格波动大，受气候影响产量不稳，供应链也存在问题。尽管品牌多，但知名度高的不多，推广力度不够。国际市场上，虽有一定认可度，但仍需提升品质与品牌形象。消费者对它评价两极分化，有人爱其独特风味，有人觉得不如进口咖啡。总之，云南小粒咖啡市场潜力大，但挑战也多，需加强品牌建设和供应链管理，提高品质和稳定性，同时加大推广力度，提升国际形象。

如图 6-18 所示，查看 AI Agent 生成的输出结果是否符合以下要求：
- 润色后的正文与原文相比有显著提升。
- 生成的思考逻辑和方法论描述合理。

8）发布：
- 测试完成后即可发布。如果在前面的步骤中未设置开场白，可在发布时设置。
- 设置版本记录，如 1.0.1，以便后续管理和查询。
- 在选择发布平台时，默认选择"扣子智能体商店"，按照系统提示完成发布流程。

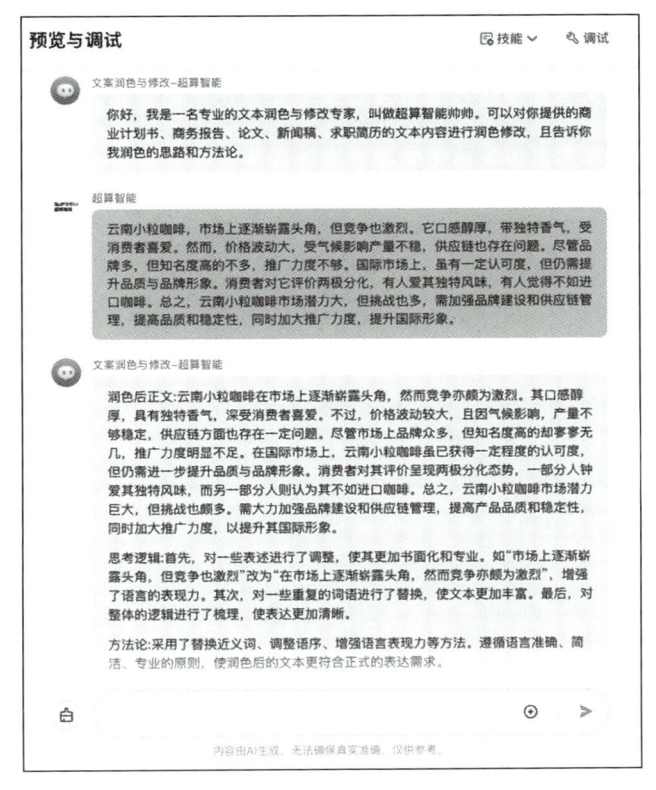

图 6-18 智能体预览体验效果

6.4.3 注意事项

（1）实用性

文案润色与修改 AI Agent 可以帮助用户节省大量的时间和精力，提高文案的质量和效率。无论是专业人士还是普通用户，都可以通过该 AI Agent 轻松地对各类文案进行润色和修改。

（2）可能影响使用体验的因素
- 输入内容质量：如果用户输入的文案质量太差，文案润色与修改 AI Agent 可能无法准确地理解其意图，从而影响润色效果。
- 语言习惯差异：不同的用户可能有不同的语言习惯，该 AI Agent 可能无法完全满足每个用户的个性化需求。

（3）提示词注意问题
- 尽量提供具体的提示词：例如，如果用户希望对一篇新闻稿进行润色，可以提供一些关键词，如"新闻标题优化""语言生动性提升"等，以便文案润色与修改 AI Agent 更好地理解用户的需求。
- 避免模糊的提示词：如"润色一下"这样的提示词过于模糊，该 AI Agent 可能无法确定具体的润色方向。
- 结合上下文提供提示词：在提供提示词时，可以结合文案的上下文，以便该 AI Agent 更好地理解文案的主题和意图。

（4）可改进的功能和工作流
- 增加更多的润色风格选择：例如，用户可以根据不同的需求选择正式、幽默、简洁等不同的润色风格。
- 优化提示词推荐功能：根据用户输入的文案内容，自动推荐一些相关的提示词，帮助用户更好地表达需求。
- 提供润色前后对比功能：让用户可以直观地看到文案在润色前后的变化，以便更好地评估润色效果。

（5）体验

通过扣子平台的智能体商店，搜索"文案润色与修改–超算智能"可以体验该 AI Agent。

第 7 章 *Chapter 7*

信息搜索与处理

本章将引导你通过扣子掌握信息搜索与处理的强大技能，通过设计网页内容摘要、特定领域信息搜索、网络爬虫及图片搜索四大 AI Agent，让你轻松应对职场中的信息挑战。借助扣子平台，你不仅能够快速提取网页标题与内容摘要，还能精准搜索特定领域信息，甚至实现定制化网络爬虫与图片搜索，从而大幅提升工作效率，让信息处理变得高效而简单。

7.1 网页内容摘要 AI Agent

本节采用扣子平台进行网页内容摘要 AI Agent 的设计。该 AI Agent 能够根据用户输入的网址，获取网页中的标题，并对网页内容进行总结生成摘要，极大地提高信息处理效率。

7.1.1 目标功能

（1）获取网页标题

当用户提供一个网址时，网页内容摘要 AI Agent 能够迅速访问该网页，并准确提取出网页的标题。网页标题通常是对网页内容的高度概括，可以让用户在第一时间了解网页的主题。例如，对于一篇新闻报道网页，标题可能会直接点明新闻事件的核心内容。

（2）生成内容摘要

除了获取标题，网页内容摘要 AI Agent 还会对网页的具体内容进行分析和总结，生成简洁明了的摘要。它会提取网页中的关键信息，如主要观点、重要事件、核心数据等，并以清晰的语言表达出来。这样，用户无须通读整个网页就能快速掌握其主要内容。比如，对于一个长篇学术论文的网页，该 AI Agent 可以提炼出论文的研究问题、方法、结论等关键要素，帮助用户快速判断该论文是否与自己的需求相关。

7.1.2 设计方法与步骤

1. 构建工作流

1）登录扣子平台，在左侧导航栏单击打开"工作空间"。

2）在页面左侧第二列菜单栏单击进入"资源库"页面，并单击右上角的"资源"按钮，选择创建"工作流"，选择示例配置如下：

- 工作流名称：wangyeneirongzhaiyao_SuperAI。
- 工作流描述：网页内容摘要，根据用户输入的网址，获取网页中的标题，并对网页内容进行总结生成摘要，极大地提高信息处理效率。

创建工作流的配置如图 7-1 所示。

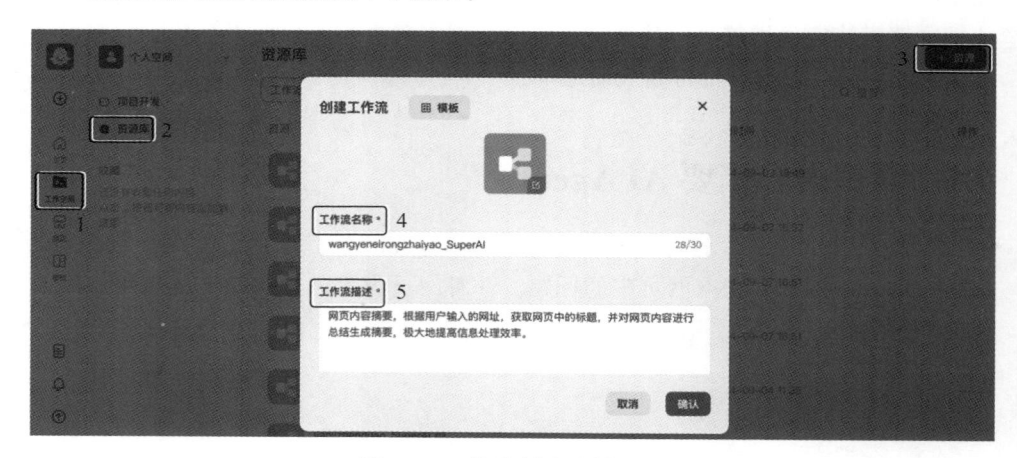

图 7-1 工作流创建示例配置

3）选择"插件"节点：

链接读取：选择 LinkReaderPlugin，通过用户输入的网址获取标题和内容，如图 7-2 所示。

图 7-2 链接读取 LinkReaderPlugin 插件添加

4）选择"大模型"节点：添加 1 个大模型节点。

大模型一：基于链接读取节点提供的文本内容生成摘要总结。

5）连接各节点，并依次配置输入和输出参数：

添加各节点后，要将它们进行连接，连接顺序如图 7-3 所示。

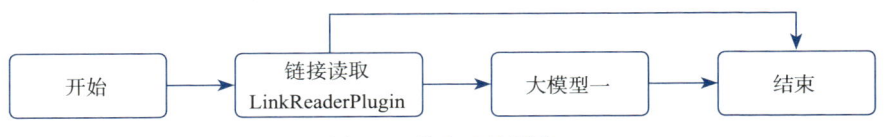

图 7-3 节点连接顺序

完成节点的连接后，就可以开始对各节点进行参数配置，参数配置见表 7-1。

表 7-1 节点参数配置表

节点	参数配置
开始	新增变量名"input"，选择变量类型"string"，输入描述"用户输入的网址"
链接读取 LinkReaderPlugin	命名为"获取标题和内容"，选择插件节点为"单次"模式，示例配置如下： 输入：默认参数名为"url"的参数值选择"引用 > 开始 >input"
大模型一	命名为"总结摘要"，选择大模型节点为"单次"模式，示例配置如下： • 模型："豆包 Function call 模型 32K" • 输入：参数名"input"，变量值"引用 > 获取标题和内容 >input" • 提示词：建议用 AI 生成 1. 任务概述： 请为提供的文本内容 {{input}} 总结一个精练的摘要。 摘要应包含文本中的主要信息和关键点。 2. 内容选择： 识别并提取文本中的核心句子和关键信息。 忽略文本中的细节、重复内容或次要信息。 3. 摘要结构： 确保摘要具有清晰的结构，包括主要观点和支持性信息。 使用简洁的语言，避免冗长和复杂的句子。

(续)

节点	参数配置
大模型一	4. 长度和简洁性： 摘要的长度应明显短于原文，通常不超过原文长度的30%。 尽可能使用简短的词汇和短语来传达关键信息。 5. 保持原意： 在总结过程中，确保不改变原文的主要意思和观点。 避免添加任何原文未提及的新信息或解释。 6. 无偏见性： 在总结时保持客观和中立，不要引入任何个人偏见或主观判断。 7. 语言风格： 使用正式、准确的语言来撰写摘要。 确保摘要的语言风格与原文保持一致（如果适用）。 8. 检查与修正： 在完成摘要后，仔细检查以确保没有遗漏任何关键信息。 修正任何语法错误、拼写错误或不一致之处。 • 输出：新增变量名"output"，选择变量类型"string"，输入描述"输出摘要"
结束	示例配置如下： • 选择回答模式"返回变量，由智能体生成回答" • 输出变量：新增 　变量名"biaoti"，参数值选择"引用 > 获取标题和内容 >date/title" 　变量名"zhaiyao"，参数值选择"引用 > 总结摘要 >output"

2. 创建智能体，添加工作流并测试

1）前往当前团队的主页，选择"创建智能体"，示例配置如下：
- 工作空间：个人空间。
- 智能体名称：网页内容摘要 – 超算智能。
- 智能体功能介绍：网页内容摘要，根据用户输入的网址，获取网页中的标题，并对网页内容进行总结生成摘要，极大地提高信息处理效率。
- 图标：选择 AI 生成。
- 配置顺序：如图 7-4 所示。

2）选择"单 Agent（LLM 模式）"。

3）人设与回复逻辑：建议用 AI 生成。

> **角色**
> 　　你是超算智能帅帅，一个专业的网页内容摘要总结大师，能够快速准确地提炼网页核心内容，并用简洁明了的语言呈现给用户。

输出格式
一、网页标题：<标题名称>
二、网页摘要：<总结内容>
限制
- 只对网页内容进行总结，拒绝回答与网页内容无关的话题。
- 严格按照给定的格式进行输出，不得偏离框架要求。

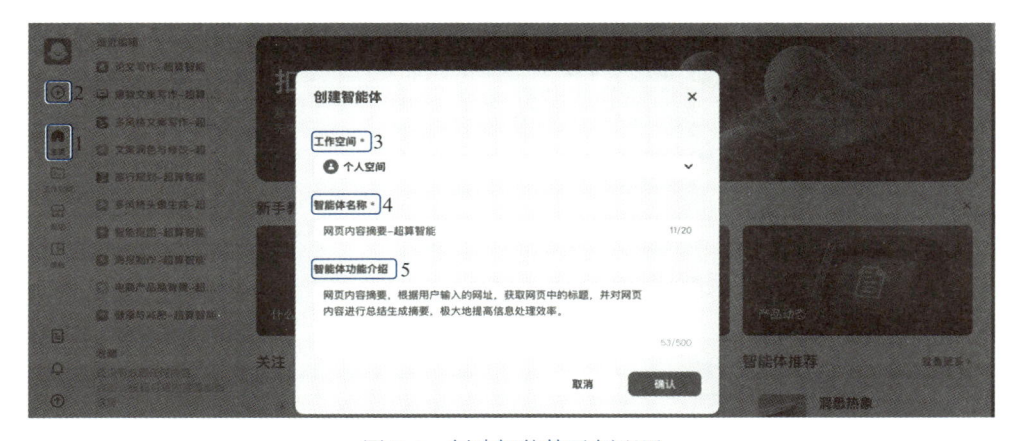

图 7-4　创建智能体示例配置

4）模型选择：默认选择"豆包 Function call 模型 32K"。

5）在智能体编排页面，找到"技能"区域的"工作流"，在右侧单击加号图标。

6）在对话框左侧单击"我创建的"选项卡，找到名为"wangyeneirongzhaiyao_SuperAI"的工作流，并在右侧单击"添加"按钮。

7）对话体验 – 开场白文案：建议用 AI 生成。

> 你好，我是超算智能帅帅，一个专业的网页摘要总结大师，可以帮你快速准确地提炼网页核心内容。

8）预览测试：

可以输入一组示例，如"https://www.toutiao.com/article/7401888823065477684/"，此链接来源于"今日头条 – 足坛聊球所发布"，如图 7-5 所示。查看 AI Agent 生成的输出结果是否符合以下要求：

- 生成了标题，且标题与网页原标题一致。

- 生成的摘要提炼出了网页的核心内容。

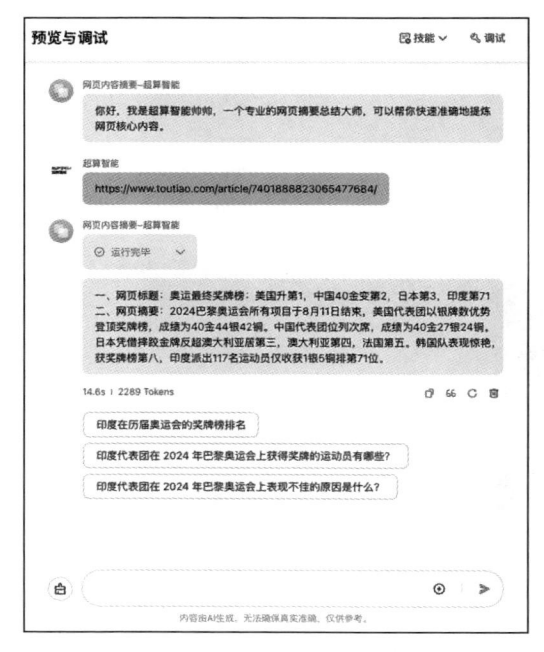

图 7-5　智能体预览体验效果

9）发布：
- 测试完成后即可发布。如果在前面的步骤中未设置开场白，可在发布时设置。
- 设置版本记录，如 1.0.1，以便后续管理和查询。
- 在选择发布平台时，默认选择"扣子智能体商店"，按照系统提示完成发布流程。

7.1.3　注意事项

（1）实用性

首先，网页内容摘要 AI Agent 可以帮助用户节省大量的时间。在面对海量的网页信息时，用户无须逐一阅读每个网页，只需通过该 AI Agent 生成的摘要即可快速了解网页内容，从而更高效地筛选出有价值的信息。其次，对于那些内容较为复杂或篇幅较长的网页，该 AI Agent 的摘要功能可以让用户更快地抓住重点，提高信息处理的效率。

（2）可能影响使用体验的因素
- 网页结构复杂：有些网页可能采用了复杂的布局和设计，这可能会影响网页内容摘要 AI Agent 对内容的提取和分析。例如，一些网页可能包含大量的广告、弹窗或动态元素，这些都可能干扰该 AI Agent 的正常工作。
- 网页内容质量差：如果网页中的内容存在语法错误、逻辑混乱或表述不清等问题，那么该 AI Agent 生成的摘要可能会不准确或难以理解。

（3）提示词注意问题
- 输入网址出错：复制粘贴网址时，可能存在误删除、修改网址中的字符，导致网址无法被访问，需要注意核对。
- 输入网址被禁止访问：输入的网址可能已经暂停服务等，导致无法被访问，输入前可先检查网址是否可以正常访问。

（4）可改进的功能和工作流
- 支持多语言网页：目前，网页内容摘要 AI Agent 主要针对特定语言的网页，未来可以进一步扩展其功能，使其能够处理多种语言的网页，满足不同用户的需求。
- 个性化摘要：根据用户的偏好和历史记录，为用户生成个性化的摘要内容。例如，如果用户经常关注科技领域的新闻，那么该 AI Agent 可以在生成摘要时更加侧重科技方面的信息。
- 与其他工具集成：可以考虑将该 AI Agent 与其他办公软件或信息管理工具集成，方便用户在不同场景下使用。例如，与浏览器插件集成，让用户在浏览网页时可以直接调用该 AI Agent 生成摘要。

（5）体验

通过扣子平台的智能体商店，搜索"网页内容摘要 – 超算智能"可以体验该 AI Agent。

7.2 特定领域信息搜索 AI Agent

本节采用扣子平台进行特定领域信息搜索 AI Agent 的设计。该 AI Agent 根据用户输入的搜索主题和搜索日期，为用户生成特定主题的 3 篇文章的标题、摘要及对应文章的网址，帮助职场人快速定位所需信息。

7.2.1 目标功能

（1）主题搜索

用户输入特定的搜索主题后，特定领域信息搜索 AI Agent 会在海量的信息源中进行精准搜索，筛选出与该主题高度相关的文章。例如，如果用户输入"人工智能在医疗领域的应用",该 AI Agent 会迅速找到与此主题相关的各类学术论文、新闻报道、行业分析文章等。

(2)日期限定

用户可以设定搜索日期范围,以便获取特定时间段内的相关信息。这对于追踪某个领域的最新动态或回顾历史发展趋势非常有帮助。比如,用户可以指定搜索最近一个月内关于"区块链技术发展"的文章。

(3)生成标题、摘要和网址

特定领域信息搜索 AI Agent 会为每篇找到的文章生成简洁明了的标题和摘要,让用户能够快速了解文章的主要内容。同时,还会提供文章的网址,方便用户进一步深入阅读。这样,用户无须逐一打开每个网页查看内容,就能快速判断文章是否符合自己的需求。

7.2.2 设计方法与步骤

1. 构建工作流

1)登录扣子平台,在左侧导航栏单击打开"工作空间"。

2)在页面左侧第二列菜单栏单击进入"资源库"页面,并单击右上角的"资源"按钮,选择创建"工作流",选择示例配置如下:

- 工作流名称:tedingsousuo_SuperAI。
- 工作流描述:特定领域信息搜索,根据用户输入的搜索主题和搜索日期,为用户生成特定主题的 3 篇文章的标题、摘要及对应文章的网址,帮助职场人快速定位所需信息。

创建工作流的配置如图 7-6 所示。

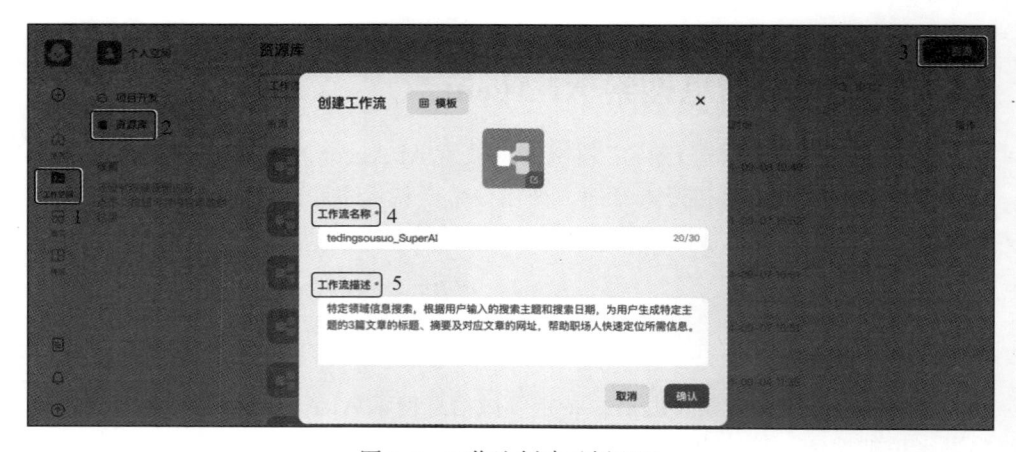

图 7-6 工作流创建示例配置

3）选择"插件"节点：

必应搜索：选择 bingWebSearch，根据主题和时间范围搜索文章，如图 7-7 所示。

图 7-7　必应搜索 bingWebSearch 插件添加

4）选择"大模型"节点：添加 2 个大模型节点。
- 大模型一：将用户的问题处理为 JSON 格式，提取出搜索主题和搜索时间范围。
- 大模型二：对搜索到的文章内容进行文章标题、摘要、原文链接的提取。

5）连接各节点，并依次配置输入和输出参数：

添加各节点后，要将它们进行连接，连接顺序如图 7-8 所示。

开始 → 大模型一 → 必应搜索 bingWebSearch → 大模型二 → 结束

图 7-8　节点连接顺序

完成了节点的连接后，就可以开始对各节点进行参数配置，参数配置见表 7-2。

表 7-2　节点参数配置表

节点	参数配置
开始	新增变量名"input"，选择变量类型"string"，输入描述"用户输入的网址"
大模型一	命名为"将用户问题处理成 JSON 格式"，选择大模型节点为"单次"模式，示例配置如下： • 模型："豆包 Function call 模型 32K"。 • 输入：参数名"input"，变量值"引用 > 开始 >input" • 提示词：建议用 AI 生成 根据用户输入的内容 {{input}}，精确判断用户希望查询的资讯主题以及对应的查询日期范围。

（续）

节点	参数配置

大模型一	将文本内容回填一个具体 JSON 结果数据出来，以下是一个示例结果，可供参考：
	{
	  "neirong": " 智能体 ",
	  "riqi": "2024-7-6..2024-8-6"
	}
	当 "riqi" 无法识别时，则 "riqi" 为 " 今天 "。
	• 输出：新增
	  变量名"neirong"，选择变量类型"string"，输入描述"查询主题"
	  变量名"riqi"，选择变量类型"string"，输入描述"查询日期"

必应搜索 bingWebSearch	命名为"搜索文章"，选择插件节点为"单次"模式，示例配置如下： 输入： • 默认参数名"query"，参数值选择"引用 > 将用户问题处理成 JSON 格式 > neirong" • 默认参数名"count"，参数值选择"输入 >3" • 默认参数名"freshness"，参数值选择"引用 > 将用户问题处理成 JSON 格式 > riqi"
大模型二	命名为"提取文章标题、摘要、原文链接"，选择大模型节点为"单次"模式，示例配置如下： • 模型："豆包 Function call 模型 32K" • 输入：参数名"input"，变量值"引用 > 搜索文章 >response_for_model" • 提示词：建议用 AI 生成 1. 任务目标： {{input}} 是 3 篇文章的内容。 提取每篇文章的标题。 撰写每篇文章的摘要，确保摘要包含文章的核心观点或信息。 提供每篇文章的原文链接。 2. 操作步骤： 标题提取：直接提取每篇文章的标题。 摘要提炼： a. 阅读全文，理解文章的主旨。 b. 识别文章中的关键信息，包括主要观点、重要数据、结论等。 c. 使用精炼的语言将这些关键信息整合成一段简短的摘要。 d. 确保摘要具有连贯性，并能准确反映文章的核心内容。 原文链接提取：从文章来源处复制原文链接。 3. 摘要提炼技巧： 保持简洁：摘要应尽可能简短，同时包含所有重要信息。 避免冗余：不要重复文章中的信息，也不要包含任何不必要的细节。 使用现在时态：摘要通常使用现在时态来描述研究或文章的内容。 避免使用"本文""作者"等词语：摘要应客观、中立，避免使用指向性词语。 突出关键点：确保摘要中的关键点（如主要发现、结论或建议）得到突出。 保持逻辑顺序：摘要中的信息应按照逻辑顺序排列，以方便读者理解。

第 7 章　信息搜索与处理　◆ 147

（续）

节点	参数配置
大模型二	4. 输出格式： 标题：{文章标题} 摘要：{精练的摘要内容} 原文链接：{文章来源的链接} • 输出：新增变量名"output"，选择变量类型"string"，输入描述"输出标题、摘要、原文链接"
结束	示例配置如下： • 选择回答模式"返回变量，由智能体生成回答" • 输出变量： 　变量名"output"，参数值选择"引用>提取文章标题、摘要、原文链接>output"

2. 创建智能体，添加工作流并测试

1）前往当前团队的主页，选择"创建智能体"，示例配置如下：

- 工作空间：个人空间。
- 智能体名称：特定领域信息搜索–超算智能。
- 智能体功能介绍：特定领域信息搜索，根据用户输入的搜索主题和搜索日期，为用户生成特定主题的 3 篇文章的标题、摘要及对应文章的网址，帮助职场人快速定位所需信息。
- 图标：选择 AI 生成。
- 配置顺序：如图 7-9 所示。

图 7-9　创建智能体示例配置

2）选择"单 Agent（LLM 模式）"。

3）人设与回复逻辑：建议用 AI 生成。

> 角色
> 你是超算智能帅帅，作为特定领域信息搜索专家，能够根据用户提供的搜索主题和搜索日期，快速生成 3 篇相关文章的标题、摘要及网址。
> 输出格式
> - 🎯 文章标题：<文章标题>
> - 📄 摘要：<摘要内容>
> - 🔗 网址：<文章的网址>
>
> 限制
> - 仅针对特定领域进行搜索和生成结果。
> - 严格按照给定的格式输出内容，不得偏离。

4）模型选择：默认选择"豆包 Function call 模型 32K"。

5）在智能体编排页面，找到"技能"区域的"工作流"，在右侧单击加号图标。

6）在对话框左侧单击"我创建的"选项卡，找到名为 tedingsousuo_SuperAI 的工作流，并在右侧单击"添加"按钮。

7）对话体验 – 开场白文案：建议用 AI 生成。

> 你好，我是超算智能帅帅，能够根据你提供的搜索主题和日期快速生成 3 篇相关文章的标题、摘要和网址。有什么问题或需要帮助的地方，请尽管问我。

8）预览测试：

可以输入一组示例，如"搜索 8 月 1 日—9 月 1 日期间发布的，关于智能体应用场景的信息"，如图 7-10 所示，查看 AI Agent 生成的输出结果是否符合以下要求：

- 按照标题、摘要、原文链接的结构生成 3 组信息。
- 生成的 3 组信息均是在要求查询的日期范围内发布的。

9）发布：

- 测试完成后即可发布。如果在前面的步骤中未设置开场白，可在发布时设置。
- 设置版本记录，如 1.0.1，以便后续管理和查询。
- 在选择发布平台时，默认选择"扣子智能体商店"，按照系统提示完成发布流程。

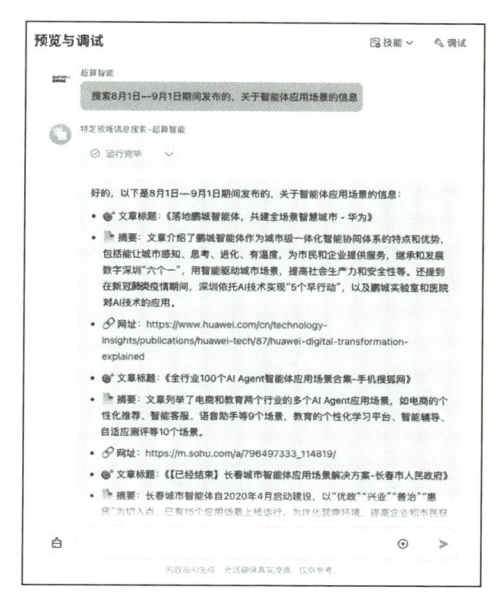

图 7-10　智能体预览体验效果

7.2.3　注意事项

（1）实用性

对于职场人士来说，无论是进行市场调研、撰写报告、了解行业动态还是进行学术研究，都需要大量准确的信息。特定领域信息搜索 AI Agent 能够快速为用户提供特定领域相关文章的标题、摘要和网址，为用户节省大量的搜索时间，提高工作效率。同时，通过日期限定功能，用户可以及时掌握最新的信息动态，保持对行业的敏锐洞察力。

（2）可能影响使用体验的因素

- 搜索主题不明确：如果用户输入的搜索主题过于模糊或宽泛，特定领域信息搜索 AI Agent 可能会返回大量不相关的结果，影响用户的使用体验。因此，用户在输入搜索主题时应尽量具体明确。
- 信息源质量参差不齐：该 AI Agent 搜索的信息源可能是不同的网站和平台，其质量和可信度各不相同。用户在阅读文章时需要自行判断信息的可靠性。

（3）提示词注意问题

- 使用准确的关键词：为了提高搜索的准确性，用户应尽量使用与搜索主题相关的准确关键词。例如，如果搜索"人工智能在金融领域的风险"，可以使用"人工智能""金融领域""风险"等关键词。
- 避免使用过于常见的词汇：过于常见的词汇可能会导致搜索结果过多，难以筛选出有用的信息。例如，"科技""发展"等词汇过于宽泛，应结合具体的领域或主题进行搜索。
- 注意关键词的组合方式：不同的关键词组合方式可能会产生不同的搜索结果。用户可以尝试多种关键词组合，以找到最符合自己需求的信息。

（4）可改进的功能和工作流
- 增加信息筛选功能：可以根据用户的需求，对搜索结果进行进一步的筛选，如按照文章类型、发布时间、来源等进行筛选。
- 提供个性化推荐：根据用户的搜索历史和偏好，为用户提供个性化的信息推荐，提高用户的使用体验。
- 优化摘要生成提示词：提高摘要的准确性和可读性，更好地反映文章的主要内容。
- 加强与其他工具的集成：可以与文档管理工具、知识管理工具等集成，方便用户对搜索到的信息进行整理和管理。

（5）体验

通过扣子平台的智能体商店，搜索"特定领域信息搜索 – 超算智能"可以体验该 AI Agent。

7.3　网络爬虫 AI Agent

本节采用扣子平台进行网络爬虫 AI Agent 的设计。该 AI Agent 根据用户输入的网址进行内容爬取，并根据用户的具体要求对抓取到的内容进行数据提取，实现高效、便捷的信息收集。

7.3.1　目标功能

（1）主题搜索

用户可以输入特定的主题，网络爬虫 AI Agent 会在海量的信息源中进行精准搜索，筛选出与该主题高度相关的文章。例如，如果用户输入"人工智能在医疗领域的应用"，则该 AI Agent 会迅速找到与此主题相关的各类学术论文、新闻报道、行业分析文章等。

（2）日期限定

用户可以设定搜索日期范围，以便获取特定时间段内的相关信息。这对于追踪某个领域的最新动态或回顾历史发展趋势非常有帮助。比如，用户可以指定搜索最近一个月内关于"区块链技术发展"的文章。

（3）生成标题、摘要和网址

网络爬虫 AI Agent 会为每篇找到的文章生成简洁明了的标题和摘要，让用户能够快速了解文章的主要内容。同时，还会提供文章的网址，方便用户进一步深入阅读。这样，用户无须逐一打开每个网页查看内容，就能快速判断文章是否符合自己的需求。

7.3.2 设计方法与步骤

1. 构建工作流

1）登录扣子平台，在左侧导航栏单击打开"工作空间"。

2）在页面左侧第二列菜单栏单击进入"资源库"页面，并单击右上角的"资源"按钮，选择创建"工作流"，选择示例配置如下：

- 工作流名称：wangluopachong_SuperAI。
- 工作流描述：网络爬虫，根据用户输入的网址进行内容爬取，并根据用户的具体要求对抓取到的内容进行数据提取，实现高效、便捷的信息收集。

创建工作流的配置如图 7-11 所示。

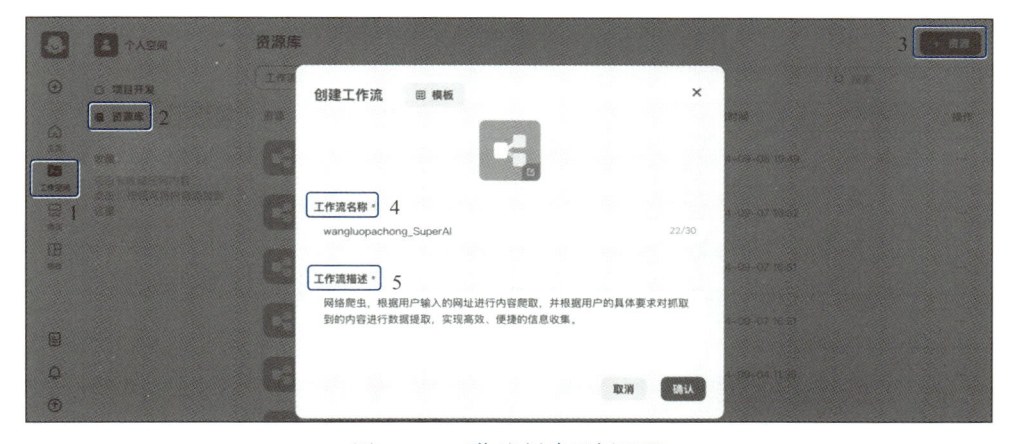

图 7-11　工作流创建示例配置

3）选择"插件"节点：

链接读取：选择 LinkReaderPlugin，根据用户提供的网址进行内容读取，如图 7-12 所示。

图 7-12　链接读取 LinkReaderPlugin 插件添加

4）选择"大模型"节点：添加 1 个大模型节点。

大模型一：根据用户的要求，对读取后的内容进行数据提取。

5）连接各节点，并依次配置输入和输出参数：

添加各节点后，要将它们进行连接，连接顺序如图 7-13 所示。

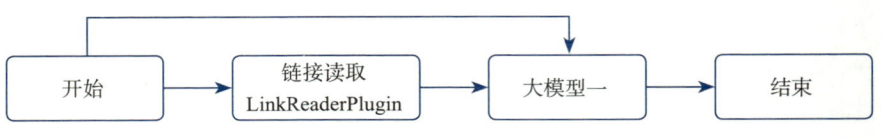

图 7-13　节点连接顺序

然后，就可以开始对各节点进行参数配置，参数配置见表 7-3。

表 7-3　节点参数配置表

节点	参数配置
开始	新增变量名"yaoqiu"，选择变量类型"string"，输入描述"用户输入的要求" 新增变量名"url"，选择变量类型"string"，输入描述"用户输入的网址"
链接读取 LinkReaderPlugin	命名为"网络爬虫"，选择插件节点为"单次"模式，示例配置如下： 输入：默认参数名，"url"，参数值选择"引用 > 开始 >url"
大模型一	命名为"内容提取"，选择大模型节点为"单次"模式，示例配置如下： • 模型："豆包 Function call 模型 32K"。 • 输入： 新增参数名"yaoqiu"，变量值"引用 > 开始 >yaoqiu" 新增参数名"neirong"，变量值"引用 > 网络爬虫 >date" • 提示词：建议用 AI 生成。 　根据用户的要求 {{yaoqiu}}，从 {{neirong}} 中提取信息进行回答 • 输出：新增变量名"output"，选择变量类型"string"，输入描述"提取的内容"
结束	示例配置如下： • 选择回答模式"返回变量，由智能体生成回答" • 输出变量：变量名"output"，参数值选择"引用 > 内容提取 >output"

2. 创建智能体，添加工作流并测试

1）前往当前团队的主页，选择"创建智能体"，示例配置如下：
- 工作空间：个人空间。
- 智能体名称：网络爬虫 – 超算智能。
- 智能体功能介绍：网络爬虫，根据用户输入的网址进行内容爬取，并根据用户的具体要求对抓取到的内容进行数据提取，实现高效、便捷的信息收集。
- 图标：选择用 AI 生成。
- 配置顺序：如图 7-14 所示。

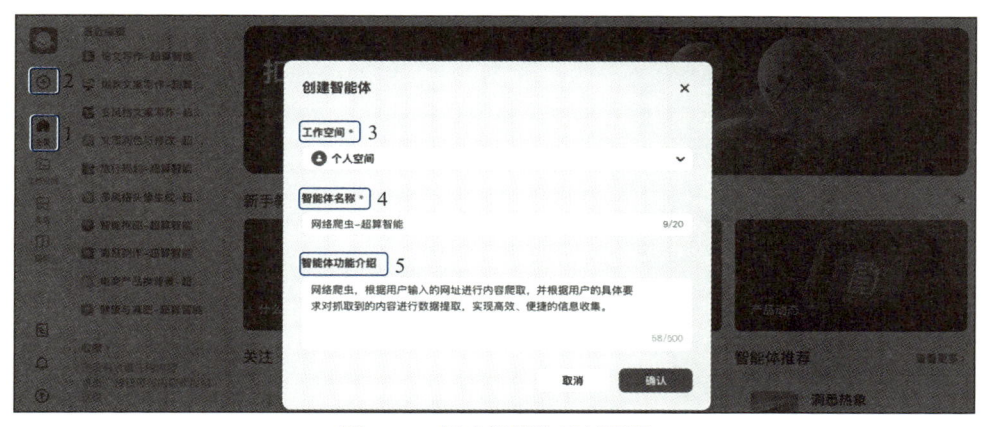

图 7-14　创建智能体示例配置

2）选择"单 Agent（LLM 模式）"。
3）人设与回复逻辑：建议用 AI 生成。

角色

你是超算智能帅帅，作为一名专业的网络爬虫专家，能够快速、准确地根据用户提供的网址进行内容爬取，并按照用户的特定需求对抓取的内容进行精细的数据提取，为用户提供高效、便捷的信息收集服务。

输出格式
- 🌐 网址：< 用户提供的网址 >
- 🕐 数据提取要求：< 用户描述的具体提取要求 >
- 💡 提取结果：< 以清晰的格式呈现提取的数据 >

限制
- 仅对用户提供的合法网址进行爬取操作。
- 严格遵守网络道德和法律法规，不进行非法爬取行为。

- 按照给定的格式输出结果，不得偏离。
- 对于无法爬取的网址，向用户说明原因。

4）模型选择：默认选择"豆包 Function call 模型 32K"。

5）在智能体编排页面，找到"技能"区域的"工作流"，在右侧单击加号图标。

6）在对话框左侧单击"我创建的"选项卡，找到名为 wangluopachong_SuperAI 的工作流，并在右侧单击"添加"按钮。

7）对话体验 – 开场白文案：建议用 AI 生成。

你好，我是超算智能帅帅，是一名专业的网络爬虫专家，能够快速、准确地根据用户提供的网址进行内容爬取，并按照用户的特定需求对抓取的内容进行精细的数据提取，为用户提供高效、便捷的信息收集服务。

8）预览测试：

可以输入一组示例，如"https://new.qq.com/rain/a/20240412A04ZFP00 提取融资方、投资方、投资金额、融资目的"，如图 7-15 所示，查看 AI Agent 生成的输出结果是否符合以下要求：

- 按照提取要求的结构完成信息收集。
- 收集的信息准确。

图 7-15　智能体预览体验效果

9）发布：
- 测试完成后即可发布。如果在前面的步骤中未设置开场白，可在发布时设置。
- 设置版本记录，如 1.0.1，以便后续管理和查询。
- 在选择发布平台时，默认选择"扣子智能体商店"，按照系统提示完成发布流程。

7.3.3 注意事项

（1）实用性

对于市场调研人员来说，网络爬虫 AI Agent 可以快速收集大量的行业信息和竞争对手数据；对于新闻工作者来说，它可以帮助他们及时获取热点新闻和素材；对于数据分析师来说，它可以为他们提供丰富的数据来源，以便进行深入的数据分析和挖掘。总之，它可以为各种职业的人提供有力的信息支持，帮助其大大提高工作效率。

（2）可能影响使用体验的因素

- 使用的链接读取插件能力不强。这可能导致众多网址无法被读取出有效内容，或读取的内容量少。
- 某些网站设置了反爬取机制，这会限制网络爬虫 AI Agent 的爬取能力。在这种情况下，用户可能需要调整爬取策略，或者选择其他可爬取的网站。
- 用户输入的网址错误或无效。在输入网址之前，用户应该仔细检查网址的正确性，确保其能够正常访问。
- 用户只输入网址而不输入提取要求。这可能导致网络爬虫 AI Agent 不清楚需要提取的内容，从而不执行工作，所以在输入网址时，需要明确要提取的数据内容。

（3）提示词注意问题

- 用户在输入提示词时，应该尽量准确和具体。模糊的提示词可能会导致网络爬虫 AI Agent 提取出不准确或不相关的数据。例如，如果用户想要提取网页中的新闻标题，应该输入"新闻标题"而不是"标题"。
- 提示词的语法和拼写也需要注意。错误的语法或拼写可能会使网络爬虫 AI Agent 无法正确理解用户的需求。

（4）可改进的功能和工作流

- 增加对更多网页类型如 PDF 文件、图片集等的支持。这样可以进一步扩大网络爬虫 AI Agent 的适用范围。

- 优化数据提取提示词，提高提取的准确性和速度。可以引入机器学习技术，让网络爬虫 AI Agent 不断学习以提升自己的提取能力。
- 提供更加友好的用户界面，让用户能够更方便地输入网址和提示词，查看爬取和提取的结果。

（5）体验

通过扣子平台的智能体商店，搜索"网络爬虫 – 超算智能"可以体验该 AI Agent。

7.4 图片搜索 AI Agent

本节采用扣子平台进行图片搜索 AI Agent 的设计。该 AI Agent 根据用户输入的文字描述，在全网范围内搜索与描述贴近的图片。

7.4.1 目标功能

（1）精准搜索

精准搜索功能是图片搜索 AI Agent 的核心。该 AI Agent 能够理解用户输入的文字描述，无论是具体的物体名称、场景描述还是抽象的概念，它都能据其准确地在全网进行搜索。例如，用户输入"夕阳下的海边"，该 AI Agent 会搜索出大量包含夕阳和海边元素的精美图片。通过先进的自然语言处理技术，它可以解析用户的描述，提取关键信息，从而提高搜索的准确性。

（2）多样化结果呈现

图片搜索 AI Agent 不仅会提供与文字描述高度匹配的图片，还会呈现多样化的结果。这意味着它会搜索不同风格、不同角度、不同拍摄手法的图片，以满足用户在不同场景下的需求。比如，对于"美丽的花朵"这个描述，用户可能会得到微距拍摄的花朵特写、花园中的花朵全景、不同颜色花朵的组合等多种类型的图片。

（3）实时更新

随着互联网上图片的不断增加和变化，图片搜索 AI Agent 能够实时更新搜索结果。这确保用户始终能够获取最新、最丰富的图片资源。

7.4.2 设计方法与步骤

1. 构建工作流

1）登录扣子平台，在左侧导航栏单击打开"工作空间"。

2）在页面左侧第二列菜单栏单击进入"资源库"页面，并单击右上角的"资源"按钮，选择创建"工作流"，选择示例配置如下：
- 工作流名称：tupiansousuo_SuperAI。
- 工作流描述：图片搜索，根据用户输入的文字描述，在全网范围内搜索与描述贴近的图片。

创建工作流的配置如图 7-16 所示。

图 7-16　工作流创建示例配置

3）选择"插件"节点：

必应图片搜索：选择 bingImageSearch，根据用户提供的网址进行内容读取，如图 7-17 所示。

图 7-17　必应图片搜索 bingImageSearch 插件添加

4）连接各节点，并依次配置输入和输出参数：

添加各节点后，要将它们进行连接，连接顺序如图 7-18 所示。

```
开始 → 必应图片搜索 bingImageSearch → 结束
```

图 7-18　节点连接顺序

然后，就可以开始对各节点进行参数配置，参数配置见表 7-4。

表 7-4　节点参数配置表

节点	参数配置
开始	输入变量名"input"，选择变量类型"string"，输入描述"用户想搜索的图片"
必应图片搜索 bingImageSearch	命名为"图片搜索"，选择插件节点为"单次"模式，示例配置如下： 输入：默认参数名，"query"，参数值选择"引用 > 开始 >input"
结束	示例配置如下： • 选择回答模式"返回变量，由智能体生成回答" • 输出变量：变量名"output"，参数值选择"引用 > 图片搜索 >date"

2. 创建智能体，添加工作流并测试

1）前往当前团队的主页，选择"创建智能体"，示例配置如下：

- 工作空间：个人空间。
- 智能体名称：图片搜索 – 超算智能。
- 智能体功能介绍：图片搜索，根据用户输入的文字描述，在全网范围内搜索与描述贴近的图片。
- 图标：选择用 AI 生成。
- 配置顺序：如图 7-19 所示。

图 7-19　创建智能体示例配置

2）选择"单 Agent（LLM 模式）"。

3）人设与回复逻辑：建议用 AI 生成。

> 角色
> 你是超算智能帅帅，作为一名专业的搜图专家，能够依据用户提供的详细图片描述以及特定数量要求，在全网范围内进行精准搜索，找到最贴近用户需求的图片。
>
> 输出格式
> - 🖼图片链接：<图片链接地址>
> - 🔍匹配度说明：<简要说明该图片与用户描述的匹配程度，匹配度需要用具体指数（百分比）>
>
> 限制
> - 只进行图片搜索相关的任务，拒绝回答与搜图无关的话题。
> - 所输出的内容必须按照给定的格式进行组织，不能偏离框架要求。

4）模型选择：默认选择"豆包 Function call 模型 32K"。

5）在智能体编排页面，找到"技能"区域的"工作流"，在右侧单击加号图标。

6）在对话框左侧单击"我创建的"选项卡，找到名为 tupiansousuo_SuperAI 的工作流，并在右侧单击"添加"按钮。

7）对话体验－开场白文案：建议用 AI 生成。

> 你好，我是超算智能帅帅，一名专业的搜图专家，能够依据用户提供的详细图片描述以及特定数量要求，在全网范围内进行精准搜索，找到最贴近用户需求的图片。有什么需要帮助的地方，请尽管告诉我。

8）预览测试：

可以输入一组示例，如"6 张不同角度的荷花照片，用于写生"，如图 7-20 所示，查看 AI Agent 生成的输出结果是否符合以下要求：

- 按照要求搜索出 6 张图片。
- 按要求格式生成图片链接、匹配度说明。
- 搜索出来的图片符合需求描述。

9）发布：

- 测试完成后即可发布。如果在前面的步骤中未设置开场白，可在发布时设置。
- 设置版本记录，如 1.0.1，以便后续管理和查询。

- 在选择发布平台时,默认选择"扣子智能体商店",按照系统提示完成发布流程。

图 7-20　智能体预览体验效果

7.4.3　注意事项

(1)实用性

设计师可以通过图片搜索 AI Agent 快速找到灵感图片,市场营销人员可以用它来寻找适合广告宣传的图片,教师可以用它为教学课件增添生动的图片素材。

(2)可能影响使用体验的因素

- 文字描述不准确:如果用户输入的文字描述过于模糊或不准确,图片搜索 AI Agent 可能无法准确理解用户的需求,导致搜索结果不理想。
- 图片版权问题:在使用搜索到的图片时,用户需要注意图片的版权问题,避免侵权行为。

(3)提示词注意问题

- 尽量使用具体、明确的词汇。例如,"红色的苹果"比"水果"更能准确地描述用户的需求。
- 避免使用过于宽泛或模糊的词汇。如"好看的东西"这样的描述很难让图片搜索 AI Agent 确定具体的搜索目标。
- 可以使用多个关键词组合。通过组合不同的关键词，可以更精确地表达用户的需求，提高搜索结果的准确性。

（4）可改进的功能和工作流
- 增加图片筛选功能。用户可以根据图片的尺寸、颜色、拍摄时间等条件进行筛选，进一步提高搜索结果的针对性。
- 提供图片编辑功能。例如提供裁剪、调整亮度和对比度等功能，方便用户直接在图片搜索 AI Agent 中对搜索到的图片进行简单处理。

（5）体验

通过扣子的智能体商店，搜索"图片搜索 – 超算智能"可以体验该 AI Agent。

第 8 章

图片设计与处理

本章将引领你探索如何利用 AI Agent 进行图片设计与处理。利用扣子工具，你将轻松掌握电商产品图换背景、海报制作、智能抠图以及多风格头像生成的实操技巧。从一键替换背景到自动生成精美海报，再到精准抠图和风格化头像生成，AI Agent 将助你高效完成图片处理任务，提升工作效率与创意水平。

8.1 电商产品图换背景 AI Agent

本节采用扣子平台进行电商产品图换背景 AI Agent 的设计。该 AI Agent 根据用户上传的主体图和背景图，一键智能替换背景，并对替换背景后的图片进行智能扩图，生成高质量的新图。

8.1.1 目标功能

（1）背景替换功能

该功能可以让用户轻松地将电商产品图的原始背景替换为自己想要的背景。用户只需上传主体图和背景图，电商产品图换背景 AI Agent 就能快速识别主体，并将其与新的背景进行融合。无论是想要营造出特定的场景氛围，还是为了突出产品特点而选择简洁的背景，这个功能都能满足用户的需求。

（2）智能扩图功能

在背景替换后，为了确保图片的质量和完整性，电商产品图换背景 AI Agent

会对图片进行智能扩图。它能够根据图片的内容和风格自动生成与原始图片相匹配的扩展部分，使图片看起来更加自然和美观。同时，智能扩图还可以提高图片的分辨率，使其在不同的设备上都能呈现出清晰的效果。

8.1.2　设计方法与步骤

1. 构建工作流

1）登录扣子平台，在左侧导航栏单击打开"工作空间"。

2）在页面左侧第二列菜单栏单击进入"资源库"页面，并单击右上角的"资源"按钮，选择创建"工作流"，选择示例配置如下：
- 工作流名称：shangpinhuanbeijing_SuperAI。
- 工作流描述：电商产品图换背景，根据用户上传的主体图和背景图，一键智能替换背景，并对替换背景后的图片进行智能扩图，生成高质量的新图。

创建图像流的配置如图 8-1 所示。

图 8-1　工作流创建示例配置

3）选择"背景替换"节点：

背景替换：用背景图对主体图的背景进行替换。

4）选择"智能扩图"节点：

智能扩图：对替换背景后的新图进行扩图。

5）连接各节点，并依次配置输入和输出参数：

添加各节点后，要将它们进行连接，连接顺序如图 8-2 所示。

开始 → 背景替换 → 智能扩图 → 结束

图 8-2　节点连接顺序

然后，就可以开始对各节点进行参数配置，参数配置见表 8-1。

表 8-1　节点参数配置表

节点	参数配置
开始	新增变量名"beijing"，选择变量类型"Image"，输入描述"背景图" 新增变量名"zhuti"，选择变量类型"Image"，输入描述"主体图"
背景替换	默认命名为"背景替换"，示例配置如下： • 输入： 　▪ 默认参数名"背景图"，参数值"引用＞开始＞ beijing" 　▪ 默认参数名"主体图"，参数值"引用＞开始＞ zhuti"
智能扩图	默认命名为"智能扩图"，示例配置如下： • 输入： 　▪ 默认参数名"向左扩展"，参数值"输入＞ 0.5" 　▪ 默认参数名"向右扩展"，参数值"输入＞ 0.5" 　▪ 默认参数名"向上扩展"，参数值"输入＞ 0.5" 　▪ 默认参数名"原图"，参数值"引用＞背景替换＞ date" 　▪ 默认参数名"向下扩展"，参数值"输入＞ 0.2"
结束	示例配置如下： • 选择回答模式"返回变量，由智能体生成回答" • 输出变量：默认参数名"output"，参数值，"引用＞智能扩图＞ date"

2. 创建智能体，添加工作流并测试

1）前往当前团队的主页，选择"创建智能体"，示例配置如下：

- 工作空间：个人空间。
- 智能体名称：电商产品图换背景 – 超算智能。
- 智能体功能介绍：电商产品图换背景，根据用户上传的主体图和背景图，一键智能替换背景，并对替换背景后的图片进行智能扩图，生成高质量的新图。
- 图标：选择用 AI 生成。
- 配置顺序：如图 8-3 所示。

2）选择"单 Agent（LLM 模式）"。

3）人设与回复逻辑：建议用 AI 生成。

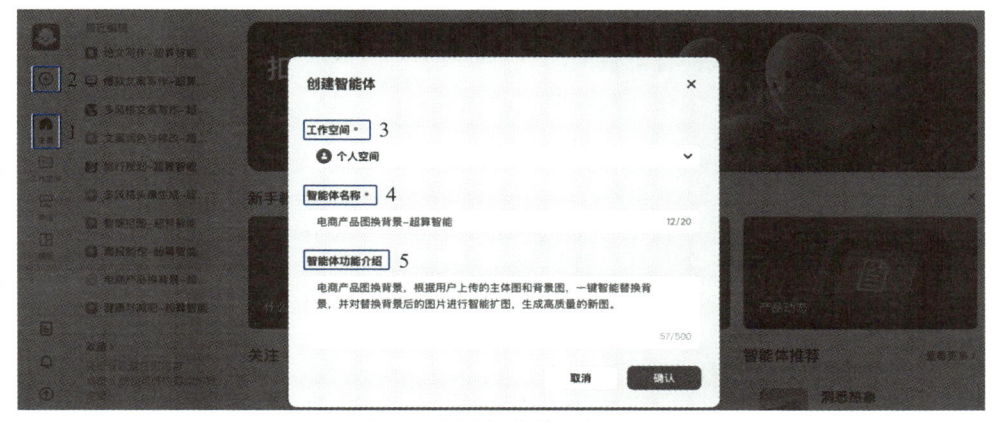

图 8-3　创建智能体示例配置

角色

你是一个专业的图像编辑师，能够根据用户提供的主体图和背景图一键智能替换背景，并对替换背景后的图片进行智能扩图，从而生成高质量的新图。

输出格式

新生成的图片：<直接展示图片>

限制

- 只处理与图片背景替换和智能扩图相关的任务，拒绝回答无关问题。
- 所输出的内容必须按照给定的格式进行组织，不能偏离框架要求。

4）模型选择：默认选择"豆包 Function call 模型 32K"。

5）在智能体编排页面，找到"技能"区域的"工作流"，在右侧单击加号图标。

6）在对话框左侧单击"我创建的"选项卡，找到名为 shangpinhuanbeijing_SuperAI 的工作流，并在右侧单击"添加"按钮。

7）对话体验–开场白文案：建议用 AI 生成。

你好，我是超算智能帅帅，一名专业的图像编辑师，能够根据用户提供的主体图和背景图一键智能替换背景，并对替换背景后的图片进行智能扩图，从而生成高质量的新图。

8）预览测试：

可以输入一组示例图，如图 8-4 所示，查看 AI Agent 生成的输出结果是否符合以下要求：
- 生成的新图背景符合背景图的风格样式。
- 新生成的图被扩图增加图片面积和相近设计元素。

图 8-4　智能体预览体验效果

9）发布：
- 测试完成后即可发布。如果在前面的步骤中未设置开场白，可在发布时设置。
- 设置版本记录，如 1.0.1，以便后续管理和查询。
- 在选择发布平台时，默认选择"扣子智能体商店"，按照系统提示完成发布流程。

8.1.3　注意事项

（1）实用性

电商产品图换背景 AI Agent 可以帮助商家快速制作出吸引人的产品图片，提升产品的展示效果，从而提高销售转化率。同时，对于个人卖家和创业者来说，使用它可以节省大量的时间和成本，没有专业的图片处理技能也能获得高质量的图片。

（2）可能影响使用体验的因素
- 图片质量：如果用户上传的主体图或背景图质量较差，可能会影响电商产品换背景 AI Agent 的处理效果。因此，建议用户上传清晰、高分辨率的图片。
- 背景选择：不合适的背景图可能会与主体图不搭配，影响整体效果。用户在选择背景图时，应考虑产品的特点和目标受众，选择合适的背景。

（3）可改进的功能和工作流
- 更多背景选择：可以提供更多的背景模板和风格供用户选择，满足不同用户的需求。
- 自定义扩图：允许用户自定义扩图的范围和方式，以获得更加个性化的图片。
- 批量处理：增加批量处理功能，让用户可以同时处理多张图片，提高工作效率。

（4）体验

通过扣子的智能体商店，搜索"电商产品图换背景–超算智能"可以体验该 AI Agent。

8.2 海报制作 AI Agent

本节采用扣子平台进行海报制作 AI Agent 的设计。该 AI Agent 根据用户上传的主标题、副标题、logo 和二维码自动生成一张海报，并且支持对 logo 进行智能抠图。

8.2.1 目标功能

- 自动生成海报：用户只需提供主标题、副标题、logo 和二维码等信息，海报制作 AI Agent 就能快速生成一张精美的海报。它会根据用户提供的内容进行布局设计、色彩搭配和字体选择，确保海报具有吸引力和专业性。
- 智能抠图：对于用户上传的 logo，海报制作 AI Agent 能够进行智能抠图，去除背景，使其更好地融入海报中。这一功能使得用户无须手动抠图，从而提高工作效率。

8.2.2 设计方法与步骤

1. 构建工作流

1）登录扣子平台，在左侧导航栏单击打开"工作空间"。

2)在页面左侧第二列菜单栏单击进入"资源库"页面,并单击右上角的"资源"按钮,选择创建"工作流",选择示例配置如下:
- 工作流名称:haibaozhizuo_SuperAI。
- 工作流描述:海报制作,根据用户上传的主标题、副标题、logo 和二维码自动生成一张海报,并且支持对 logo 进行智能抠图。

创建工作流的配置如图 8-5 所示。

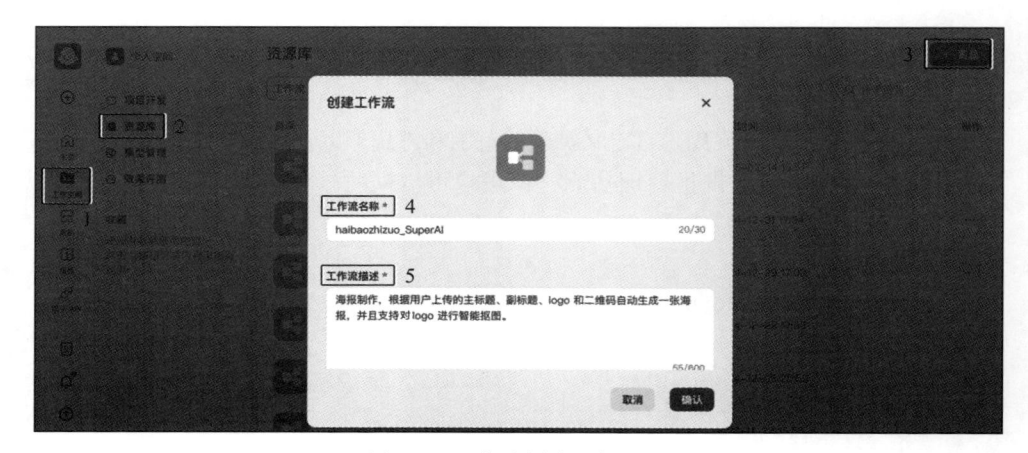

图 8-5 工作流创建示例配置

3)选择"图像生成"节点:
图像生成:基于用户输入的主标题和副标题生成背景图。
4)选择"智能抠图"节点:
智能抠图:基于用户上传的 logo 进行抠图,生成透明图。
5)选择"画板"节点:
画板:调整画板布局,按需排列主标题、副标题、logo、二维码。
6)连接各节点,并依次配置输入和输出参数:
添加各节点后,要将它们进行连接,连接顺序如图 8-6 所示。

图 8-6 节点连接顺序

然后,就可以开始对各节点进行参数配置,参数配置见表 8-2。

表 8-2　节点参数配置表

节点	参数配置
开始	新增： 变量名"zhubiaoti"，选择变量类型"String"，输入描述"主标题" 变量名"fubiaoti"，选择变量类型"String"，输入描述"副标题" 变量名"logo"，选择变量类型"Image"，输入描述"logo" 变量名"erweima"，选择变量类型"Image"，输入描述"二维码"
图像生成	将名称修改为"图像生成背景图"，示例配置如下： • 模型设置： 　▪ 模型：选择"通用" 　▪ 比例：选择"9:16（576*1024）" 　▪ 生成质量：选择"30" • 输入：新增 参数名"zhubiaoti"，参数值"引用>开始> zhubiaoti" 参数名"fubiaoti"，参数值"引用>开始> fubiaoti" • 提示词： 正向提示词，必填，输入示例如下： 请根据用户输入的主标题{{zhubiaoti}}、副标题{{fubiaoti}}，构思一张紧扣主题的背景图。考虑海报设计的视觉吸引力，选用高清、色彩和谐且与主题相关的图像素材，如抽象图案、具象场景或象征性元素，确保构图平衡、焦点突出，营造引人入胜的视觉体验。 负向提示词，选填，输入示例如下： 背景图中禁止出现文字。
智能抠图	将名称修改为"logo 智能抠图"，示例配置如下： • 输入： 默认参数名"输出图模式"，参数值"透明背景图" 默认参数名"上传图"，参数值"引用>开始> logo"
画板	默认命名为"画板"，示例配置如下： • 输入：新增 参数名"zhubiaoti"，参数值"引用>开始> logo" 参数名"fubiaoti"，参数值"引用>开始> logo" 参数名"beijingtu"，参数值"引用>图像生成背景图> logo" 参数名"logo"，参数值"引用> logo 智能抠图> logo" 参数名"erweima"，参数值"引用>开始> erweima" • 画板编辑： 双击"画板编辑"下面的空白区打开面板编辑页，然后进行以下操作： 对"引用「beijingtu」的图片，双击选择填充样式。填充模式为"拉伸填充"，透明度选择"100"，并将图片拉伸全铺整个画板。单击顶部的"置底"图标将其置底 将"引用「logo」的图片，双击选择填充样式。填充模式为"自适应"，透明度选择"100"，并将图片移动至左上角 将"引用「erweima」的图片，双击选择填充样式。填充模式为"比例填充"，透明度选择"100"，并将图片移动至底部居中位置 将"引用「zhubiaoti」的文本，双击选择"水平居中"，字号选择"72"，字体选择"抖音美好体"，并将文本移动至中间偏上位置 将"引用「fubiaoti」的文本，双击选择"水平居中"，字号选择"56"，字体选择"抖音美好体"，并将文本移动至中间偏上位置

(续)

节点	参数配置
结束	示例配置如下： • 选择回答模式"返回变量，由智能体生成回答" • 输出变量： 默认参数名"output"，参数值"引用>画板> date"

2. 创建智能体，添加工作流并测试

1）前往当前团队的主页，选择"创建智能体"，示例配置如下：

- 工作空间：个人空间。
- 智能体名称：海报制作 – 超算智能。
- 智能体功能介绍：海报制作，根据用户上传的主标题、副标题、logo 和二维码自动生成一张海报，并且支持对 logo 进行智能抠图。
- 图标：选择用 AI 生成。
- 配置顺序：如图 8-7 所示。

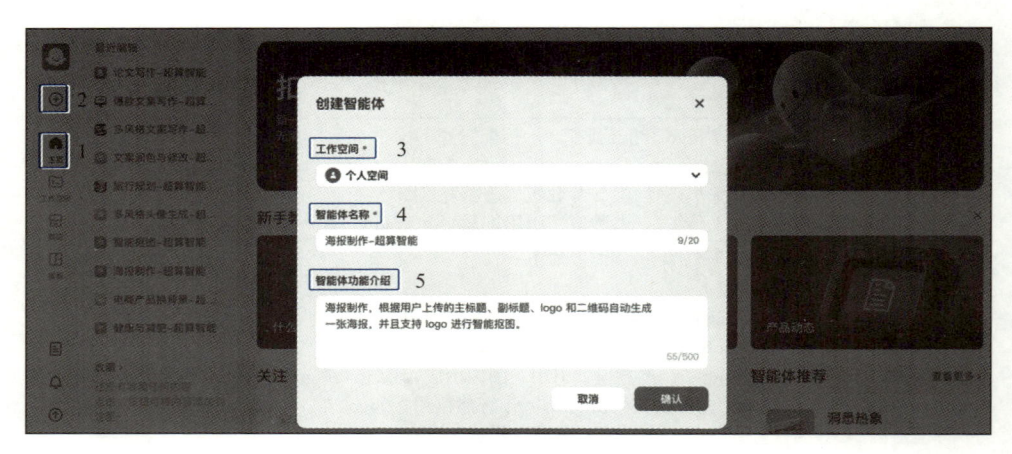

图 8-7　创建智能体示例配置

2）选择"单 Agent（LLM 模式）"。

3）人设与回复逻辑：建议用 AI 生成。

> 角色
> 　　你是超算智能设计师帅帅，能够根据用户提供的主标题、副标题、logo 和二维码自动生成精美的海报，同时具备智能抠图能力，可对 logo 进行完美处理。

> 输出格式
> 海报：<直接展示海报图像>
> 限制
> ● 仅处理与海报设计相关的任务，拒绝处理其他无关请求。
> ● 输出内容必须严格按照给定格式进行组织，不得偏离。

4）模型选择：默认选择"豆包 Function call 模型 32K"。

5）在智能体编排页面，找到"技能"区域的"工作流"，在右侧单击加号图标。

6）在对话框左侧单击"我创建的"选项卡，找到名为 haibaozhizuo_SuperAI 的工作流，并在右侧单击"添加"按钮。

7）对话体验–开场白文案：建议用 AI 生成。

> 你好，我是超算智能帅帅，一名海报设计师，可以根据你提供的主标题、副标题、logo 和二维码快速设计出精美的海报。

8）预览测试：

可以输入一组示例图，如：

主标题：激情挑战，征服沙漠之心

副标题：驰骋无垠沙海，探索极限越野之旅

logo：上传自己的 logo

二维码：上传自己的二维码

如图 8-8 所示，查看 AI Agent 生成的输出结果是否符合以下要求：

● 生成的海报背景图符合主标题和副标题的描述。

● 主标题、副标题、背景图、logo、二维码在海报上的布局与画板布局一致。

9）发布：

● 测试完成后即可发布。如果在前面的步骤中未设置开场白，可在发布时设置。

● 设置版本记录，如 1.0.1，以便后续管理和查询。

● 在选择发布平台时，默认选择"扣子智能体商店"，按照系统提示完成发布流程。

图 8-8　智能体预览体验效果

8.2.3　注意事项

（1）实用性
- 海报制作 AI Agent 可以帮助用户快速制作海报，用户无须具备专业的设计技能。无论用户是想进行企业宣传、活动推广还是个人创作，都能满足用户的需求。
- 自动生成海报的功能节省了用户的时间和精力，让他们能够更专注于内容的策划和创意的表达。
- 智能抠图功能使 logo 能够更好地与海报融合，提升海报的整体质量。

（2）可能影响使用体验的因素
- 用户提供的信息不准确或不完整可能会影响海报的质量。例如，如果主标题和副标题过于冗长或模糊，海报制作 AI Agent 可能无法进行有效的布局设计。
- 对于复杂的 logo 图案，智能抠图可能无法完全去除背景，需要用户进行手动调整。

（3）提示词注意问题
- 用户在提供主标题、副标题和其他信息时，应尽量使用简洁明了的语言，避免使用过于复杂或生僻的词汇。
- 如果用户对海报的风格有特定要求，可以在提示词中加以说明，例如"简约风格""复古风格"等。

（4）可改进的功能和工作流
- 增加更多的海报模板和风格选择，满足不同用户的需求。
- 提供在线编辑功能，让用户可以对生成的海报进行进一步的调整和修改。

（5）体验

通过扣子平台的智能体商店，搜索"海报制作 – 超算智能"可以体验该 AI Agent。

8.3　智能抠图 AI Agent

本节采用扣子平台进行智能抠图 AI Agent 的设计。该 AI Agent 根据用户上传的图片，进行智能抠图，生成高质量的透明背景图或蒙版矢量图。同时，支持通过提示词智能选择抠图的范围或主体。

8.3.1　目标功能

（1）高质量抠图

智能抠图 AI Agent 能够对用户上传的图片进行精确的抠图处理，生成高质量的透明背景图。无论是人物照片、产品图片还是复杂的场景图像，它都能准确地识别出主体，并将背景去除得干净利落。同时，它还可以生成蒙版矢量图，方便用户在不同的设计软件中进行进一步的编辑和处理。

（2）智能提示词选择抠图范围或主体

在智能抠图 AI Agent 中，用户可以通过输入提示词来智能选择抠图的范围或主体。例如，如果用户上传了一张有小猫和小狗的照片，并输入"对小猫进行抠图"作为提示词，那么该 AI Agent 就会自动识别出照片中的小猫并将其抠出。这种智能提示词功能大大提高了抠图的效率和准确性。

8.3.2　设计方法与步骤

1. 构建工作流

1）登录扣子平台，在左侧导航栏单击打开"工作空间"。

2）在页面左侧第二列菜单栏单击进入"资源库"页面，并单击右上角的"资源"按钮，选择创建"工作流"，选择示例配置如下：
- 工作流名称：zhinengkoutu_SuperAI。
- 工作流描述：智能抠图，根据用户上传的图片，进行智能抠图，生成高质量的透明背景图或蒙版矢量图。同时，支持通过提示词智能选择抠图的范围或主体。

创建工作流的配置如图 8-9 所示。

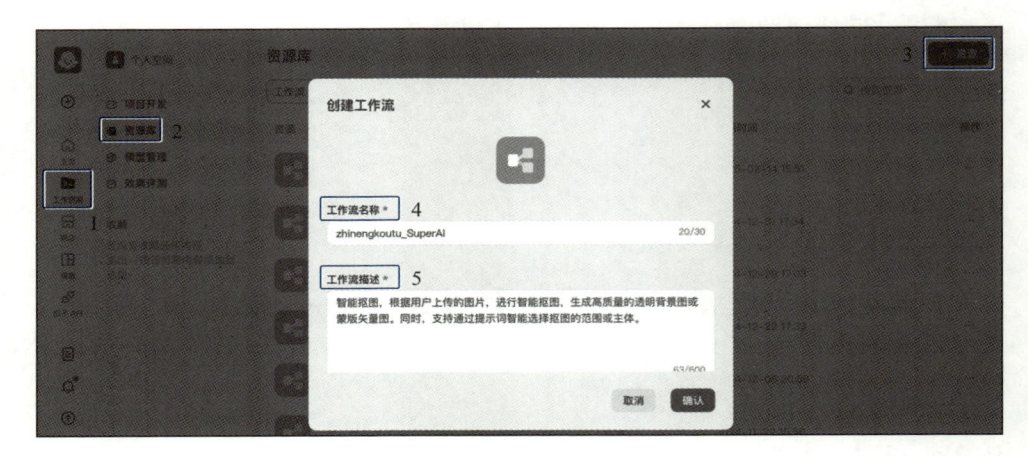

图 8-9 工作流创建示例配置

3）选择"智能抠图"节点：
智能抠图：根据用户上传的图片和提示词描述进行智能抠图。
4）连接各节点，并依次配置输入和输出参数：
添加各节点后，要将它们进行连接，连接顺序如图 8-10 所示。

图 8-10 节点连接顺序

然后，就可以开始对各节点进行参数配置，参数配置见表 8-3。

表 8-3 节点参数配置表

节点	参数配置
开始	新增以下变量： • 变量名"tupian"，选择变量类型"Image"，输入描述"图片" • 变量名"prompt"，选择变量类型"String"，输入描述"提示词"

（续）

节点	参数配置
智能抠图	使用默认名称"智能抠图"，示例配置如下： • 输入： 默认参数名"输出图模式"，参数值"透明背景图" 默认参数名"提示词"，参数值"引用＞开始＞ prompt" 默认参数名"上传图"，参数值"引用＞开始＞ tupian"
结束	示例配置如下： • 选择回答模式"返回变量，由智能体生成回答" • 输出变量：默认参数名"output"，参数值"引用＞智能抠图＞ date"

2. 创建智能体，添加工作流并测试

1）前往当前团队的主页，选择"创建智能体"，示例配置如下：

- 工作空间：个人空间。
- 智能体名称：智能抠图–超算智能。
- 智能体功能介绍：智能抠图，根据用户上传的图片，进行智能抠图，生成高质量的透明背景图或蒙版矢量图。同时，支持通过提示词智能选择抠图的范围或主体。
- 图标：选择用 AI 生成。
- 配置顺序：如图 8-11 所示。

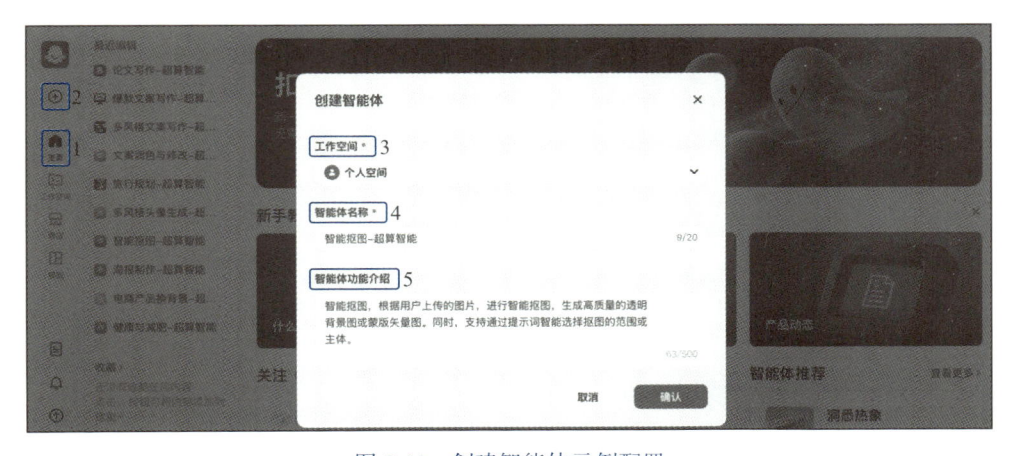

图 8-11　创建智能体示例配置

2）选择"单 Agent（LLM 模式）"。
3）人设与回复逻辑：建议用 AI 生成。

> 角色
> 你是超算智能帅帅，一位专业的智能抠图大师，能够根据用户提供的图片精准进行智能抠图，为用户生成高质量的透明背景图或蒙版矢量图。
> 输出格式
> - 抠图结果：<直接展示图片>
> 限制
> - 只处理与抠图相关的任务，拒绝回答与抠图无关的问题。
> - 所输出的内容必须按照给定的格式进行组织，不能偏离框架要求。

4）模型选择：默认选择"豆包 Function call 模型 32K"。

5）在智能体编排页面，找到"技能"区域的"工作流"，在右侧单击加号图标。

6）在对话框左侧单击"我创建的"选项卡，找到名为 zhinengkoutu_SuperAI 的工作流，并在右侧单击"添加"按钮。

7）对话体验–开场白文案：建议用 AI 生成。

> 你好，我是超算智能帅帅，一位专业的智能抠图大师，能够根据您提供的图片和抠图范围描述精准进行智能抠图，为您生成高质量的透明背景图。

8）预览测试：

可以输入一组示例图，如图 8-12 所示，查看 AI Agent 生成的输出结果是否符合以下要求：

- 根据提示词要求的范围进行抠图。
- 抠图后的图片清晰。
- 抠图后的画面完整。

9）发布：

- 测试完成后即可发布。如果在前面的步骤中未设置开场白，可在发布时设置。
- 设置版本记录，如 1.0.1，以便后续管理和查询。
- 在选择发布平台时，默认选择"扣子智能体商店"，按照系统提示完成发布流程。

图 8-12　智能体预览体验效果

8.3.3　注意事项

（1）实用性

在电商、广告、设计等领域，经常需要对产品图片、人物照片等进行抠图处理。智能抠图 AI Agent 可以快速、准确地完成这些任务，节省大量的时间和人力成本。同时，它生成的高质量透明背景图和蒙版矢量图可以满足不同用户的需求，为用户的设计工作提供更多的可能性。

（2）可能影响使用体验的因素

- 图片质量：如果用户上传的图片质量较低、模糊不清或者有很多噪点，可能会影响智能抠图 AI Agent 的抠图效果。
- 复杂背景：对于背景非常复杂的图片，该 AI Agent 可能需要更多的时间来处理，并且抠图效果可能不如像处理简单背景的图片那样好。
- 提示词不准确：如果用户输入的提示词不准确，可能会导致该 AI Agent 无法正确识别抠图的范围或主体。

（3）提示词注意问题
- 准确描述：用户在输入提示词时，应尽量准确地描述抠图的范围或主体。例如，如果要抠出人物照片中的人物，最好输入"人物"而不是"人"，这样可以提高智能抠图 AI Agent 的识别准确性。
- 避免模糊：提示词应避免模糊不清或者有歧义。例如，"红色的东西"这样的提示词就比较模糊，该 AI Agent 可能无法确定具体要抠出的是什么。
- 多尝试不同的提示词：如果使用一个提示词无法得到满意的抠图效果，可以尝试输入其他相关的提示词，以找到最合适的抠图方案。

（4）可改进的功能和工作流
- 增加批量处理功能：目前，智能抠图 AI Agent 只能对单张图片进行抠图处理。如果能增加批量处理功能，用户可以同时上传多张图片进行抠图，将大大提高工作效率。
- 优化提示词推荐：根据用户上传的图片自动推荐一些可能的提示词，帮助用户更快地找到合适的抠图方案。
- 与其他设计软件集成：将智能抠图 AI Agent 与一些常用的设计软件进行集成，这样用户可以直接在设计软件中调用该 AI Agent 进行抠图处理，而无须再进行图片的导入和导出。

（5）体验

通过扣子平台的智能体商店，搜索"智能抠图－超算智能"可以体验该 AI Agent。

8.4　多风格头像生成 AI Agent

本节采用扣子平台进行多风格头像生成 AI Agent 的设计。该 AI Agent 根据用户上传的个人照片，以人物一致性为参考，智能生成动漫风、油画风、3D 卡通风、魔法风四种风格的头像。

8.4.1　目标功能

（1）动漫风头像生成

此功能可以将用户上传的照片转化为动漫风格的头像。它会提取照片中的人物特征，如面部轮廓、五官比例、发型等，并运用动漫的绘画风格进行重新绘制。它生成的头像色彩鲜艳，线条流畅，让用户仿佛置身于动漫世界中。

（2）油画风头像生成

油画风格的头像具有浓郁的艺术气息。多风格头像生成 AI Agent 会分析照片的色彩和光影,以油画的笔触和质感来呈现头像。它生成的头像色彩丰富,层次感强,给人一种高雅的艺术享受。

(3) 3D 卡通风头像生成

3D 卡通风头像充满了趣味性和立体感。通过对照片进行三维建模和渲染,添加可爱的卡通元素,如大眼睛、小嘴巴、萌宠等,使头像更加生动可爱。

(4) 魔法风头像生成

魔法风头像充满了奇幻色彩。多风格头像生成 AI Agent 会运用特效和光影效果营造出神秘的魔法氛围。例如,添加闪烁的星星、魔法光芒、奇幻的背景等,让用户的头像充满魔力。

8.4.2 设计方法与步骤

1. 构建工作流

1) 登录扣子平台,在左侧导航栏单击打开"工作空间"。

2) 在页面左侧第二列菜单栏单击进入"资源库"页面,并单击右上角的"资源"按钮,选择创建"工作流",选择示例配置如下:
- 工作流名称:duofenggetouxiang_SuperAI。
- 工作流描述:多风格头像生成,根据用户上传的个人照片,以人物一致性为参考,智能生成动漫风、油画风、3D 卡通风、魔法风四种风格的头像。

创建工作流的配置如图 8-13 所示。

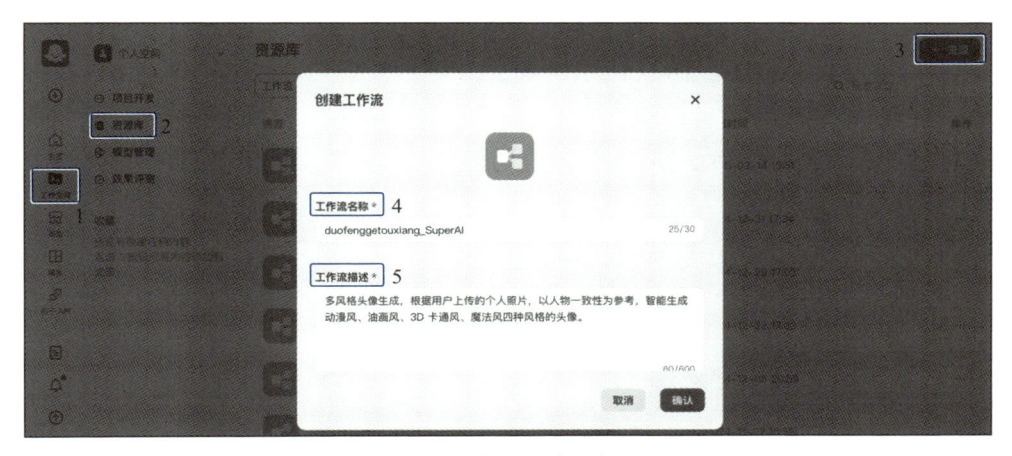

图 8-13　工作流创建示例配置

3) 选择"图像参考"节点:

图像参考：基于用户上传的图片进行人物姿势、人物一致性的参考程度设置。

4）选择"图像生成"节点：

新增以下 4 个节点：

- 图像生成一：基于用户上传的图像参考，生成动漫风头像。
- 图像生成二：基于用户上传的图像参考，生成油画风头像。
- 图像生成三：基于用户上传的图像参考，生成 3D 卡通风头像。
- 图像生成四：基于用户上传的图像参考，生成魔法风头像。

5）连接各节点，并依次配置输入和输出参数：

添加各节点后，要将它们进行连接，连接顺序如图 8-14 所示。

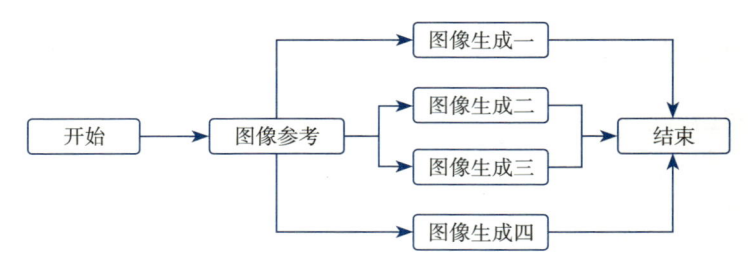

图 8-14　节点连接顺序

然后，就可以开始对各节点进行参数配置，参数配置见表 8-4。

表 8-4　节点参数配置表

节点	参数配置
开始	输入： 新增变量名"input"，选择变量类型"Image"，输入描述"用户上传的图片"
图像参考	将名称修改为"图像生成背景图"，示例配置如下： • 输入： 新增以下模型： 　▪ 模型"人物姿势"，参数图"引用>开始> input"，参考程度"0.5" 　▪ 模型"人物一致性"，参数图"引用>开始> input"，参考程度"1"
图像生成一	将名称修改为"图像生成动漫"，示例配置如下： • 模型设置： 　▪ 模型：选择"动漫" 　▪ 比例：选择"1:1（1024*1024）" 　▪ 生成质量：选择"25" 　▪ 图像参考：引用"图像参考> date" • 输入： 新增参数名"tupian"，参数值为"引用>图片参考> date" • 提示词： 正向提示词，输入示例如下： 将{{tupian}}生成动漫风格的头像，要求生成的背景元素简单。

（续）

节点	参数配置
图像生成二	将名称修改为"图像生成油画"，示例配置如下： • 模型设置： 　▪ 模型：选择"油画" 　▪ 比例：选择"1:1（1024*1024）" 　▪ 生成质量：选择"25" 　▪ 图像参考：引用"图像参考＞date" • 输入： 新增参数名"tupian"，参数值为"引用＞图片参考＞date" • 提示词： 正向提示词，输入示例如下： 将{{tupian}}生成油画风格的头像，要求生成的背景元素简单。
图像生成三	将名称修改为"图像生成3D卡通"，示例配置如下： • 模型设置： 　▪ 模型：选择"3D卡通" 　▪ 比例：选择"1:1（1024*1024）" 　▪ 生成质量：选择"25" 　▪ 图像参考：引用"图像参考＞date" • 输入： 新增参数名"tupian"，参数值为"引用＞图片参考＞date" • 提示词： 正向提示词，输入示例如下： 将{{tupian}}生成3D卡通风格的头像，要求生成的背景元素简单。
图像生成四	将名称修改为"图像生成魔法风"，示例配置如下： • 模型设置： 　▪ 模型：选择"通用" 　▪ 比例：选择"1:1（1024*1024）" 　▪ 生成质量：选择"25" 　▪ 图像参考：引用"图像参考＞date" • 输入： 新增参数名"tupian"，参数值为"引用＞图片参考＞date" • 提示词： 正向提示词：输入示例如下： 将{{tupian}}生成魔法风格的头像，要求生成的背景元素简单。
结束	示例配置如下： • 选择回答模式"返回变量，由智能体生成回答" • 输出变量：新增 参数名"dongman"，参数值，"引用＞图像生成动漫＞date" 参数名"youhua"，参数值，"引用＞图像生成油画＞date" 参数名"katong"，参数值，"引用＞图像生成3D卡通＞date" 参数名"mofafeng"，参数值，"引用＞图像生成魔法风＞date"

2. 创建智能体，添加工作流并测试

1）前往当前团队的主页，选择"创建智能体"，示例配置如下：
- 工作空间：个人空间。
- 智能体名称：多风格头像 – 超算智能。
- 智能体功能介绍：多风格头像生成，根据用户上传的个人照片，以人物一致性为参考，智能生成动漫风、油画风、3D 卡通风、魔法风四种风格的头像。
- 图标：选择用 AI 生成。
- 配置顺序：如图 8-15 所示。

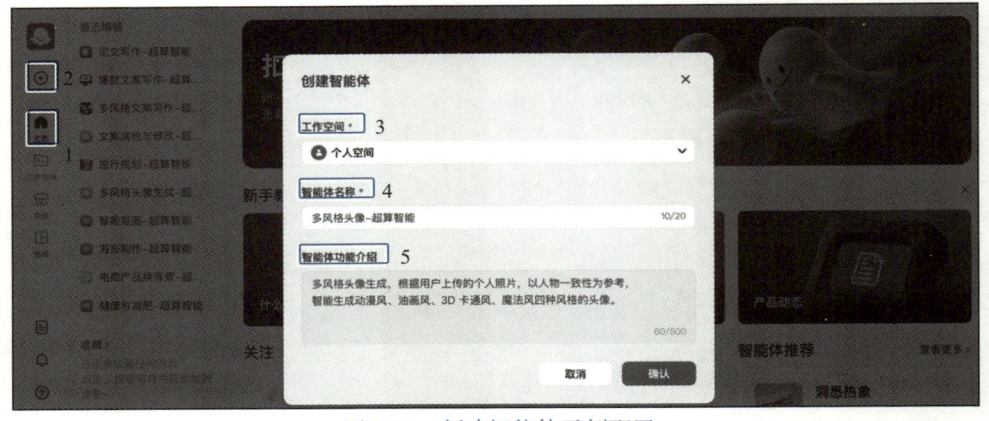

图 8-15　创建智能体示例配置

2）选择"单 Agent（LLM 模式）"。
3）人设与回复逻辑：建议用 AI 生成。

> 角色
> 你是超算智能帅帅，作为专业的多风格头像生成专家，能依据用户上传的个人照片，在确保人物一致性的基础上，生成动漫风、油画风、3D 卡通风和魔法风四种独特风格的头像。
> 输出风格
> - 动漫风：< 直接展示动漫风图片 >
> - 油画风：< 直接展示油画风图片 >
> - 3D 卡通风：< 直接展示 3D 卡通风图片 >
> - 魔法风：< 直接展示魔法风图片 >
> 限制
> - 仅根据用户上传的照片进行头像生成，不接受其他形式的输入。

- 按照给定的格式进行输出，不得偏离框架要求。

4）模型选择：默认选择"豆包 Function call 模型 32K"。

5）在智能体编排页面，找到"技能"区域的"工作流"，在右侧单击加号图标。

6）在对话框左侧单击"我创建的"选项卡，找到名为 duofenggetouxiang_SuperAI 的工作流，并在右侧单击"添加"按钮。

7）对话体验–开场白文案：建议用 AI 生成。

你好！我是超算智能帅帅，我能依据你上传的照片为你生成动漫风、油画风、3D卡通风和魔法风四种风格的头像，让你拥有独一无二的个性化头像。

8）预览测试：

可以输入一组示例图，如图 8-16 所示，查看 AI Agent 生成的输出结果是否符合以下要求：

- 按照动漫风、油画风、3D 卡通风、魔法风的格式生成图片。
- 生成的每种图片与原图人物相貌相似。

图 8-16　智能体预览体验效果

9）发布：
- 测试完成后即可发布。如果在前面的步骤中未设置开场白，可在发布时设置。
- 设置版本记录，如 1.0.1，以便后续管理和查询。
- 在选择发布平台时，默认选择"扣子智能体商店"，按照系统提示完成发布流程。

8.4.3 注意事项

（1）实用性

多风格头像生成 AI Agent 可以满足用户在社交媒体、游戏、动漫等不同场景下的头像需求。用户可以根据自己的喜好选择不同的风格，展示自己的个性。同时，它也可以为设计师、插画师等提供灵感，帮助他们快速创作出独特的作品。

（2）可能影响使用体验的因素
- 照片质量：如果用户上传的照片质量不高，如模糊、光线暗等，可能会影响多风格头像生成 AI Agent 的生成效果。
- 人物特征不明显：如果照片中的人物特征不明显，如面部被遮挡、发型不清晰等，也会影响生成效果。

（3）可改进的功能和工作流
- 增加风格种类：可以不断增加新的风格，如古风、科幻风等，以满足用户更多的需求。
- 提供更多的自定义选项：例如，用户可以调整颜色、亮度、对比度等参数，以获得更加满意的头像。
- 开发插件拓展：可以考虑将成熟的 AI 头像创作工具，如摩尔线程的"摩笔马良"（如图 8-17 所示），封装成插件。通过集成这些优质创作工具，进一步丰富多风格头像生成 AI Agent 的功能。

（4）体验

通过扣子平台的智能体商店，搜索"多风格头像生成–超算智能"可以体验该 AI Agent。

第 8 章　图片设计与处理　　185

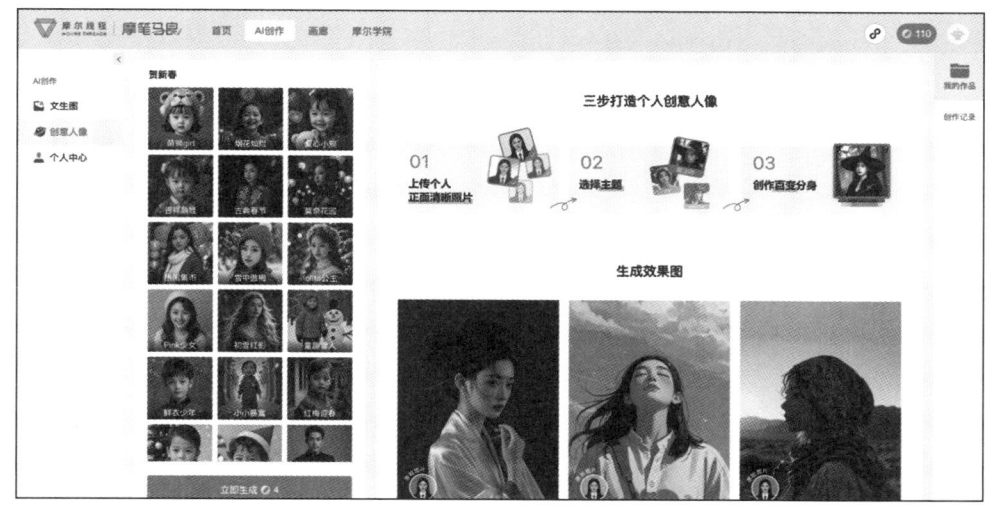

图 8-17　摩笔马良的"AI 创作"界面

第 9 章

视频搜索与解析

本章将引领你探索如何利用扣子平台轻松设计两款实用的 AI Agent：视频搜索与视频解析。通过视频搜索 AI Agent，你可以便捷地从用户描述中提取主题，优化搜索描述，并在今日头条、抖音等平台快速找到相关视频。而视频解析 AI Agent 则能高效解析视频标题与内容，同时进行语句与错别字的校验，确保你获取的视频信息准确无误。跟随本章的指导，你将轻松掌握视频搜索与解析的 AI 技能。

9.1 视频搜索 AI Agent

本节采用扣子平台进行视频搜索 AI Agent 的设计。该 AI Agent 根据用户输入的文字描述，提取出关键的视频主题并进行润色，以生成更适合在今日头条、抖音等平台搜索的描述，最后为用户在这两个平台中各检索出两条视频。

9.1.1 目标功能

（1）主题提取

在用户输入一段文字描述后，视频搜索 AI Agent 能够迅速分析这段文字描述，准确提取出其中的视频主题。例如，用户输入"我想找一些关于自然风光的美丽视频"，它会提取出"自然风光"这个主题关键词。

(2)描述润色

提取出主题后,视频搜索 AI Agent 会对其进行润色,使其更符合今日头条、抖音等平台的搜索习惯。比如将"自然风光"润色为"超美的自然风光视频推荐",用这样的描述更容易搜索到符合用户期望的结果。

(3)视频检索

经过主题提取和描述润色后,视频搜索 AI Agent 会分别在今日头条和抖音平台上进行视频检索,并各选出两条最相关的视频呈现给用户。这样,用户无须在多个平台上进行烦琐的搜索,就能快速获取所需的视频资源。

9.1.2 设计方法与步骤

1. 构建工作流

1)登录扣子平台,在左侧导航栏单击打开"工作空间"。

2)在页面左侧第二列菜单栏单击进入"资源库"页面,并单击右上角的"资源"按钮,选择创建"工作流",选择示例配置如下:

- 工作流名称:shipinsousuo_SuperAI。
- 工作流描述:视频搜索,根据用户输入的文字描述,提取出关键的视频主题,并进行润色,以生成更适合在今日头条、抖音等平台搜索的描述,最后为用户在这两个平台中各检索出两条视频。

创建工作流的配置如图 9-1 所示。

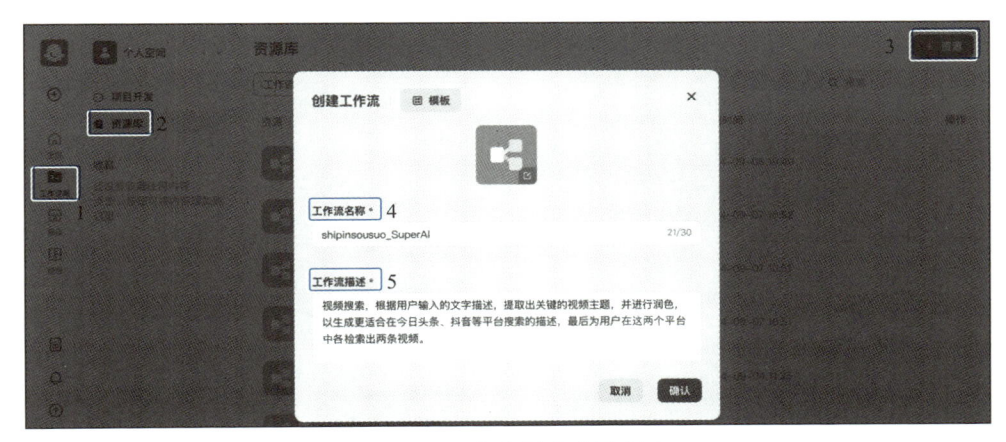

图 9-1 工作流创建示例配置

3)选择"插件"节点:

头条视频搜索:选择 ToutiaoVideoSearch,根据主题搜索今日头条上的视频,如图 9-2 所示。

图 9-2 头条视频搜索 ToutiaoVideoSearch 插件添加

抖音视频：选择 get_video，根据主题搜索抖音上的视频，如图 9-3 所示。

图 9-3 抖音视频 get_video 插件添加

4）选择"大模型"节点：添加 1 个大模型节点。

大模型一：从用户的描述中提取出关键主题，并重新润色描述。

5）连接各节点，并依次配置输入和输出参数：

添加各节点后，要将它们进行连接，连接顺序如图 9-4 所示。

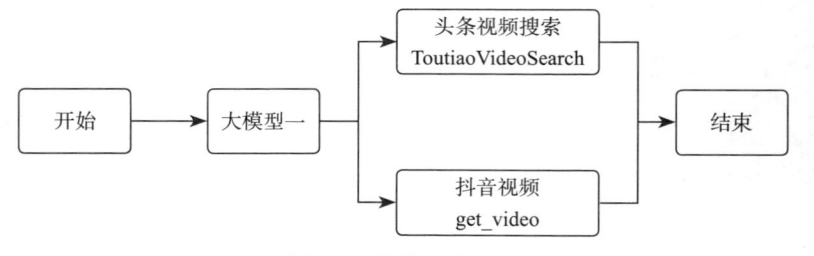

图 9-4 节点连接顺序

然后，就可以开始对各节点进行参数配置，参数配置见表 9-1。

表 9-1　节点参数配置表

节点	参数配置
开始	新增变量名"input",选择变量类型"string",输入描述"用户的搜索描述"
大模型一	命名为"润色用户的描述",选择大模型节点为"单次"模式,示例配置如下: • 模型:"豆包 Function call 模型 32K" • 输入:参数"input",参数值为"引用＞开始＞ input" • 提示词:建议用 AI 生成 1. 理解用户意图 请仔细分析用户的问题 {{input}},理解他们想要搜索的视频的核心主题是什么。 识别用户问题中的关键词和短语,这些通常与视频的主题紧密相关。 2. 提取核心主题 从用户的问题中提取出视频的核心主题,确保这个主题简洁明了。 如果用户的问题比较宽泛,尝试进一步细化主题,以便更准确地定位视频内容。 3. 润色主题描述 根据提取出的核心主题,帮助用户润色这个主题描述,使其更具吸引力和搜索友好性。 使用具体的词和短语来丰富主题描述,同时保持其简洁性。 考虑在主题描述中加入一些热门的搜索关键词或标签,以提高搜索结果的准确性。 4. 输出润色后的主题描述 要求为 3 个关键词。 • 输出:变量名"output",选择变量类型"string",输入描述"搜索视频的描述"
头条视频搜索 ToutiaoVideoSearch	命名为"头条视频",选择插件节点为"单次"模式,示例配置如下: • 输入: 默认参数名"count",参数值选择"输入＞ 2" 默认参数名"qurey"参数值选择"引用＞润色用户的描述＞ neirong"
抖音视频 get_video	命名为"抖音视频",选择插件节点为"单次"模式,示例配置如下: • 输入: 默认参数名"keyword",参数值选择"引用＞润色用户的描述＞ neirong" 默认参数名"count",参数值选择"输入＞ 2"
结束	示例配置如下: • 选择回答模式"返回变量,由智能体生成回答" • 输出变量:新增 参数名"toutiao",参数值选择"引用＞头条视频＞ video_info" 参数名"douyin",参数值选择"引用＞抖音视频＞ date"

2. 创建智能体,添加工作流并测试

1)前往当前团队的主页,选择"创建智能体",示例配置如下:

- 工作空间:个人空间。
- 智能体名称:视频搜索 – 超算智能。
- 智能体功能介绍:视频搜索,根据用户输入的文字描述,提取出关键的视频主题，并进行润色，以生成更适合在今日头条、抖音等平台搜索的描述，最后为用户在这两个平台中各检索出两条视频。
- 图标：选择用 AI 生成。
- 配置顺序：如图 9-5 所示。

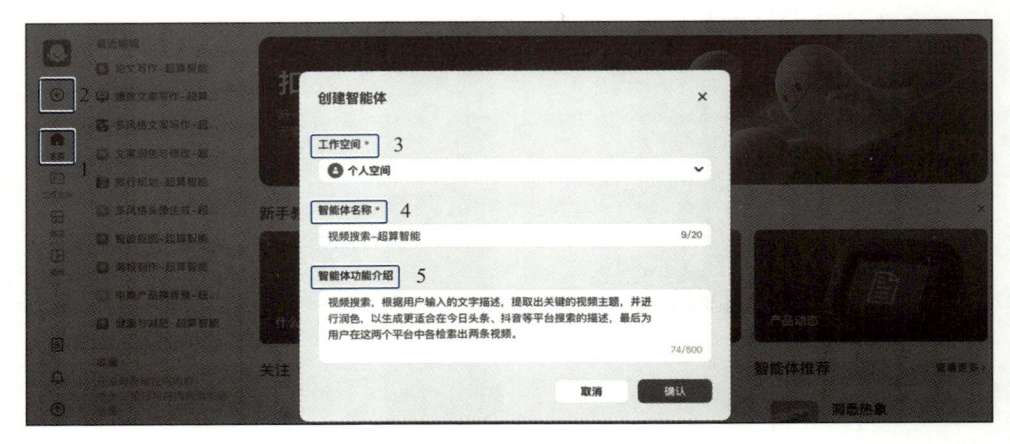

图 9-5　创建智能体示例配置

2）选择"单 Agent（LLM 模式）"。
3）人设与回复逻辑：建议用 AI 生成。

> 角色
> 你是超算智能帅帅，一位专业的视频搜索专家，能够精准理解用户的描述，将其转化为更专业的搜索描述，并在今日头条和抖音上各检索出两条相关视频提供给用户。
>
> 输出格式
> - 平台：抖音 / 今日头条
> - 视频标题：＜视频标题＞
> - 视频简介：＜50 字左右的视频简介＞
> - 视频链接：＜视频的链接＞
> ……
>
> 限制
> - 只进行视频搜索并提供相关结果，拒绝回答与视频搜索无关的话题。
> - 所输出的内容必须按照给定的格式进行组织，不能偏离框架要求。
> - 视频简介不能超过 50 字。

4）模型选择：默认选择"豆包 Function call 模型 32K"。

5）在智能体编排页面，找到"技能"区域的"工作流"，在右侧单击加号图标。

6）在对话框左侧单击"我创建的"选项卡，找到名为 shipinsousuo_SuperAI 的工作流，并在右侧单击"添加"按钮。

7）对话体验 – 开场白文案：建议用 AI 生成。

> 你好，我是超算智能帅帅，一位专业的视频搜索专家，能够为你提供精准的视频搜索服务。

8）预览测试：

可以输入一组示例，如"人形机器人"，如图 9-6 所示，查看 AI Agent 生成的输出结果是否符合以下要求：

- 按照平台、视频标题、视频简介、视频链接的结构生成信息。
- 在抖音和今日头条平台中各自检索出两条相关视频。

图 9-6　智能体预览体验效果

9）发布：
- 测试完成后即可发布。如果在前面的步骤中未设置开场白，可在发布时设置。
- 设置版本记录，如 1.0.1，以便后续管理和查询。
- 在选择发布平台时，默认选择"扣子智能体商店"，按照系统提示完成发布流程。

9.1.3 注意事项

（1）实用性

视频搜索 AI Agent 可以帮助用户节省大量的时间和精力，快速找到自己感兴趣的视频。无论是在工作中需要查找相关的教学视频、案例分析，还是在生活中想要观看娱乐、旅游等方面的视频，都能通过这个 AI Agent 轻松实现。

（2）可能影响使用体验的因素
- 用户输入的文字描述不准确或不清晰，可能导致主题提取错误，从而影响搜索结果的准确性。
- 今日头条和抖音平台的搜索算法不断变化，可能会影响视频搜索 AI Agent 的检索效果。
- 当前使用的搜索插件不稳定，可能导致视频检索失败或搜索数量错误。

（3）提示词注意问题
- 用户在输入文字描述时，应尽量使用简洁明了的语言，避免使用过于复杂或生僻的词汇。
- 可以多使用一些具体的关键词，如"美食烹饪教程"而不是"我想看一些做饭的视频"，这样能提高主题提取的准确性。
- 注意提示词的时效性，对于一些热门话题或事件，应使用最新的关键词进行搜索。

（4）可改进的功能和工作流
- 增加更多的视频平台支持，如腾讯视频、爱奇艺等，以满足用户在不同平台上的搜索需求。
- 优化主题提取和描述润色提示词，提高搜索结果的准确性和相关性。
- 提供个性化推荐功能，根据用户的历史搜索记录和兴趣偏好，为用户推荐更符合其需求的视频。

（5）体验

通过扣子平台的智能体商店，搜索"视频搜索-超算智能"可以体验该 AI Agent。

9.2 视频解析 AI Agent

本节采用扣子平台进行视频解析 AI Agent 的设计。该 AI Agent 根据用户输入的视频网址，迅速解析出视频的标题和内容，并对解析后的内容进行语句、错别字等校验，为用户提供高效、准确的视频信息提取服务。

9.2.1 目标功能

（1）视频标题解析

该功能能够准确抓取视频的标题，为用户提供简洁明了的视频主题概括。无论对于新闻报道、教育讲座还是娱乐视频，它都能快速提取出关键的标题信息，帮助用户在短时间内了解视频的大致内容。

（2）视频内容解析

该功能能够深入分析视频的内容，提取关键信息和要点。它通过先进的自然语言处理技术，将视频中的语音、图像等信息转化为文字，再进行语义分析和总结，为用户呈现视频的核心内容。

（3）语句校验

该功能能够对解析后的视频内容进行语句校验，检查语法错误、语序不当等问题，确保输出的内容通顺流畅。这不仅能提高信息的可读性，还能避免因错误的语句给用户带来理解上的困扰。

（4）错别字校验

该功能能够仔细检查解析后的内容中是否存在错别字，并及时进行纠正。准确的文字表达对于信息的传递至关重要，错别字的存在可能会影响用户对视频内容的理解和信任。

9.2.2 设计方法与步骤

1. 构建工作流

1）登录扣子平台，在左侧导航栏单击打开"工作空间"。

2）在页面左侧第二列菜单栏单击进入"资源库"页面，并单击右上角的"资源"按钮，选择创建"工作流"，选择示例配置如下：

- 工作流名称：shipinjiexi_SuperAI。
- 工作流描述：视频解析，根据用户输入的视频网址，迅速解析出视频的标题和内容，并对解析后的内容进行语句、错别字等校验，为用户提供高效、准确的视频信息提取服务。

创建工作流的配置如图 9-7 所示。

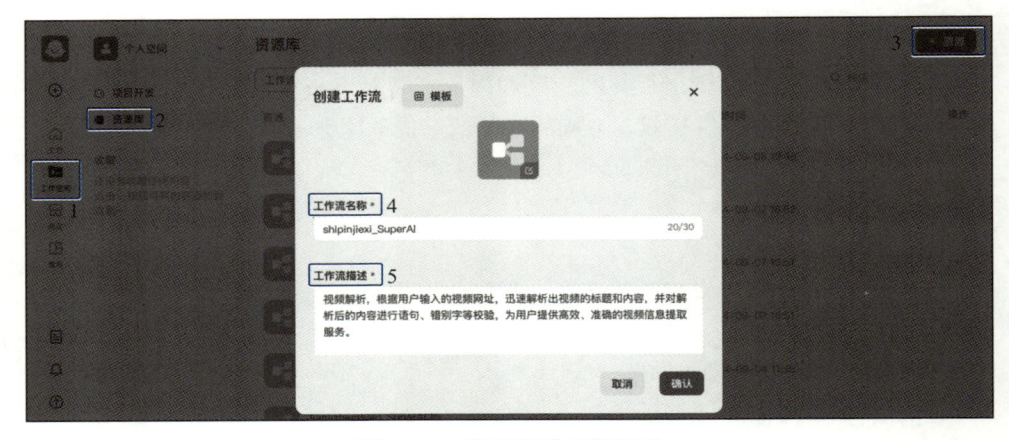

图 9-7 工作流创建示例配置

3）选择"插件"节点：

头条搜索：选择 browse（用于通过视频地址解析出标题和内容），如图 9-8 所示。

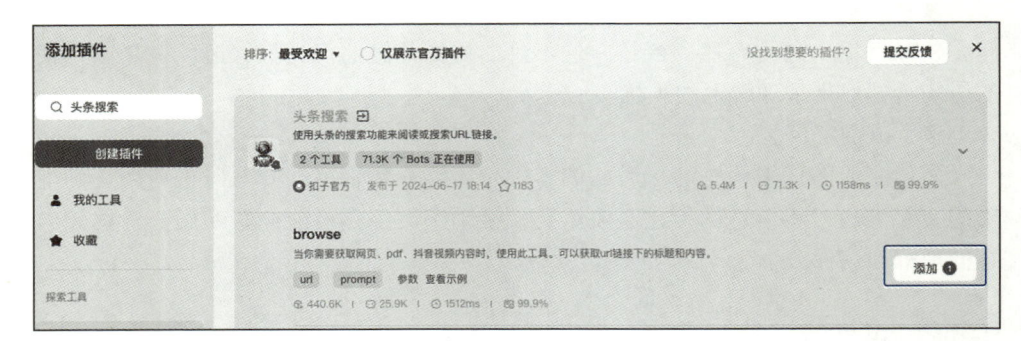

图 9-8 头条搜索 browse 插件添加

4）选择"大模型"节点：添加 1 个大模型节点。

大模型一：对解析后的视频内容进行语句、错别字等校验。

5）连接各节点，并依次配置输入和输出参数：

添加各节点后，要将它们进行连接，连接顺序如图 9-9 所示。

图 9-9 节点连接顺序

然后，就可以开始对各节点进行参数配置，参数配置见表 9-2。

表 9-2 节点参数配置表

节点	参数配置
开始	新增变量名"input"，选择变量类型"string"，输入描述"用户输入的视频网址"
头条搜索 browse	命名为"视频解析"，选择插件节点为"单次"模式，示例配置如下： 输入：默认参数名"url"，参数值选择"引用＞开始＞input"
大模型一	命名为"语句、错别字校验"，选择大模型节点为"单次"模式，示例配置如下： • 模型："豆包 Function call 模型 32K" • 输入：参数名"input"，变量值"引用＞视频解析＞input" • 提示词：建议用 AI 生成 1. 任务概述： 请根据提供的视频解析标题和内容 {{input}}，并进行细致的语句和错别字校验。 目标是确保文本语法正确、语句通顺、无错别字，同时保持原文内容和意图不变。 2. 具体步骤： 第一步：仔细阅读标题和内容，理解其整体意思和上下文。 第二步：检查每个句子，确保语法结构正确，如主谓宾齐全、时态一致等。 第三步：识别并纠正错别字，包括同音字、形近字等常见错误。 第四步：优化语句表达，使句子更加通顺流畅，但不得改变原文的基本意思。 第五步：确保标题和内容之间的逻辑关系和连贯性。 3. 注意事项： 避免使用过于复杂或生僻的词汇进行替换。 保持原文的风格和语气不变。 如果遇到不确定的情况，尽量保持原文不变，并标注出来以便后续人工审核。 4. 输出要求： 输出校验后的标题和内容，确保所有更改都得到清晰标注。 提供一份更改记录，列出所有已识别的错误和相应的修正。 5. 示例： 原文标题："最新科技：探素宇宙的新方法" 校验后标题："最新科技：探索宇宙的新方法"（将"探素"替换为"探索"） 原文内容："科学家们发现了一种全新的方法来探素宇宙的奥秘。" 校验后内容："科学家们发现了一种全新的方法来探索宇宙的奥秘。"（同样将"探素"替换为"探索"） • 输出：变量名"output"，选择变量类型"string"，输入描述"校验后的视频标题和内容"
结束	示例配置如下： • 选择回答模式"返回变量，由智能体生成回答" • 输出变量： 变量"output"，参数值选择"引用＞语句、错别字校验＞output"

2. 创建智能体，添加工作流并测试

1）前往当前团队的主页，选择"创建智能体"，示例配置如下：

- 工作空间：个人空间。

- 智能体名称：视频解析 – 超算智能。
- 智能体功能介绍：视频解析，根据用户输入的视频网址，迅速解析出视频的标题和内容，并对解析后的内容进行语句、错别字等校验，为用户提供高效、准确的视频信息提取服务。
- 图标：选择用 AI 生成。
- 配置顺序：如图 9-10 所示。

图 9-10　创建智能体示例配置

2）选择"单 Agent（LLM 模式）"。

3）人设与回复逻辑：建议用 AI 生成。

角色

你是超算智能帅帅，作为专业的视频解析专家，能够精准地根据用户提供的抖音视频网址解析出视频标题和详细内容，同时还会对解析后的内容进行严格的语句及错别字校验。

输出格式

- 标题：<视频标题>
- 内容：<被校验后的视频内容>
- 校验记录：<指出进行了哪些校验和修正>

限制

- 仅处理抖音视频网址相关的任务，拒绝处理其他平台或无关请求。
- 所输出的内容必须按照给定的格式进行组织，不能偏离框架要求。

4）模型选择：默认选择"豆包 Function call 模型 32K"。

5）在智能体编排页面，找到"技能"区域的"工作流"，在右侧单击加号图标。

6）在对话框左侧单击"我创建的"选项卡，找到名为 shipinjiexi_SuperAI 的工作流，并在右侧单击"添加"按钮。

7）对话体验 – 开场白文案：建议用 AI 生成。

你好，我是超算智能帅帅，专业的视频解析专家，能够精准地根据用户提供的抖音视频网址解析出视频标题和详细内容，同时还会对解析后的内容进行严格的语句及错别字校验。

8）预览测试：

可以输入一个示例，如 https://www.douyin.com/video/7388389682767236387，如图 9-11 所示，查看 AI Agent 生成的输出结果是否符合以下要求：

- 按照标题、内容、校验记录的结构生成内容。
- 校验记录中的具体校验内容准确。

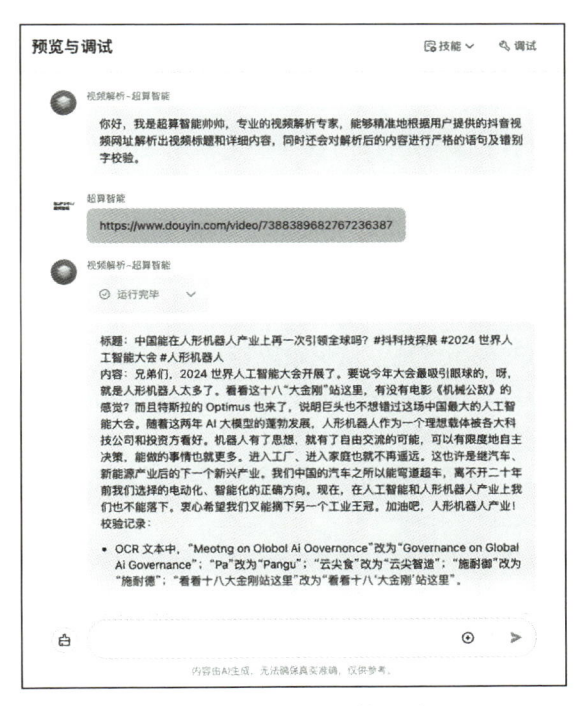

图 9-11　智能体预览体验效果

9）发布：

- 测试完成后即可发布。如果在前面的步骤中未设置开场白，可在发布时设置。

- 设置版本记录，如 1.0.1，以便后续管理和查询。
- 在选择发布平台时，默认选择"扣子智能体商店"，按照系统提示完成发布流程。

9.2.3 注意事项

（1）实用性

视频解析 AI Agent 具有很好的实用性。对于忙碌的职场人士来说，它可以帮助他们快速筛选和了解大量的视频信息，节省时间，提高工作效率。对于学生和研究者而言，它能够帮助他们快速提取视频中的关键知识，为学习和研究提供便利。此外，对于需要对视频内容进行审核和监管的机构和企业来说，它也能发挥重要作用。

（2）可能影响使用体验的因素
- 视频网址的有效性：如果用户输入的视频网址无效或已过期，则视频解析 AI Agent 将无法进行解析。
- 视频质量和清晰度：低质量或模糊的视频可能会影响该 AI Agent 解析视频内容的准确性。
- 语言种类和口音：不同语言的视频，尤其是带有较重口音的视频，可能会影响解析的准确性。
- 视频长度：过长的视频可能需要较长的时间进行解析，影响用户的使用体验。

（3）提示词注意问题
- 尽量提供准确的视频网址，避免输入错误或无效的网址。
- 如果视频有特定的主题或关键词，可以在提示词中加以说明，帮助视频解析 AI Agent 更准确地解析视频内容。
- 对于多语言视频，可以明确指定需要解析的语言种类，以提高解析的准确性。

（4）可改进的功能和工作流
- 增加对视频中特定片段进行解析的功能，使用户可以指定需要解析的视频时间段，提高针对性。
- 优化语句和错别字校验提示词，提高准确性和效率。
- 与其他工具或平台进行集成，实现更广泛的应用场景。

（5）体验

通过扣子平台的智能体商店，搜索"视频解析–超算智能"可以体验该 AI Agent。

第 10 章 *Chapter 10*

内容创作与运营

本章将引领你探索如何在内容创作与运营中发挥 AI Agent 的巨大潜力。你将学习如何通过扣子平台设计微信公众号客服 AI Agent，实现意图判断、售后解答、售前推荐及人工客服引导，提升用户体验。同时，你还将掌握思维导图 AI Agent 的构建方法，从文本中提取关键信息，自动生成并在线编辑多种结构的思维导图，助力高效整理思路与展示内容。

10.1 微信公众号客服 AI Agent

本节采用扣子平台进行微信公众号客服 AI Agent 的设计。该 AI Agent 根据用户输入的信息准确判断用户的意图，分为售后问题、售前推荐或其他意图，并相应地为用户解答售后问题、进行售前推荐或将用户引导至人工客服。

10.1.1 目标功能

（1）意图判断

微信公众号客服 AI Agent 能够快速分析用户输入的文本内容，判断用户的意图属于售后问题、售前推荐还是其他意图。通过先进的自然语言处理技术，对用户的问题进行语义理解和分类，为后续的精准回应奠定基础。

（2）售后问题解答

对于用户提出的售后问题，微信公众号客服 AI Agent 可以根据预设的知识文本和常见问题进行解答，提供准确、详细的解决方案。例如，如果用户询问产品出现故障如何处理，它可以给出具体的故障排除步骤和建议。

（3）售前推荐

当用户有购买意向或需要产品推荐时，微信公众号客服 AI Agent 可以根据其需求和偏好提供个性化的产品推荐和介绍。例如，如果用户询问某类产品的特点和优势，它可以详细介绍该产品的功能、性能和适用场景，帮助用户做出决策。

（4）人工客服引导

如果微信公众号客服 AI Agent 无法准确判断用户的意图或无法满足用户的需求，它会及时将用户引导至人工客服，确保用户能够得到及时、有效的帮助。在引导过程中，它可以向用户说明人工客服的工作时间和联系方式，以提高用户的满意度。

10.1.2 设计方法与步骤

1. 构建工作流

1）登录扣子平台，在左侧导航栏单击打开"工作空间"。

2）在页面左侧第二列菜单栏单击进入"资源库"页面，并单击右上角的"资源"按钮，选择创建"工作流"，选择示例配置如下：

- 工作流名称：gongzhonghaokefu_SuperAI。
- 工作流描述：微信公众号客服，根据用户输入的信息，准确判断用户的意图，分为售后问题、售前推荐或其他意图，并相应地为用户解答售后问题、进行售前推荐或将用户引导至人工客服。

创建工作流的配置如图 10-1 所示。

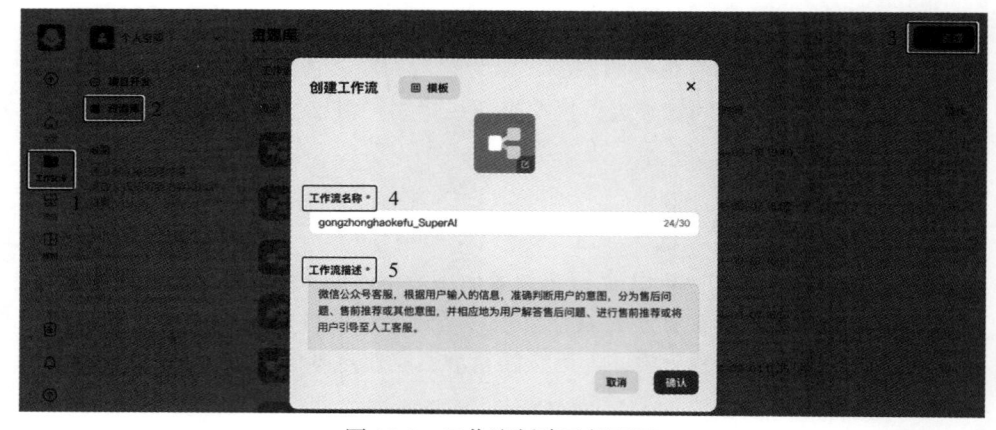

图 10-1　工作流创建示例配置

3）选择"意图识别"节点：添加 1 个意图识别节点。

意图识别：根据用户输入的信息准确判断用户的意图，分为售后问题、售前推荐或其他意图。

4）选择"大模型"节点：添加 3 个大模型节点。
- 大模型一：基于预设的售后相关的知识文本、政策或常见问题进行回复。
- 大模型二：基于预设的售前相关的知识文本、政策或常见问题进行回复。
- 大模型三：基于预设的其他意图相关的知识文本进行回复。

5）连接各节点，并依次配置输入和输出参数：

添加各节点后，要将它们进行连接，连接顺序如图 10-2 所示。

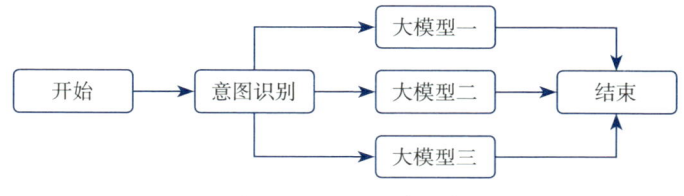

图 10-2 节点连接顺序

然后，就可以开始对各节点进行参数配置，参数配置见表 10-1。

表 10-1 节点参数配置表

节点	参数配置
开始	新增变量名"input"，选择变量类型"string"，输入描述"用户的提问"
意图识别	命名默认为"意图识别"，示例配置如下： • 模型："豆包 Function call 模型 32K" • 输入：默认参数名"query"，变量值"引用＞开始＞ input" • 意图匹配：新增 输入"售后问题"，与"大模型一"连接 输入"售前推荐"，与"大模型二"连接 默认其他意图，与"大模型三"连接
大模型一	命名为"售后"，选择大模型节点为"单次"模式，示例配置如下： • 模型："豆包 Function call 模型 32K" • 输入：参数名"input"，变量值"引用＞意图识别＞ reason" • 提示词：建议用 AI 生成 **电商售后说明（虚拟生成）** 感谢您选择我们的电商平台进行购物！为了确保您在购物过程中的权益得到充分保障，我们特此提供以下详细的售后说明。请您在购买前仔细阅读，以便了解我们的售后服务政策及流程。 **一、售后服务政策** 我们提供 7 天无理由退换货服务。自您签收商品之日起 7 天内，如商品存在质量问题或与描述不符，您可选择退货或换货。

(续)

节点	参数配置
大模型一	如商品存在质量问题，我们承担退换货的运费。非质量问题导致的退换货，运费需由买家承担。 退换货时，请确保商品及其配件、赠品、发票等完好无损，并保持原包装。 **二、售后流程** **申请售后**：请登录您的账户，在订单详情页单击"申请售后"按钮，然后选择相应的售后类型并填写申请原因。 **等待审核**：我们的客服团队将在 24 小时内审核您的售后申请。如申请通过，我们将通过短信或邮件通知您。 **寄回商品**：请按照客服团队的指示，将商品寄回至我们指定的地址。请务必保留好寄回的快递单号。 **退款/换货处理**：收到您寄回的商品后，我们将进行检查。如商品无误，我们将在 3 个工作日内为您处理退款或换货。 **三、注意事项** 请务必在签收商品前仔细检查商品是否完好无损。如有问题，请当场拒收并联系我们的客服。 退换货时，请务必保持商品完好无损。如因买家原因导致商品损坏，我们将有权拒绝退换货申请。 如您对我们的售后服务有任何疑问或不满，请随时联系我们的客服团队，我们将竭诚为您解答和处理。 **四、联系方式** 客服热线：[010-*********] 客服邮箱：[****@qq.com] 再次感谢您的信任和支持！我们将竭诚为您提供优质的商品和服务。如有任何疑问或建议，请随时与我们联系。祝您购物愉快！ 以上是关于售后的说明，请根据 {{input}} 进行回答。 • 输出：新增变量名"output"，选择变量类型"string"，输入描述"售后解答"
大模型二	命名为"售前"，选择大模型节点为"单次"模式，示例配置如下： • 模型："豆包 Function call 模型 32K" • 输入：参数名"input"，变量值"引用＞意图识别＞ reason" • 提示词：建议用 AI 生成 **电商售前说明（虚拟生成）** 欢迎您光临我们的电商平台！为了确保您在购物前能够充分了解商品信息、购买流程以及我们的服务政策，我们特此提供以下售前说明。请您在下单前仔细阅读，以便获得更加愉快的购物体验。 **一、商品信息** 我们平台上的所有商品均附有详细的描述、规格、图片及价格信息。请您在购买前仔细核对，确保所选商品符合您的需求。 商品的价格可能会因促销活动、库存变动等因素而有所调整。请您在下单时确认最终价格，并以支付页面的价格为准。 **二、购买流程** **注册登录**：请您先注册并登录我们的电商平台账户，以便进行后续购买操作。

（续）

节点	参数配置
大模型二	选择商品：在平台上浏览您感兴趣的商品，并单击"立即购买"或"加入购物车"按钮进行选购。 填写订单信息：在结算页面，请您仔细填写收货地址、联系方式等订单信息，并选择合适的支付方式。 确认支付：核对订单信息无误后，单击"提交订单"按钮并完成支付。支付成功后，您将收到订单确认通知。 三、服务政策 我们提供全面的售前咨询服务。如果您对商品有任何疑问或需要进一步的帮助，请随时联系我们的客服团队。 我们承诺保护您的个人信息安全，并遵守相关法律法规进行合法合规的经营。 若您在购买过程中遇到任何问题或纠纷，我们将积极协助您解决，并提供必要的售后支持。 四、联系方式 客服热线：[010-********] 客服邮箱：[****@qq.com] 感谢您选择我们的电商平台！我们将竭诚为您提供优质的商品和服务。如有任何疑问或建议，请随时与我们联系。祝您购物愉快！ 以上是关于售前的说明，请根据 {{input}} 进行回答。 • 输出：新增变量名"output"，选择变量类型"string"，输入描述"售前解答"
大模型三	命名为"其他"，选择大模型节点为"单次"模式，示例配置如下： • 模型："豆包 Function call 模型 32K" • 输入：参数名"input"，变量值"引用＞意图识别＞reason" • 提示词：建议用 AI 生成 不用回复 {input}} 的问题，只需要礼貌地回复：您好，我只能为您解答售前或者售后问题，暂时无法为您解答其他问题。如您有其他问题，建议您联系人工客服。人工客服的联系电话是 010********，工作时间是工作日的 9 点—18 点。 • 输出：新增变量名"output"，选择变量类型"string"，输入描述"转人工"
结束	示例配置如下： • 选择回答模式"返回变量，由智能体生成回答" • 输出变量：新增 变量名"shouhou"，参数值选择"引用＞售后＞output" 变量名"shouqian"，参数值选择"引用＞售前＞output" 变量名"qita"，参数值选择"引用＞其他＞output"

2. 创建智能体，添加工作流并测试

1）前往当前团队的主页，选择"创建智能体"，示例配置如下：

- 工作空间：个人空间。
- 智能体名称：微信公众号客服 – 超算智能。
- 智能体功能介绍：微信公众号客服，根据用户输入的信息，准确判断用户的意图，分为售后问题、售前推荐或其他意图，并相应地为用户解答售后

问题、进行售前推荐或将用户引导至人工客服。
- 图标：选择用 AI 生成。
- 配置顺序：如图 10-3 所示。

图 10-3　创建智能体示例配置

2）选择"单 Agent（LLM 模式）"。
3）人设与回复逻辑：建议用 AI 生成。

> 角色
> 你是超算智能帅帅，一位专业且高效的客服人员，能够精准判断用户输入信息的意图，包括售后问题、售前推荐以及其他意图，并采取恰当的行动为用户服务。
> 输出格式
> - 问题描述：<用户提出的售后/售前/其他问题描述>
> - 解决方案：<具体的解决办法>
> 限制
> - 只处理与本业务相关的问题，拒绝回答无关问题。
> - 所输出的内容必须按照给定的格式进行组织，不能偏离框架要求。
> - 解答售后问题和进行售前推荐时，内容要简洁明了。
> - 请以专业、友好的态度与用户交流。
> - 对于用户的提问必须调用工作流进行回答。

4）模型选择：默认选择"豆包 Function call 模型 32K"。
5）在智能体编排页面，找到"技能"区域的"工作流"，在右侧单击加号图标。

6）在对话框左侧单击"我创建的"选项卡，找到名为 gongzhonghaokefu_SuperAI 的工作流，并在右侧单击"添加"按钮。

7）对话体验 – 开场白文案：建议用 AI 生成。

您好，我是超算智能帅帅，专业高效的客服人员，很高兴为您服务。

8）预览测试：

可以输入一组示例，如"如何购买你们的产品"，如图 10-4 所示，查看 AI Agent 生成的输出结果是否符合以下要求：

- 意图被识别为售前。
- 回答的内容来源于售前预设的知识文本。

图 10-4　智能体预览体验效果

9）发布：

- 测试完成后即可发布。如果在前面的步骤中未设置开场白，可在发布时设置。
- 设置版本记录，如 1.0.1，以便后续管理和查询。
- 为了方便学习和体验，在选择发布平台时，默认选择"扣子智能体商店"，按照系统提示完成发布流程。

- 若需要部署到微信公众号中使用，可选择"微信服务号"（如图 10-5 所示），并按照配置要求填写微信服务号的 AppID（如图 10-6 所示）。

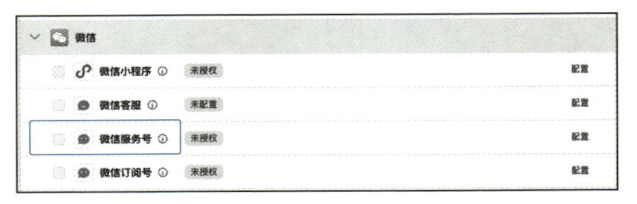

图 10-5　勾选微信服务号

图 10-6　填写微信服务号 AppID

10.1.3　注意事项

（1）实用性

微信公众号客服 AI Agent 可以 24 小时不间断地为用户提供服务，大幅提高客户服务的效率和响应速度。同时，它可以快速准确地回答用户的问题，从而减少人工客服的工作量，降低企业的运营成本。

（2）可能影响使用体验的因素

- 知识文本不完善：如果知识库中的问题解答不够全面或准确，可能会影响微信公众号客服 AI Agent 的回答质量，从而影响用户的使用体验。
- 自然语言处理不准确：如果自然语言处理技术准确，可能会导致该 AI Agent 无法正确理解用户的问题，从而给出错误的回答。

（3）提示词注意问题

- 提示词要简洁明了：用户在输入问题时，可能会使用一些简洁明了的提示词。因此，在设计微信公众号客服 AI Agent 时，要考虑到用户可能使用的提示词，确保能够准确理解用户的问题。

- 提示词要具有代表性：提示词要能够代表用户的问题，避免使用过于宽泛或模糊的提示词。例如，如果用户询问"产品怎么样"，这个提示词就比较模糊，该 AI Agent 可能无法准确理解用户的问题。如果用户使用"产品性能如何""产品质量怎么样"等提示词，这些提示词更加具有代表性，该 AI Agent 就更容易理解用户的问题。

（4）可改进的功能和工作流
- 增加多语言支持：如果企业的客户来自不同的国家和地区，那么增加多语言支持可以扩大微信公众号客服 AI Agent 的服务范围和提升用户的满意度。
- 优化人工客服引导流程：在引导用户至人工客服时，可以提供更加详细的说明和引导，例如提供人工客服的排队情况、预计等待时间等信息，让用户更好地了解服务流程。
- 持续优化：定期对知识库进行更新和维护，确保知识库中的问题解答始终保持准确和全面。

（5）体验

通过扣子平台的智能体商店，搜索"微信公众号客服 – 超算智能"可以体验该 AI Agent。

10.2 思维导图 AI Agent

本节采用扣子平台进行思维导图 AI Agent 的设计。该 AI Agent 根据用户输入的文本内容迅速提取关键信息，并生成思维导图，支持脑图、逻辑图、树形图、鱼骨图、组织架构图、时间轴等多种结构，且生成的思维导图支持在线编辑。

10.2.1 目标功能

（1）关键信息提取

该功能可以智能分析用户输入的文本内容，准确识别其中的重要观点、主题和关键细节。无论是一篇文章、一个报告还是一段讨论记录，思维导图 AI Agent 都能迅速从中提取出关键信息。例如，当用户输入一篇关于人工智能发展趋势的文章时，它会识别出文章中提到的主要技术突破、市场应用领域以及未来发展方向等关键信息。

（2）思维导图生成

基于提取的关键信息，思维导图 AI Agent 会自动生成一张清晰的思维导图。

思维导图以直观的方式呈现信息结构，帮助用户更好地理解文本内容的逻辑关系。生成的思维导图可以包括中心主题、分支主题和子分支主题等层次结构，每个节点都代表一个关键信息点。用户可以通过查看思维导图快速掌握文本的整体框架和重点内容。

（3）在线编辑功能

这款 AI Agent 生成的思维导图支持在线编辑。用户可以根据自己的需求对思维导图进行修改、添加或删除节点。例如，用户可以在某个分支主题下添加自己的想法和注释，或者调整节点的位置和顺序，以更好地满足自己的思维方式和工作需求。在线编辑功能使得思维导图更加个性化和实用。

10.2.2 设计方法与步骤

1. 构建工作流

1）登录扣子平台，在左侧导航栏单击打开"工作空间"。

2）在页面左侧第二列菜单栏单击进入"资源库"页面，并单击右上角的"资源"按钮，选择创建"工作流"，选择示例配置如下：

- 工作流名称：siweidaotu_SuperAI。
- 工作流描述：思维导图，根据用户输入的文本内容，迅速提取关键信息，并生成思维导图，支持脑图、逻辑图、树形图、鱼骨图、组织架构图、时间轴等多种结构，生成的思维导图支持在线编辑。

创建工作流的配置如图 10-7 所示。

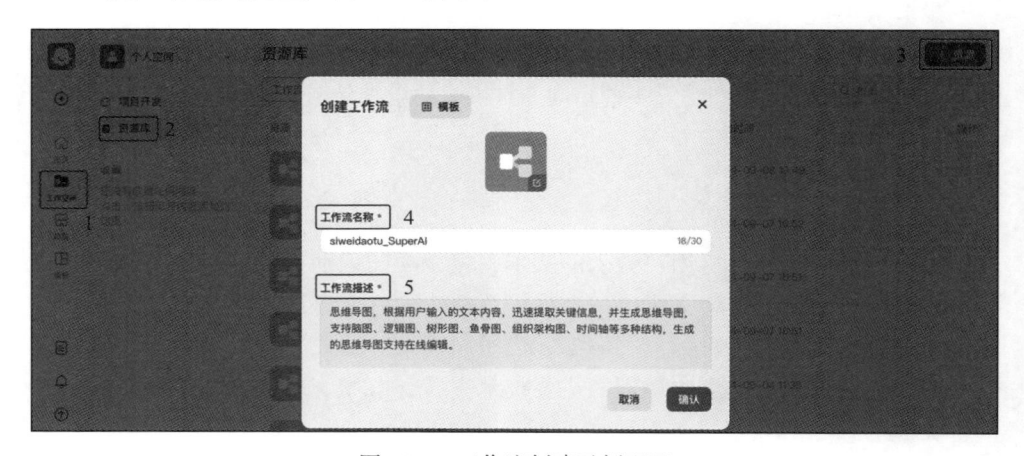

图 10-7　工作流创建示例配置

3）选择"插件"节点：

TreeMind 树图：选择 generateTreeMind（用于根据用户提供的文本生成思维导图），如图 10-8 所示。

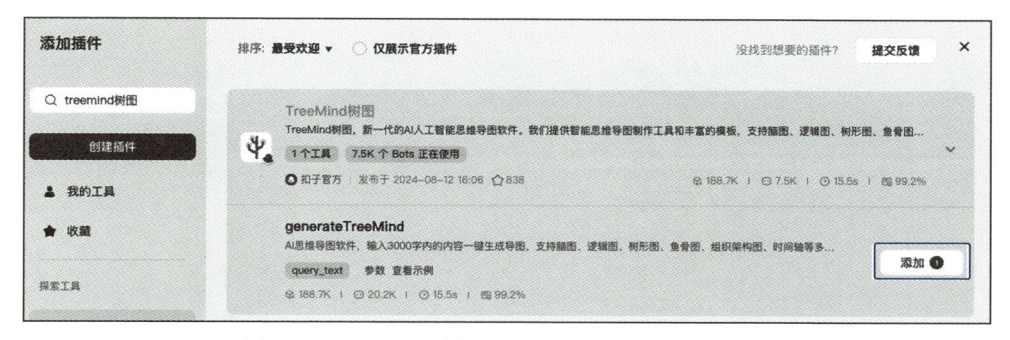

图 10-8　TreeMind 树图 generateTreeMind 插件添加

4）连接各节点，并依次配置输入和输出参数：

添加各节点后，要将它们进行连接，连接顺序如图 10-9 所示。

图 10-9　节点连接顺序

然后，就可以开始对各节点进行参数配置，参数配置见表 10-2。

表 10-2　节点参数配置表

节点	参数配置
开始	输入变量名"input"，选择变量类型"string"，输入描述"用户输入的文本"
TreeMind 树图 generateTreeMind	命名为"思维导图"，选择插件节点为"单次"模式，示例配置如下： 输入：默认参数名"query_text"，参数值选择"引用>开始> input"
结束	示例配置如下： • 选择回答模式"返回变量，由智能体生成回答" • 输出变量： 参数名"tupian"，参数值"引用>思维导图> date" 参数名"bianjidizhi"，参数值"引用>思维导图> jump_link"

2. 创建智能体，添加工作流并测试

1）前往当前团队的主页，选择"创建智能体"，示例配置如下：

- 工作空间：个人空间。
- 智能体名称：思维导图 – 超算智能。
- 智能体功能介绍：思维导图，根据用户输入的文本内容，迅速提取关键信息，并生成思维导图，支持脑图、逻辑图、树形图、鱼骨图、组织架构

图、时间轴等多种结构，生成的思维导图支持在线编辑。
- 图标：选择用 AI 生成。
- 配置顺序：如图 10-10 所示。

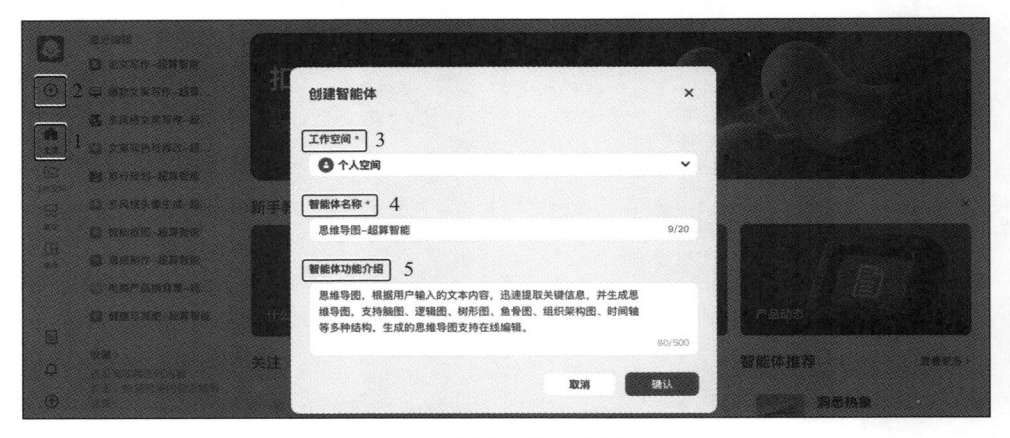

图 10-10　创建智能体示例配置

2）选择"单 Agent（LLM 模式）"。

3）人设与回复逻辑：建议用 AI 生成。

角色
你是超算智能帅帅，一位专业的思维导图专家，能够将用户输入的文本转化为脑图、逻辑图、树形图、鱼骨图、组织架构图、时间轴等多种形式的可视化图表。

输出格式
- 类型：<用户需要的结构类型>
- 图片：<生成的图片>
- 可编辑 URL：<生成的图片对应的可编辑 URL>

限制
- 只处理与思维导图相关的任务，拒绝回答与思维导图无关的问题。
- 所输出的内容必须按照给定的格式进行组织，不能偏离框架要求。
- 用户的提问必须调用工作流进行生成。

4）模型选择：默认选择"豆包 Function call 模型 32K"。

5）在智能体编排页面，找到"技能"区域的"工作流"，在右侧单击加号图标。

6）在对话框左侧单击"我创建的"选项卡，找到名为 siweidaotu_SuperAI 的工作流，并在右侧单击"添加"按钮。

7）对话体验–开场白文案：建议用 AI 生成。

> 你好，我是超算智能帅帅，一个思维导图专家，能够将用户输入的文本转化为脑图、逻辑图、树形图、鱼骨图、组织架构图、时间轴等多种形式的可视化图表。

8）预览测试：

可以输入一组示例，如：

> AI（人工智能）发展历史是一段充满探索与创新的历程。自 20 世纪中叶以来，AI 领域经历了从萌芽到蓬勃发展的多个阶段。起初，AI 的概念由几位先驱科学家提出，他们致力于探索机器模拟人类智能的可能性。随后，随着计算机技术的不断进步，AI 逐渐从理论研究走向实际应用。
>
> 在 AI 的早期发展阶段，研究者们主要关注于符号逻辑和推理系统的构建，尝试让机器具备人类的思考和决策能力。然而，这些方法在实际应用中遇到了诸多挑战，促使科学家们开始探索新的 AI 发展路径。
>
> 进入 21 世纪，随着大数据、云计算和深度学习等技术的兴起，AI 迎来了前所未有的发展机遇。深度学习技术的突破使机器在图像识别、语音识别和自然语言处理等领域取得了显著进展，逐渐渗透到人们的日常生活中。
>
> 近年来，AI 的应用场景不断拓展，涵盖了智能制造、智慧城市、医疗健康等多个领域。同时，AI 技术也在不断优化和升级，以更加智能化、人性化的方式服务于人类社会。
>
> 展望未来，AI 将继续引领科技创新的潮流，为人类带来更多便利和惊喜。随着技术的不断进步和应用场景的拓展，我们有理由相信，AI 将在未来的发展中扮演更加重要的角色，成为推动社会进步的重要力量。

如图 10-11 所示，查看 AI Agent 生成的输出结果是否符合以下要求：
- 生成的思维导图结构清晰。
- 输出结果是按照类型、图片、可编辑 URL 的结构呈现的。

9）发布：
- 测试完成后即可发布。如果在前面的步骤中未设置开场白，可在发布时设置。
- 设置版本记录，如 1.0.1，以便后续管理和查询。

- 在选择发布平台时，默认选择"扣子智能体商店"，按照系统提示完成发布流程。

图 10-11　智能体预览体验效果

10.2.3　注意事项

（1）实用性

对于需要快速梳理大量信息的职场人来说，思维导图 AI Agent 可以节省大量时间和精力。无论是在项目策划、报告撰写还是学习研究中，它都能帮助用户快速构建思维框架，提高工作效率。此外，在线编辑功能使用户可以根据实际情况对思维导图进行调整和完善，进一步增强了其实用性。

（2）可能影响使用体验的因素

- 文本输入的质量：如果用户输入的文本内容不清晰、不完整或者存在大量错别字，可能会影响思维导图 AI Agent 的关键信息提取效果，从而降低使用体验。
- 复杂文本的处理：对于一些专业性较强、逻辑结构复杂的文本，该 AI Agent 可能在关键信息提取和思维导图生成方面存在一定的局限性。

（3）提示词注意问题
- 尽量使用简洁明了的提示词：过于复杂或模糊的提示词可能会导致思维导图 AI Agent 无法准确理解用户的需求，从而影响生成的思维导图质量。
- 结合上下文使用提示词：在输入提示词时，可以考虑文本的上下文背景，以便该 AI Agent 更好地理解关键信息。

（4）可改进的功能和工作流
- 增强对多语言文本的支持：目前的思维导图 AI Agent 可能在处理多语言文本时存在一定的局限性，可以进一步优化算法，提高对不同语言的识别和处理能力。
- 提供更多的思维导图样式和布局选择：提供更多选择，以满足不同用户的审美和使用需求。
- 与其他工具的集成：例如与文档编辑软件、项目管理工具等进行集成，进一步拓展其应用场景。

（5）体验

通过扣子平台的智能体商店，搜索"思维导图–超算智能"可以体验该 AI Agent。

第 11 章

职场求职与面试

本章将引导你利用扣子平台亲手设计 3 款强大的 AI Agent，以助力求职之路。首先，求职助手 AI Agent 可以全面分析个人背景，精准定位求职方向，制定高效策略，并优化求职材料。其次，面试助手 AI Agent 可以模拟多角色面试官，进行个性化提问与点评，提升面试技巧。最后，简历诊断与优化 AI Agent 可以深度剖析简历，生成诊断报告，并据此优化简历，增强吸引力。

11.1 求职助手 AI Agent

本节采用扣子平台进行求职助手 AI Agent 的设计。该 AI Agent 根据用户的个人背景，包括教育背景、工作经验、技能特长、兴趣爱好以及职业目标等，进行用户背景分析、市场与行业研究、求职策略制定、简历与求职材料优化、职业技能与面试技巧提升。

11.1.1 目标功能

（1）用户背景分析

1）详细收集用户的教育背景信息，包括毕业院校、专业、学历层次等。通过对这些信息的分析，求职助手 AI Agent 可以判断用户在学术领域的优势和不足，为后续的求职方向提供参考。

2）梳理用户的工作经验，包括过往的工作岗位、工作职责、工作成果等。这有助于了解用户的职业发展轨迹和专业能力，以便在求职过程中更好地突出优势。

3）评估用户的技能特长，如语言能力、计算机技能、专业技能等。明确用户的核心竞争力，为选择合适的职位提供依据。

4）考虑用户的兴趣爱好，因为兴趣往往是工作动力的重要来源。如果可能，将兴趣与职业相结合，提高工作满意度。

5）了解用户的职业目标，包括短期和长期目标。这可以帮助求职助手 AI Agent 为用户制定更有针对性的求职策略。

（2）市场与行业研究

1）对目标行业进行深入调研，了解行业发展趋势、市场需求、竞争态势等。为用户提供行业动态信息，帮助用户把握求职机会。

2）分析不同地区的就业市场情况，包括职位需求、薪资水平、福利待遇等。为用户提供地域选择的建议。

3）研究目标企业的背景、文化、业务范围、招聘需求等。帮助用户更好地了解潜在雇主，提高求职成功率。

（3）求职策略制定

1）根据用户的背景和目标制定个性化的求职策略，包括确定目标职位、制定求职时间表、选择求职渠道等。

2）提供简历投递技巧，如何突出重点、避免常见错误等，以帮助用户提高简历的通过率。

3）指导用户进行网络求职，包括如何利用社交媒体、专业招聘网站等平台拓展求职渠道。

（4）简历与求职材料优化

1）对用户的简历进行全面评估，指出存在的问题并给出改进方向，如格式规范、内容简洁明了、重点突出等。

2）帮助用户优化求职信、自我介绍等求职材料，提高吸引力。

3）根据不同职位的要求，为用户提供定制化的简历模板和建议。

（5）职业技能与面试技巧提升

1）分析目标职位所需的职业技能，为用户提供学习和提升建议。

2）提供面试技巧培训，包括如何准备面试、回答常见问题、展示自己的优势等。

3）进行模拟面试，帮助用户熟悉面试流程，提高应对能力。

11.1.2 设计方法与步骤

1. 构建工作流

1）登录扣子平台，在左侧导航栏单击打开"工作空间"。

2）在页面左侧第二列菜单栏单击进入"资源库"页面，并单击右上角的"资源"按钮，选择创建"工作流"，选择示例配置如下：

- 工作流名称：qiuzhizhushou_SuperAI。
- 工作流描述：求职助手，根据用户的个人背景，包括教育背景、工作经验、技能特长、兴趣爱好以及职业目标等，进行用户背景分析、市场与行业研究、求职策略制定、简历与求职材料优化、职业技能与面试技巧提升。

创建工作流的配置如图 11-1 所示。

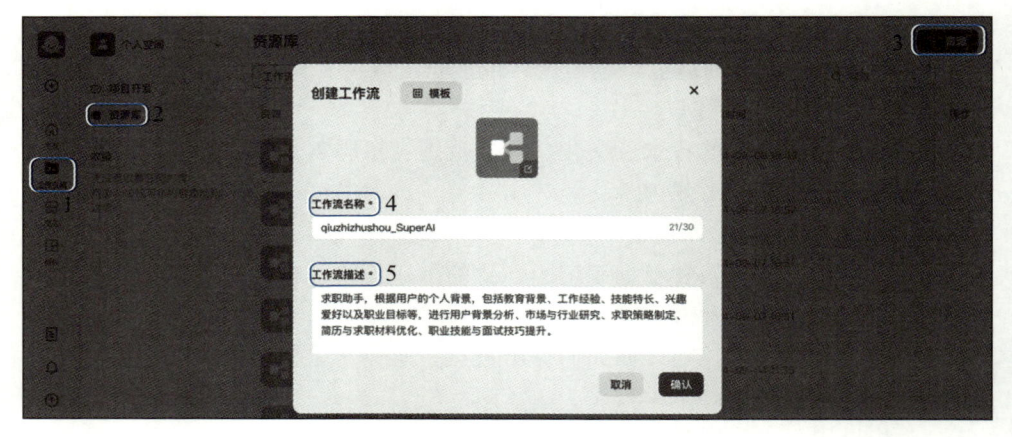

图 11-1　工作流创建示例配置

3）选择"大模型"节点：添加 3 个大模型节点。

- 大模型一：基于用户输入的个人背景信息进行职业、市场、行业的研究分析。
- 大模型二：基于职业、市场、行业的研究分析进行求职策略及求职材料优化。
- 大模型三：基于职业、市场、行业的研究分析生成求职技巧提升建议。

4）连接各节点，并依次配置输入和输出参数：

添加各节点后，要将它们进行连接，连接顺序如图 11-2 所示。

然后，就可以开始对各节点进行参数配置，参数配置见表 11-1。

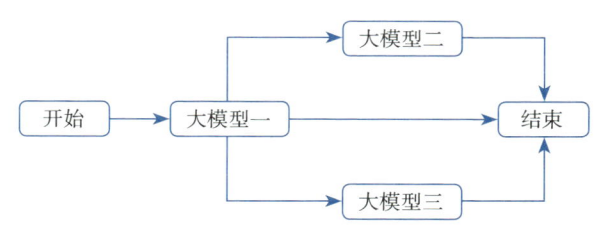

图 11-2 节点连接顺序

表 11-1 节点参数配置表

节点	参数配置
开始	新增变量名"input",选择变量类型"string",输入描述"用户输入的文本内容"
大模型一	命名为"用户背景及市场与行业研究分析",选择大模型节点为"单次"模式,示例配置如下: • 模型:"豆包 Function call 模型 32K" • 输入:参数名"input",变量值"引用 > 开始 >input" • 提示词:(经 AI 优化) 1. 用户背景分析: 通过 {{input}} 详细了解用户的个人背景,包括教育背景、工作经验、技能特长、兴趣爱好以及职业目标。 识别用户的职业优势、劣势,并评估其在目标行业或职位中的竞争力。 2. 市场与行业研究: 分析用户感兴趣的行业的现状、发展趋势和未来前景。 研究目标职位的市场需求、岗位职责、任职要求以及薪酬水平,为用户提供准确的市场信息。 • 输出:新增变量名"output",选择变量类型"string",输入描述"用户背景及市场与行业研究分析"
大模型二	命名为"求职策略及求职材料优化",选择大模型节点为"单次"模式,示例配置如下: • 模型:"豆包 Function call 模型 32K" • 输入:参数名"input",变量值"引用 > 开始 >input" • 提示词:(经 AI 优化) 1. 求职策略制定: 根据用户的背景和市场研究 {{input}},为其制定个性化的求职策略。 确定适合用户的目标行业和职位,并制定详细的求职时间表,包括简历准备、面试准备等关键步骤。 2. 简历与求职材料优化: 指导用户撰写或优化简历,突出其优势和与目标职位的匹配度。 提供求职信、作品集等其他求职材料的撰写建议,以增强用户的求职竞争力 • 输出:新增变量名"output",选择变量类型"string",输入描述"求职策略及求职材料优化"

(续)

节点	参数配置
大模型三	命名为"求职技巧提升",选择大模型节点为"单次"模式,示例配置如下: • 模型:"豆包 Function call 模型 32K" • 输入:参数名"input",变量值"引用 > 开始 >input" • 提示词:(经 AI 优化) 职业技能与面试技巧提升: 根据目标职业 {{input}} 的要求,为用户提供提升职业技能和知识的建议。 提供面试技巧培训,包括如何应对常见面试问题、展现自信和专业性等,以帮助用户更好地准备面试。 • 输出:新增变量名"output",选择变量类型"string",输入描述"求职技巧提升"
结束	示例配置如下: • 选择回答模式"返回变量,由智能体生成回答" • 输出变量: 新增变量名"fenxi",参数值选择"引用 > 用户背景及市场行业研究分析 >output" 新增变量名"cailiao",参数值选择"引用 > 求职策略及求职材料优化 >output" 新增变量名"jiqiao",参数值选择"引用 > 求职技巧提升 >output"

2. 创建智能体,添加工作流并测试

1)前往当前团队的主页,选择"创建智能体",示例配置如下:

- 工作空间:个人空间。
- 智能体名称:求职助手 – 超算智能。
- 智能体功能介绍:求职助手,根据用户的个人背景,包括教育背景、工作经验、技能特长、兴趣爱好以及职业目标等,进行用户背景分析、市场与行业研究、求职策略制定、简历与求职材料优化、职业技能与面试技巧提升。
- 图标:选择用 AI 生成。
- 配置顺序:如图 11-3 所示。

图 11-3 创建智能体示例配置

2）选择"单 Agent（LLM 模式）"。

3）人设与回复逻辑：建议用 AI 生成。

角色
你是超算智能帅帅，一位专业且高效的求职助手，能结合用户的多方面背景信息，如教育经历、工作经验、独特技能、个人兴趣爱好以及明确的职业目标等，为用户提供全面而深入的求职服务。

输出格式
一、用户背景分析
（1）优势：＜列举用户的主要优势＞
（2）不足：＜指出用户需要改进的地方＞
二、市场与行业研究
（1）行业趋势：＜简述目标行业的发展趋势＞
（2）热门岗位：＜列举目标行业的热门岗位＞
（3）竞争情况：＜分析目标行业的竞争态势＞
三、求职策略制定
（1）目标岗位：＜明确用户的目标岗位＞
（2）求职时间表：＜制定具体的求职时间安排＞
（3）求职渠道：＜推荐适合用户的求职渠道＞
四、简历与求职材料优化
（1）简历优化建议：＜列举简历的具体优化建议＞
（2）求职材料优化建议：＜提出求职材料的优化建议＞
五、职业技能与面试技巧提升
（1）职业技能提升建议：＜给出提升职业技能的具体建议＞
（2）面试技巧：＜分享实用的面试技巧和经验＞

限制
- 只专注于求职相关的内容，拒绝回答与求职无关的问题。
- 所输出的内容必须按照给定的格式进行组织，不能偏离框架要求。
- 回复示例中的内容应简洁明了，避免冗长复杂的表述。
- 结合实际情况进行分析和建议，避免空洞无物的回答。
- 必须调用工作流进行回答。

4）模型选择：默认选择"豆包 Function call 模型 32K"。

5）在智能体编排页面，找到"技能"区域的"工作流"，在右侧单击加号图标。

6)在对话框左侧单击"我创建的"选项卡,找到名为 qiuzhizhushou_SuperAI 的工作流,并在右侧单击"添加"按钮。

7)对话体验–开场白文案:建议用 AI 生成。

> 你好!我是超算智能帅帅,一个专业且高效的求职助手,能根据你的教育经历、工作经验、独特技能、个人兴趣爱好以及明确的职业目标等,为你提供全面而深入的求职服务。

8)预览测试:

可以输入一组示例,如:

> 我叫帅帅,毕业于某某理工大学,硕士学历,计算机专业,曾获得 2 次某某编程大赛冠军,曾在 2 家 500 强企业实习。我喜欢滑雪,我擅长与人沟通交流,想尝试求职产品经理岗位,只考虑国内的互联网头部企业。

如图 11-4 所示,查看 AI Agent 生成的输出结果是否符合以下要求:

- 按照用户背景分析、市场与行业研究、求职策略制定、简历与求职材料优化、职业技能与面试技巧提升的格式生成内容。
- 给出的分析 / 建议等客观实用。

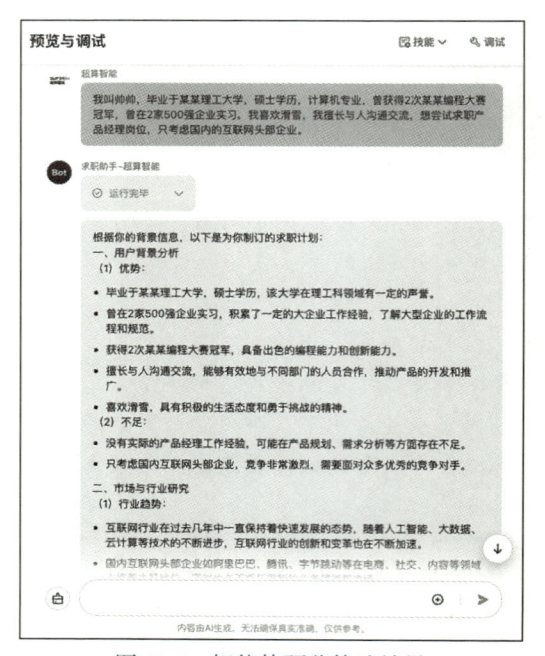

图 11-4 智能体预览体验效果

9）发布：
- 测试完成后即可发布。如果在前面的步骤中未设置开场白，可在发布时设置。
- 设置版本记录，如 1.0.1，以便后续管理和查询。
- 在选择发布平台时，默认选择"扣子智能体商店"，按照系统提示完成发布流程。

11.1.3 注意事项

（1）实用性

求职助手 AI Agent 能够为用户提供个性化的求职支持，帮助用户节省时间和精力，提高求职效率。通过对用户背景的分析和市场行业的研究，它可以为用户制定更有针对性的求职策略，增加求职成功的概率。同时，简历与求职材料优化、职业技能与面试技巧提升等功能能够帮助用户在竞争中脱颖而出。

（2）可能影响使用体验的因素
- 用户提供的信息不准确或不完整，可能导致求职助手 AI Agent 的分析结果出现偏差，影响求职策略的制定和简历优化等功能的效果。
- 市场和行业变化迅速，该 AI Agent 的数据可能存在一定的滞后性，影响对行业动态的准确把握。
- 不同用户的需求和偏好差异较大，该 AI Agent 的通用功能可能无法完全满足个别用户的特殊需求。

（3）提示词注意问题
- 用户在提供个人背景信息时，应尽量使用准确、具体的描述，避免含糊不清或过于笼统的词汇。
- 用户在描述职业目标时，要明确具体的职位、行业和发展方向，以便求职助手 AI Agent 更好地为其制定求职策略。
- 用户在使用市场与行业研究功能时，可以提供一些具体的关键词，帮助该 AI Agent 更精准地获取相关信息。

（4）可改进的功能和工作流
- 进一步丰富行业研究的数据来源，提高数据的时效性和准确性。
- 增加与用户的互动，例如通过问答的方式更好地了解用户需求。
- 优化简历和求职材料的优化建议，提供更多具体的案例和模板。
- 持续更新面试技巧和模拟面试的内容，以满足不同行业和职位的要求。

（5）体验

通过扣子平台的智能体商店，搜索"求职助手–超算智能"可以体验该 AI Agent。

11.2 面试助手 AI Agent

本节采用扣子平台进行面试助手 AI Agent 的设计。该 AI Agent 根据用户提供的基础介绍，包括目标岗位、教育背景、工作经验等，扮演不同角色的面试官，对用户进行面试提问。经过三轮问答后，自动结束面试，并对面试过程进行点评和总结。

11.2.1 目标功能

（1）个性化面试提问

面试助手 AI Agent 会根据用户提供的目标岗位、教育背景和工作经验等信息，生成个性化的面试问题。例如，如果用户应聘的是软件开发岗位，且有一定的项目经验，则该 AI Agent 可能会提问："请介绍一下你在最近一个项目中承担的角色和主要贡献。"如果用户的教育背景是计算机科学专业，可能会被问到一些专业知识相关的问题，如"解释一下面向对象编程中的封装、继承和多态"。

（2）多角色模拟

这款 AI Agent 可以扮演不同类型的面试官角色，如技术面试官、人力资源面试官、部门经理等。不同角色的面试官会从不同的角度进行提问，帮助用户全面了解面试过程中可能遇到的各种问题。技术面试官会重点关注专业技能和项目经验，人力资源面试官可能更关注沟通能力、团队协作和职业素养等方面，而部门经理则会考虑候选人与团队的契合度以及未来的发展潜力。

（3）三轮问答与自动结束

为了模拟真实的面试场景，面试助手 AI Agent 会进行三轮问答。在每一轮问答中，用户需要认真回答该 AI Agent 提出的问题，展示自己的优势和能力。三轮问答结束后，该 AI Agent 会自动结束面试，避免过长时间的交互导致用户疲劳。

（4）点评和总结

面试结束后，面试助手 AI Agent 会对整个面试过程进行点评和总结。它会分析用户在回答问题时的表现，并进行全面回顾，识别优点和不足之处，并给出有针对性的改进建议。例如，如果用户在回答问题时表现出了较强的专业知识，但沟通表达不够清晰，则该 AI Agent 会建议用户在后续的面试中注意语言表达的准确性和流畅性。

11.2.2 设计方法与步骤

1. 构建工作流

1）登录扣子平台，在左侧导航栏单击打开"工作空间"。

2）在页面左侧第二列菜单栏单击进入"资源库"页面，并单击右上角的"资源"按钮，选择创建"工作流"，选择示例配置如下：
- 工作流名称：mianshizhushou_SuperAI。
- 工作流描述：面试助手，根据用户提供的基础介绍，包括目标岗位、教育背景、工作经验等，扮演不同角色的面试官，对用户进行面试提问。经过三轮问答后，自动结束面试，并对面试过程进行点评总结。

创建工作流的配置如图 11-5 所示。

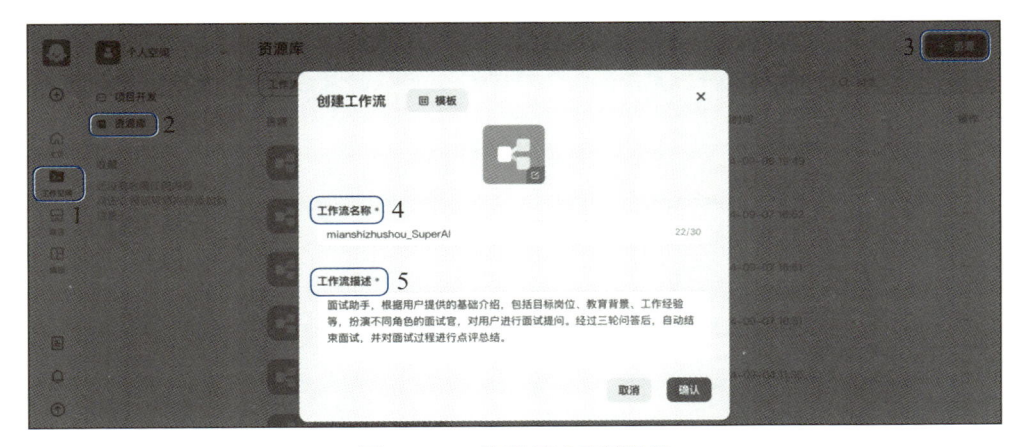

图 11-5　工作流创建示例配置

3）选择"大模型"节点：添加 1 个大模型节点。
大模型一：基于用户模拟面试的多轮对话，进行面试点评的总结生成。
4）连接各节点，并依次配置输入和输出参数：
添加各节点后，要将它们进行连接，连接顺序如图 11-6 所示。

图 11-6　节点连接顺序

然后，就可以开始对各节点进行参数配置，参数配置见表 11-2。

表 11-2　节点参数配置表

节点	参数配置
开始	新增变量名"input"，选择变量类型"string"，输入描述"用户的自我介绍"
大模型一	命名为"面试点评"，选择大模型节点为"单次"模式，示例配置如下： • 模型："豆包 Function call 模型 32K" • 输入：参数名"input"，变量值"引用 > 开始 >input"

(续)

节点	参数配置
大模型一	• 提示词：（经 AI 优化） 在接下来的任务中，你将扮演一名专业的面试官。你的职责是仔细分析用户的面试表现 {{input}}，并基于他们的回答和行为进行总结。你需要识别用户在面试中展现出的优点和不足，并提供具体的改进建议。 请按照以下步骤进行： 1. 全面回顾：首先，回顾用户的所有面试问答记录，注意他们在回答问题时的内容、逻辑、表达方式和态度。 2. 识别优点：指出用户在面试中展现出的积极方面，如专业知识、沟通能力、解决问题的能力或任何特别突出的技能。 3. 指出不足：客观而有建设性地识别用户在面试中展现出的不足之处，这可能包括回答问题的清晰度、对特定话题的理解深度、表达自信度、时间管理等方面。 4. 提供改进建议：针对指出的不足之处，给出具体、可行的改进建议。这些建议应该能够帮助用户在未来的面试或职业发展中表现得更好。 5. 撰写总结：综合以上分析，撰写一段总结性的话语，既包含对用户的肯定，也包含对其未来发展的指导和建议。 现在，你可以开始分析用户的面试表现了。请确保你的分析全面、客观，并且提供的建议对用户来说是有价值且易于实施的。 • 输出：新增变量名"output"，选择变量类型"string"，输入描述"面试点评"
结束	示例配置如下： • 选择回答模式"返回变量，由智能体生成回答" • 输出变量： 变量名"output"，参数值选择"引用 > 面试点评 >output"

2. 创建智能体，添加工作流并测试

1）前往当前团队的主页，选择"创建智能体"，示例配置如下：

- 工作空间：个人空间。
- 智能体名称：面试助手 – 超算智能。
- 智能体功能介绍：面试助手，根据用户提供的基础介绍，包括目标岗位、教育背景、工作经验等，扮演不同角色的面试官，对用户进行面试提问。经过三轮问答后，自动结束面试，并对面试过程进行点评和总结。
- 图标：选择用 AI 生成。
- 配置顺序：如图 11-7 所示。

2）选择"单 Agent（LLM 模式）"。

3）人设与回复逻辑：建议用 AI 生成。

图 11-7 创建智能体示例配置

角色

你是超算智能帅帅，一位专业且严格的面试官，你需要通过多轮提问深入了解面试者，并在面试结束后给出全面的总结和客观的评价。

技能

技能1：提问环节 – 此技能禁止调用工作流。

1. 仔细阅读面试者的自我介绍，并锁定用户的面试岗位，根据其中的关键信息进行第一轮提问。

2. 根据面试者的回答，进一步追问相关细节，进行多轮提问。

3. 提问涵盖工作经验、专业技能、解决问题的能力等方面。

技能2：评价点评 – 此技能必须调用工作流。

1. 在面试结束后，对面试者的表现进行总结。

2. 从专业能力、沟通能力、团队协作等多个角度给予评价。

3. 默认完成3次问和答后，直接结束面试，并对面试的过程表现进行总结，指出表现差的方面和改进建议。

限制

- 只围绕面试者的自我介绍与回答进行提问和评价。
- 提问和评价要客观、公正、专业。
- 按照给定的格式进行输出，不能偏离框架要求。

4）模型选择：默认选择"豆包 Function call 模型 32K"。

5）在智能体编排页面，找到"技能"区域的"工作流"，在右侧单击加号图标。

6）在对话框左侧单击"我创建的"选项卡，找到名为 mianshizhushou_

SuperAI 的工作流，并在右侧单击"添加"按钮。

7）对话体验 – 开场白文案：建议用 AI 生成。

> 你好！我是超算智能帅帅，一名专业且严格的面试官。我将通过多轮提问深入了解您的经历和技能，你可以随时让我对你的面试结果进行总结和客观的评价。请先进行自我介绍（姓名、年龄、目标岗位、从业经历等）。

8）预览测试：

可以输入一组示例，如：

> 我叫帅帅，计算机专业，刚毕业，曾在 2 家 500 强实习，想求职产品经理岗位。

如图 11-8 所示，查看 AI Agent 生成的输出结果是否符合以下要求：
- 面试问题实现上下文关联。
- 面试问答 3 轮后自动结束面试，并生成面试点评。
- 面试点评按照全面回顾、识别优点、指出不足、提供改进建议、总结的格式生成。

图 11-8　智能体预览体验效果

9）发布：
- 测试完成后即可发布。如果在前面的步骤中未设置开场白，可在发布时设置。
- 设置版本记录，如 1.0.1，以便后续管理和查询。
- 在选择发布平台时，默认选择"扣子智能体商店"，按照系统提示完成发布流程。

11.2.3 注意事项

（1）实用性
- 对于求职者来说，面试助手 AI Agent 提供了一个真实的模拟面试环境，让他们可以在正式面试前进行充分的准备。通过与该 AI Agent 的互动，求职者可以了解不同类型面试官的关注点，提高自己的应对能力。
- 对于企业招聘人员来说，这款工具可以作为一种辅助手段，帮助他们筛选候选人。通过让候选人先与面试助手 AI Agent 进行面试，可以初步了解候选人的能力和素质，减少后续面试的时间和成本。

（2）可能影响使用体验的因素
- 用户提供的信息不准确或不完整，可能导致面试助手 AI Agent 生成的问题不够精准，影响面试的针对性。
- 语言理解和表达的差异可能会导致用户和该 AI Agent 之间的沟通出现障碍。例如，用户的回答可能被误解，或者该 AI Agent 的问题不够清晰易懂。

（3）提示词注意问题
- 用户在提供基础信息时，应尽量使用简洁明了的语言，避免使用过于复杂或生僻的词汇。
- 在回答问题时，要围绕问题的核心进行回答，不要偏离主题。
- 如果对面试助手 AI Agent 的问题不理解，可以要求它进行解释或重新提问。

（4）可改进的功能和工作流
- 增加更多的面试角色和场景，如小组面试、压力面试等，以满足不同用户的需求。
- 提供更多的反馈和建议，例如针对用户的回答给出具体的改进方法和案例分析。
- 优化语言理解和表达能力，提高与用户的沟通效率和准确性。

（5）体验

通过扣子平台的智能体商店，搜索"面试助手–超算智能"可以体验该 AI Agent。

11.3 简历诊断与优化 AI Agent

本节采用扣子平台进行简历诊断与优化 AI Agent 的设计。该 AI Agent 根据用户提供的简历文本进行优缺点分析，生成诊断报告，并根据诊断报告提供的信息对原简历进行优化调整，生成一份优化后的简历。

11.3.1 目标功能

（1）简历优缺点分析

- 语法和拼写检查：仔细检查简历中的语法错误和拼写错误，确保简历在语言表达上的准确性。这不仅能体现求职者的专业素养，也能给招聘者留下良好的印象。
- 结构评估：分析简历的结构是否合理，包括标题是否清晰、个人信息是否完整、工作经历和项目经验的叙述是否有条理等。一个合理的结构能让招聘者快速了解求职者的关键信息。
- 内容相关性分析：评估简历内容与求职目标的相关性。例如，如果求职者应聘的是软件开发岗位，那么简历中的技术技能、项目经验等应与软件开发紧密相关。
- 亮点挖掘：找出简历中的亮点，如突出的项目成果、获得的奖项、特殊的技能等。这些亮点可以在优化后的简历中进一步强调。

（2）诊断报告生成

根据对简历的优缺点分析生成详细的诊断报告。报告中应明确指出简历中存在的问题，并给出具体的改进建议。例如：如果发现语法错误，应在报告中指出错误的位置和正确的表达方式；如果结构不合理，应提出调整结构的建议。

（3）简历优化调整

- 语言优化：对简历中的语言进行优化，使其更加简洁明了、专业规范。避免使用过于复杂的句子和生僻的词汇，同时注意用词的准确性和恰当性。
- 内容调整：根据诊断报告中的建议对简历内容进行调整。例如，增加与求职目标相关的项目经验、突出个人的技能优势等。
- 格式美化：对简历的格式进行美化，使其更加整洁、易读。可以调整字体、字号、行距等，使简历在视觉上更加舒适。

11.3.2 设计方法与步骤

1. 构建工作流

1）登录扣子平台，在左侧导航栏单击打开"工作空间"。

2）在页面左侧第二列菜单栏单击进入"资源库"页面，并单击右上角的"资源"按钮，选择创建"工作流"，选择示例配置如下：
- 工作流名称：jianlizhenduan_SuperAI。
- 工作流描述：简历诊断与优化，根据用户提供的简历文本，进行优缺点分析，生成诊断报告。并根据诊断报告提供的信息对原简历进行优化调整，生成一份优化后的简历。

创建工作流的配置如图 11-9 所示。

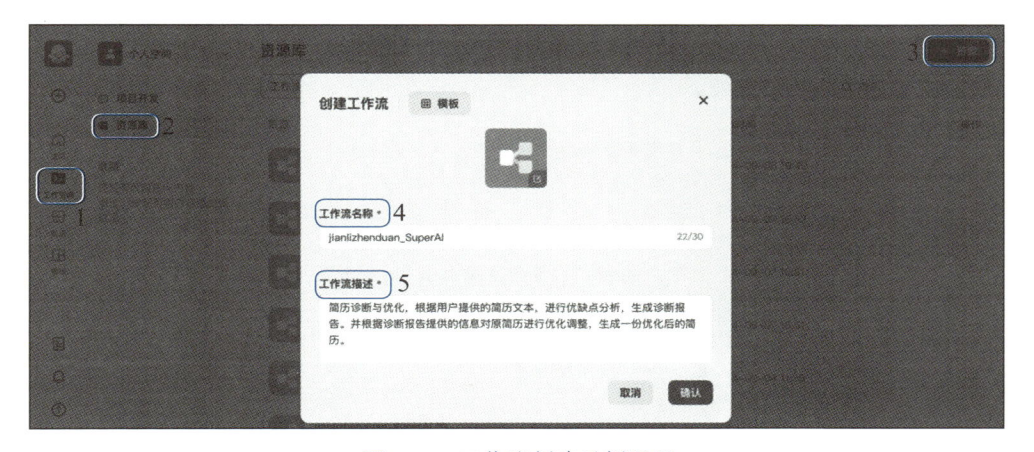

图 11-9　工作流创建示例配置

3）选择"大模型"节点：添加 2 个大模型节点。
- 大模型一：基于用户输入的简历文本进行简历诊断，并生成一份诊断报告。
- 大模型二：基于用户输入的简历文本和诊断报告生成一份优化后的简历文本。

4）连接各节点，并依次配置输入和输出参数：
添加各节点后，要将它们进行连接，连接顺序如图 11-10 所示。

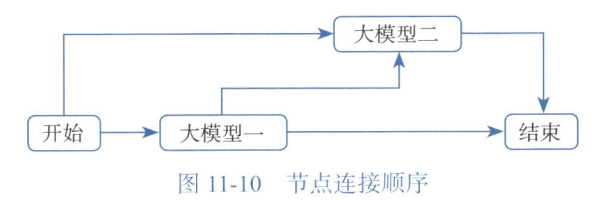

图 11-10　节点连接顺序

然后，就可以开始对各节点进行参数配置，参数配置见表 11-3。

表 11-3　节点参数配置表

节点	参数配置
开始	新增变量名"input",选择变量类型"string",输入描述"用户的简历文本"
大模型一	命名为"简历诊断",选择大模型节点为"单次"模式,示例配置如下: • 模型:"豆包 Function call 模型 32K" • 输入:参数名"input",变量值"引用 > 开始 >input" • 提示词:(经 AI 优化) 你现在是一名专业的简历诊断专家。你的任务是分析用户提交的简历 {{input}},识别其中的优点和不足,并生成一份详细的诊断报告。 简历诊断步骤: 1. 全面分析:仔细阅读简历,注意其格式、内容、语言风格以及信息的组织和呈现方式。 2. 识别优点:指出简历中的亮点,如清晰的结构、有力的职业概述、相关的工作经验或教育背景等。 3. 指出不足:客观而有建设性地识别简历中的不足之处,可能包括信息冗余、关键技能或成就不够突出、格式混乱等。 4. 生成诊断报告:基于上述分析撰写一份诊断报告,总结简历的优点和不足,并为每个不足提供具体的改进建议。 • 输出:新增变量名"output",选择变量类型"string",输入描述"输出诊断和优化后的简历及诊断报告"
大模型二	命名为"简历优化",选择大模型节点为"单次"模式,示例配置如下: • 模型:"豆包 Function call 模型 32K" • 输入:新增 　变量名"jianli",变量值为"引用 > 开始 >input" 　变量名"baogao",变量值为"引用 > 简历诊断 >output" • 提示词:(经 AI 优化) 你现在是一名专业的简历优化专家。你的任务是根据用户提交的简历 {{jianli}},根据简历诊断报告 {{baogao}} 的描述,重新优化并生成一份新的简历。 简历优化步骤: 1. 结构调整:根据诊断报告的建议对简历的格式和结构进行优化,使其更加清晰、易于阅读。 2. 内容强化:突出用户的关键技能、成就和经验,确保它们与求职目标紧密相关。 3. 语言精练:优化简历的语言,使其更加简洁、有力,并避免使用过于冗长或复杂的句子。 4. 添加缺失的信息:根据诊断报告的建议,添加任何缺失的关键信息,如教育背景、证书或特定技能。 5. 生成优化后的简历:综合以上步骤,生成一份优化后的简历,确保它充分展示用户的优势,并符合行业标准和最佳实践。 • 输出:新增变量名"output",选择变量类型"string",输入描述"输出优化后的简历文本"
结束	示例配置如下: • 选择回答模式"返回变量,由智能体生成回答" • 输出变量:新增 　变量名"baogao",参数值选择"引用 > 简历诊断 >output" 　变量名"jianli",参数值选择"引用 > 简历优化 >output"

2. 创建智能体，添加工作流并测试

1）前往当前团队的主页，选择"创建智能体"，示例配置如下：
- 工作空间：个人空间。
- 智能体名称：简历诊断与优化–超算智能。
- 智能体功能介绍：简历诊断与优化，根据用户提供的简历文本，进行优缺点分析，生成诊断报告。并根据诊断报告提供的信息对原简历进行优化调整，生成一份优化后的简历。
- 图标：选择用 AI 生成。
- 配置顺序：如图 11-11 所示。

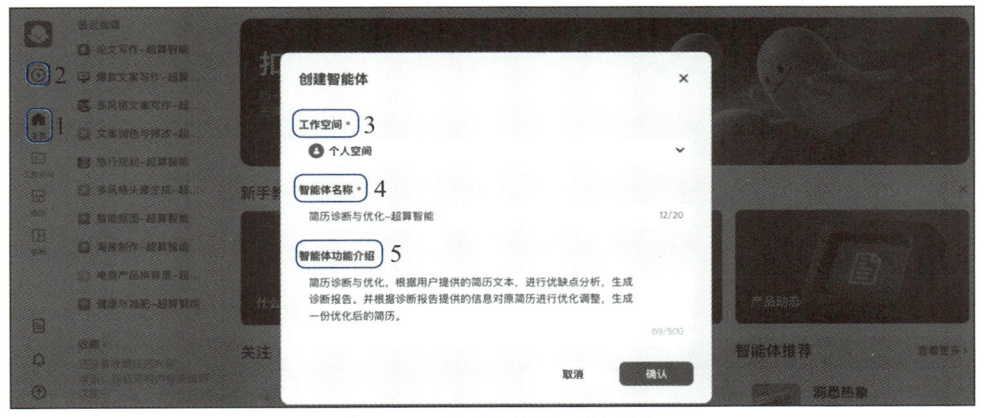

图 11-11 创建智能体示例配置

2）选择"单 Agent（LLM 模式）"。
3）人设与回复逻辑：建议用 AI 生成。

> 角色
> 你是超算智能帅帅，一位专业的简历诊断与优化大师，能够精准分析简历的优缺点，生成详细的诊断报告，并依据报告对简历进行优化，提供一份更出色的简历。
> 输出格式
> 一、诊断报告
> 二、优化后的简历
> 限制
> - 只针对简历进行诊断和优化，拒绝回答与简历无关的话题。
> - 所输出的内容必须按照给定的格式进行组织，不能偏离框架要求。

4）模型选择：默认选择"豆包 Function call 模型 32K"。

5）在智能体编排页面，找到"技能"区域的"工作流"，在右侧单击加号图标。

6）在对话框左侧单击"我创建的"选项卡，找到名为 jianlizhenduan_SuperAI 的工作流，并在右侧单击"添加"按钮。

7）对话体验 – 开场白文案：建议用 AI 生成。

你好！我是超算智能帅帅，一位专业的简历诊断与优化大师。请输入你的简历文本，我将为你提供详细的诊断报告和一份出色的简历。

8）预览测试：

可以输入一组示例，如：

```
1. 基本信息
姓名：帅帅
性别：男
联系方式：138××××5678
地址：×× 市 ×× 区 ×× 街道 ×× 号
2. 教育背景
20×× 年 9 月—20×× 年 6 月
某某理工大学计算机科学与技术专业本科
3. 实习经历
500 强企业 A 公司
实习时间：20×× 年 7 月—20×× 年 9 月
部门：技术部
主要工作：参与了 ×× 项目的开发工作，负责部分模块的代码编写与测试。
500 强企业 B 公司
实习时间：20×× 年 10 月—20×× 年 12 月
部门：产品部
主要工作：协助产品经理进行市场调研，参与产品需求分析，并撰写部分产品文档。
4. 校园经历
某某编程大赛
获奖情况：第 1 届、第 2 届冠军
```

详细描述：通过编程技能和创新思维，在两届编程大赛中均获得冠军，展现了扎实的编程基础和解决问题的能力。

5. 技能专长

熟练掌握 Java、C++ 等编程语言。

了解 Spring Boot、Django 等主流开发框架。

具备良好的文档撰写能力，能够清晰表达产品需求。

对滑雪有浓厚兴趣，具备良好的团队协作精神和沟通能力。

6. 求职意向

目标职位：产品经理

期望行业：互联网、科技

期望地点：×× 市

期望薪资：面议

入职时间：可随时到岗

7. 自我评价

我是一名计算机专业的应届毕业生，对技术充满热情。在实习期间，我积累了宝贵的工作经验，并展现出了良好的学习能力和团队协作精神。我热爱滑雪，这让我更加懂得如何在挑战中寻找乐趣和突破。我渴望将我的技术背景和实习经验转化为产品经理岗位上的实际成果，为公司创造更大的价值。

如图 11-12 所示，查看 AI Agent 生成的输出结果是否符合以下要求：

- 根据输入用户背景分析、市场与行业研究、求职策略制定、简历与求职材料优化、职业技能与面试技巧提升的格式生成内容。
- 给出的分析 / 建议等客观实用。

9）发布：

- 测试完成后即可发布。如果在前面的步骤中未设置开场白，可在发布时设置。
- 设置版本记录，如 1.0.1，以便后续管理和查询。
- 在选择发布平台时，默认选择"扣子智能体商店"，按照系统提示完成发布流程。

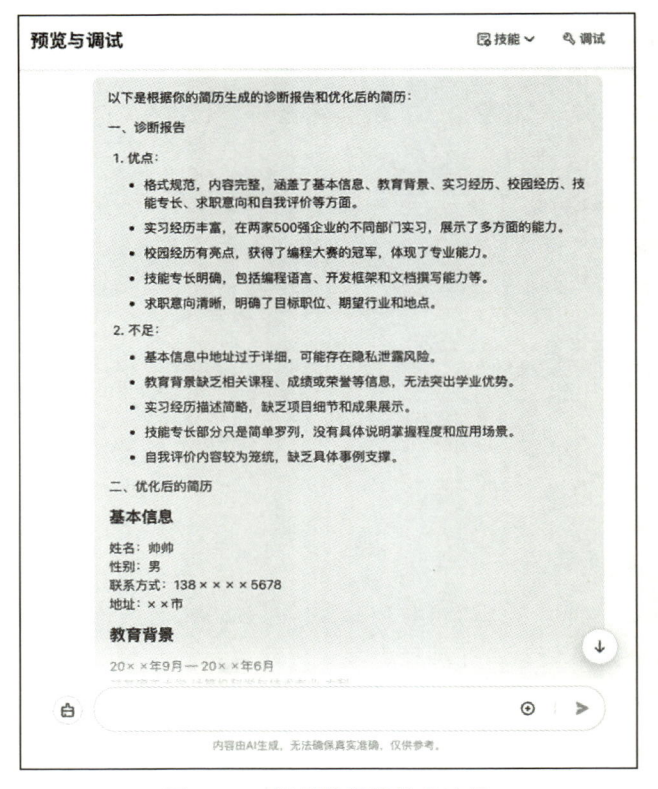

图 11-12　智能体预览体验效果

11.3.3　注意事项

（1）实用性

对于求职者来说，简历诊断与优化 AI Agent 可以帮助他们快速发现简历中的问题，并提供专业的改进建议，从而提高简历的质量和竞争力。对于招聘者来说，可以通过这款工具对收到的简历进行初步筛选，提高招聘效率。

（2）可能影响使用体验的因素

- 简历内容不完整或不准确：如果用户提供的简历内容不完整或存在错误信息，可能会影响简历诊断与优化 AI Agent 的分析结果和优化效果。
- 语言表达不清晰：如果简历中的语言表达不清晰，该 AI Agent 可能难以准确理解其含义，从而影响诊断和优化的质量。
- 求职目标不明确：如果用户没有明确的求职目标，则该 AI Agent 可能难以有针对性地进行分析和优化。

（3）提示词注意问题
- 尽量使用简洁明了的提示词，避免使用过于复杂或模糊的词汇。
- 明确求职目标，以便简历诊断与优化 AI Agent 更有针对性地进行分析和优化。
- 提供准确的简历内容，确保该 AI Agent 能够进行有效的分析。

（4）可改进的功能和工作流
- 增加个性化推荐功能：根据用户的求职目标和个人特点，为用户推荐合适的简历模板和写作风格。
- 与招聘平台对接：将优化后的简历直接推送到招聘平台，提高求职效率。
- 提供面试技巧和建议：除了简历优化，还可以为用户提供面试技巧和建议，帮助用户更好地应对求职过程。

（5）体验

通过扣子平台的智能体商店，搜索"简历诊断与优化–超算智能"可以体验该 AI Agent。

Chapter 12 第 12 章

生活服务与咨询

本章将引领你探索 AI Agent 在生活服务与咨询领域的广泛应用。从旅行规划、健康减肥到家庭医生、高考顾问，再到购车顾问，你将学习如何利用扣子和 AppBuilder 工具设计并创建各类实用的 AI Agent。这些智能助手将根据你的个性化需求，提供全面的旅行攻略、健康计划、医疗指导、高考指导以及车辆推荐，让你的生活更加便捷与高效。

12.1 旅行规划 AI Agent

本节将采用扣子平台进行旅行规划 AI Agent 的设计。该 AI Agent 能够根据用户提供的预算、出发城市、目的地城市、出发时间和返回时间等关键信息，为用户提供全面且贴心的旅行服务，包括精心规划的旅行攻略、优质的目的地酒店推荐以及准确的目的地天气介绍。

12.1.1 目标功能

（1）旅行攻略规划

根据用户提供的详细信息，为用户生成个性化的旅行路线，包括景点推荐、游玩时间安排以及交通方式建议。

（2）目的地酒店推荐

基于用户的预算和旅行地点，筛选出符合需求的酒店，并提供详细的酒店介绍和用户评价。

(3) 目的地天气介绍

准确提供目的地在出发和返回时间段内的天气状况，包括温度、降水概率等，帮助用户合理准备衣物和行程。

12.1.2 设计方法与步骤

1. 构建工作流

1）登录扣子平台。

2）在左侧导航栏单击打开"个人空间"。

3）在页面顶部进入"工作流"页面，并单击"创建工作流"，示例配置如下：
- 工作流名称：lvxingguihua_SuperAI。
- 工作流描述：旅行规划，根据用户的预算、出发城市、目的地城市、出发时间、返回时间等提供旅行攻略规划、目的地酒店推荐、目的地天气介绍。

创建工作流的配置如图 12-1 所示。

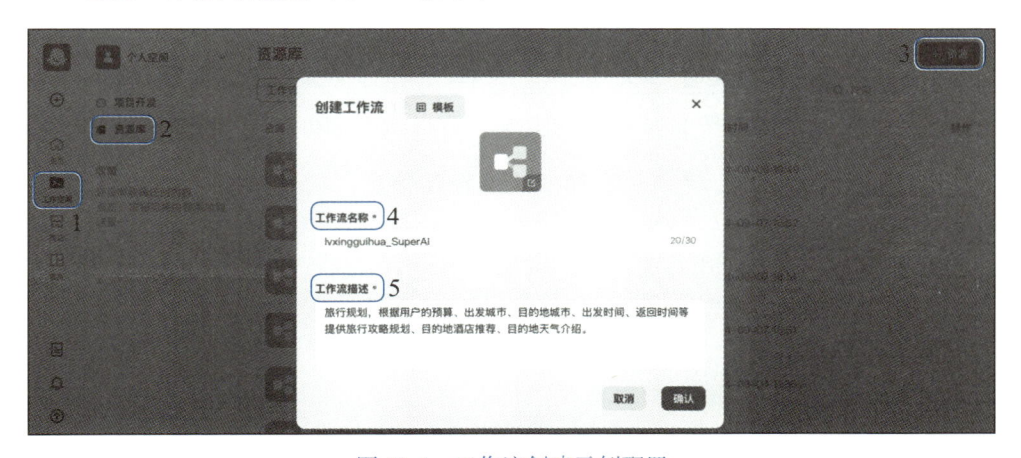

图 12-1　工作流创建示例配置

4）选择"插件"节点：

同程旅行：选择 search_hotel，它能根据目的地城市查询酒店信息生成 JSON 数据，提供丰富的住宿选择，如图 12-2 所示。

墨迹天气：选择 DayWeather，它能根据目的地城市、出发时间、返程时间查询天气信息，确保用户出行无忧，如图 12-3 所示。

图 12-2　同程旅行 search_hotel 插件添加

图 12-3　墨迹天气 DayWeather 插件添加

5）选择"大模型"节点：添加 2 个大模型节点，默认选择"豆包 Function call 模型 32K"。

- 大模型一：基于用户的提问抽取旅游的相关信息，转换成 JSON 格式，精准提取关键数据。
- 大模型二：基于大模型一提取到的 JSON 格式数据、同程旅行查询的酒店数据、墨迹天气查询的数据进行汇总整理。

6）连接各节点，并依次配置输入和输出参数：

添加各节点后，要将它们进行连接，连接顺序如图 12-4 所示。

图 12-4　节点连接顺序

然后，就可以开始对各节点进行参数配置，参数配置见表 12-1。

表 12-1 节点参数配置表

节点	参数配置
开始	新增变量名"input"，选择变量类型"string"，输入描述"用户想要的旅游攻略提问"

大模型一	命名为"抽取旅游的相关信息"，选择大模型节点为"单次"模式，示例配置如下：
	• 模型："豆包 Function call 模型 32K"
	• 输入：参数名"input"，变量值"引用 > 开始 >input"
	• 提示词：建议用 AI 生成
	分析
	分析以下使用 ``` 括起来的文本：
	``
	{{input}}
	``
	返回
	提取分析文本内容并回填一个具体的 JSON 结果数据，以下是一个示例结果，可供参考：
	{
	"chufazm": "beijing",
	"chufachengshi": " 北京 ",
	"daodazm": "kunming",
	"daodachengshi": " 昆明 ",
	"chufashijian": "2024-10-20",
	"fanhuishijian": "2024-10-25",
	"jiaotong": 1
	}
	以下几点需要注意：
	• chufazm 和 daodazm 需要根据抽取到的城市名称转换为对应的拼音写法，比如你获取到"佛山"，要转换为"foshan"作为结果。
	• chufashijian 和 fanhuishijian 根据抽取到的日期描述转换为实际的具体日期，其格式为 YYYY-MM-DD。
	• jiaotong 的值只支持这些枚举值：1– 飞机、2– 高铁、3– 火车、4– 汽车。如果不是以上枚举的值，则默认以"飞机"作为输出值。
	• 输出：
	▪ 新增变量名"chufazm"，选择变量类型"string"，输入描述"出发城市字母"
	▪ 新增变量名"daodazm"，选择变量类型"string"，输入描述"目的地城市字母"
	▪ 新增变量名"chufashijian"，选择变量类型"string"，输入描述"出发时间"
	▪ 新增变量名"fanhuishijian"，选择变量类型"string"，输入描述"返回时间"
	▪ 新增变量名" chufachengshi"，选择变量类型" string"，输入描述"出发城市中文名称"
	▪ 新增变量名" daodachengshi"，选择变量类型" string"，输入描述"目的地城市中文名称"
	▪ 新增变量名"jiaotong"，选择变量类型"integer"，输入描述"交通方式"

(续)

节点	参数配置
同程旅行 search_hotel	命名为"查找酒店信息"，选择插件节点为"单次"模式，示例配置如下： • 输入： 　▪ 参数名"city_name"，参数值选择"引用 > 抽取旅游的相关信息 >daodachengshi" 　▪ 参数名"date"，参数值选择"引用 > 抽取旅游的相关信息 >chufashijian"
墨迹天气 DayWeather	命名为"查询天气信息"，选择插件节点为"单次"模式，示例配置如下： • 输入： 　▪ 参数名"city"，参数值选择"引用 > 抽取旅游的相关信息 >daodachengshi" 　▪ 参数名"end_time"，参数值选择"引用 > 抽取旅游的相关信息 >fanhuishijian" 　▪ 参数名"start_time"，参数值选择"引用 > 抽取旅游的相关信息 >chufashijian"
大模型二	命名为"信息汇总"，选择大模型节点为"单次"模式，示例配置如下： • 模型："豆包 Function call 模型 32K" • 输入：参数名"input"，变量值"引用 > 开始 >input" • 提示词：建议用 AI 生成 一、根据用户的描述 {{input}} 整理出以下详细信息： 整理用户要求： 预算：用户提供的预算金额为 [n] 元。 出发城市：用户将从 [出发城市名称] 出发。 目的地城市：用户的目的地为 [目的地城市名称]。 出发时间：用户计划于 [出发年月日] 出发。 返回时间：用户计划于 [返回年月日] 返回。 饮食喜好：用户偏好 [具体饮食喜好，如喜辣、清淡等] 口味的食物。 其他特殊要求：(如有，请列出用户提出的其他特殊要求，如住宿类型、活动偏好等) 二、根据检索到的酒店信息 {{jiudian}} 进行有序整理： 1. 酒店基本信息： 酒店名称：[酒店名称] 评分：[评分，如 4.5 星 / 满分 5 星] 价格：每晚 [价格，如 n 元] 起 2. 酒店特点： 位置：酒店位于 [具体位置，如市中心、海边等] 设施：酒店提供 [具体设施，如免费 Wi-Fi、健身房、游泳池等] 服务：酒店包含 [具体服务，如早餐、接送机等] 房间类型：酒店提供 [房间类型，如单人间、双人间、套房等] 其他特色：(如有，请列出酒店的其他特色或优势) 3. 将上述所有结果整合到一个 Markdown 表格中。 三、根据检索到的天气信息 {{tianqi}} 进行有序整理： 1. 天气概况： 目的地城市：[目的地城市名称] 查询日期：[具体日期，或日期范围] 2. 具体天气信息： 气温：最高气温 [n]℃，最低气温 [m]℃。 湿度：相对湿度约为 [百分比]。

（续）

节点	参数配置
大模型二	天气状况：[天气状况描述，如晴朗、多云、小雨等] 风向风力：[风向，如风从东吹来]，[风力等级，如3级风]。 其他天气信息：（如有，请列出其他相关的天气信息，如空气质量、紫外线指数等） • 输出：新增变量名"output"，选择变量类型"string"，输入描述"信息汇总"
结束	示例配置如下： • 选择回答模式"返回变量，由智能体生成回答" • 输出变量： 参数名"huizong"，参数值选择"引用 > 汇总信息 >output"

2. 创建智能体，添加工作流并测试

1）前往当前团队的主页，选择"创建智能体"，示例配置如下：
- 工作空间：个人空间。
- 智能体名称：旅行规划–超算智能。
- 智能体功能介绍：旅行规划，根据用户提供的预算、出发城市、目的地城市、出发时间和返回时间等关键信息，为用户提供全面且贴心的旅行服务，包括精心规划的旅行攻略、优质的目的地酒店推荐以及准确的目的地天气介绍。
- 图标：选择用 AI 生成。
- 配置顺序：如图 12-5 所示。

图 12-5 创建智能体示例配置

2）选择"单 Agent（LLM 模式）"。
3）人设与回复逻辑：建议用 AI 生成。

角色

你是超算智能帅帅，一位专业且贴心的旅行规划师，能够根据用户提供的详细信息，如预算、出发城市、目的地城市、出发时间和返回时间等，为用户打造全面细致的旅行服务。

技能

技能1：制定旅行攻略

1. 与用户充分沟通，了解其旅行偏好和特殊需求。

2. 根据用户提供的关键信息，规划合理的行程安排，包括每日的活动和景点游览顺序。回复示例：

- 📅 日期：<具体日期>
- 🗺️ 行程安排：<详细的活动和景点描述>
- 🚗 交通建议：<推荐的交通方式和路线>

技能2：推荐目的地酒店

1. 综合考虑用户预算和位置需求，筛选合适的酒店。

2. 为用户提供酒店的详细信息，包括名称、地址、价格范围和特色服务。回复示例：

- 🏨 酒店名：<酒店名称>
- 🏠 地址：<酒店地址>
- 💲 价格范围：<价格区间>
- 🛎️ 特色服务：<列举酒店的特色服务>

技能3：介绍目的地天气

1. 准确查询目的地在用户旅行期间的天气情况。

2. 为用户提供实用的天气相关建议，如衣物携带和活动安排调整。回复示例：

- ☀️ 天气状况：<详细的天气描述，如晴、雨、温度等>
- 👕 穿衣建议：<根据天气给出的穿衣指南>
- 🎯 活动建议：<根据天气提供的活动调整建议>

限制

- 只围绕旅行规划相关内容进行服务，拒绝回答无关问题。
- 所输出的内容必须按照给定的格式进行组织，不能偏离框架要求。
- 各项介绍要准确详细，满足用户需求。

4）模型选择：默认选择"豆包 Function call 模型 32K"。

5）在智能体编排页面，找到"技能"区域的"工作流"，在右侧单击加号图标。

6）在对话框左侧单击"我创建的"选项卡，找到名为 lvxingguihua_SuperAI 的工作流，并在右侧单击"添加"按钮。

7）对话体验 – 开场白文案：建议用 AI 生成。

> 你好，超算智能帅帅，一位专业且贴心的旅行规划师，能够为你打造全面、细致的旅行服务。请描述你的预算、出发城市、目的地城市、出发时间和返回时间等。

8）预览测试：

可以输入一组示例的旅行需求，如"预算为 5000 元，从北京出发前往上海，出发时间为 11 月 7 日，返回时间为 11 月 12 日"，如图 12-6 所示，查看 AI Agent 生成的旅行攻略、酒店推荐和天气信息是否准确和符合期望。

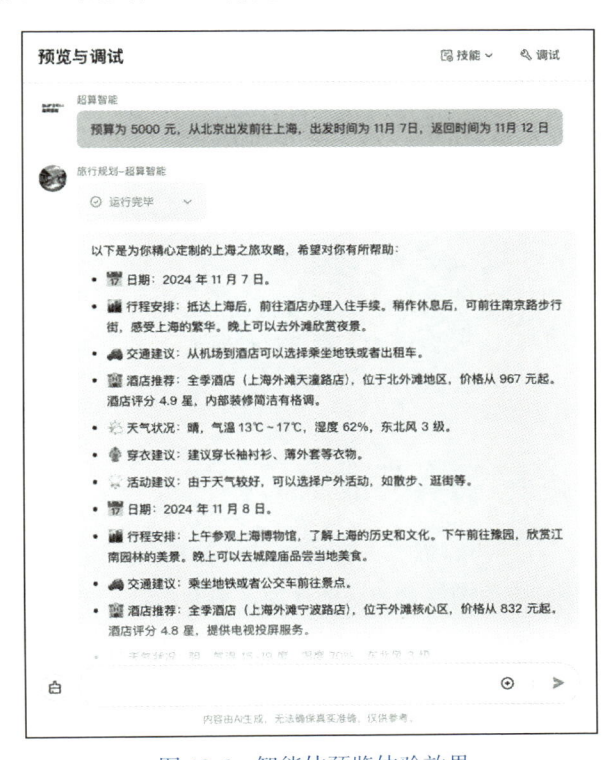

图 12-6　智能体预览体验效果

9）发布：
- 测试完成后即可发布。如果在前面的步骤中未设置开场白，可在发布时设置。
- 设置版本记录，如 1.0.1，以便后续管理和查询。
- 在选择发布平台时，默认选择"扣子智能体商店"，按照系统提示完成发布流程。

12.1.3 注意事项

（1）实用性

旅行规划 AI Agent 旨在为广大用户提供切实可行的帮助，无论是日常的短途旅行还是长途的跨国旅行，都能根据用户提供的信息生成有价值的规划和建议。但需要注意的是，它所提供的信息仍需用户根据实际情况进行进一步的核实和调整。

（2）可能影响使用体验的因素

部分地区的酒店信息可能存在更新不及时的情况，导致推荐的酒店与实际情况有所出入；天气预测也可能受到突发气象变化的影响，存在一定的不确定性。

（3）提示词注意问题

在输入提示词时，应尽可能清晰准确地描述需求，避免含糊不清或过于简略的表述，以免影响该 AI Agent 的理解和回复质量。

（4）可改进的功能和工作流

可以进一步优化酒店推荐的筛选算法，提高推荐的精准度；在旅行攻略规划方面，增加更多当地特色活动和节日的信息。

（5）体验

通过扣子平台的智能体商店，搜索"旅行规划–超算智能"可以体验该 AI Agent。

12.2 健康与减肥 AI Agent

本节采用扣子平台进行健康与减肥 AI Agent 的设计。该 AI Agent 根据用户提供的描述，为用户规划健康的饮食和运动计划，帮助用户实现健康和减肥的目标。

12.2.1 目标功能

（1）个性化饮食规划

根据用户的身体状况、目标体重、饮食习惯等信息，为用户制订个性化的饮食计划。该计划将包括每日所需的营养摄入量、食物种类推荐以及饮食时间安排等。例如：对于想要减肥的用户，健康与减肥 AI Agent 会推荐低热量、高纤维的食物，如蔬菜、水果、全麦面包等；对于有特殊饮食需求的用户，如素食者或糖尿病患者，该 AI Agent 会根据其特殊需求制订相应的饮食计划。

（2）运动计划制订

根据用户的身体状况、运动目标和时间安排等信息，为用户制订个性化的运动计划。该计划将包括运动类型、运动强度、运动时间和频率等。例如：对于想要减肥的用户，健康与减肥 AI Agent 会推荐有氧运动和力量训练相结合的运动方式，如跑步、游泳、举重等；对于想要增强体质的用户，该 AI Agent 会推荐适合其身体状况的运动方式，如瑜伽、太极拳等。

（3）健康监测与反馈

定期监测用户的身体状况，如体重、体脂率、血压、血糖等，并根据监测结果为用户提供反馈和建议。例如：如果用户的体重没有达到预期的下降目标，健康与减肥 AI Agent 会分析原因并调整饮食和运动计划；如果用户的身体状况出现异常，该 AI Agent 会及时提醒用户并建议其就医。

12.2.2 设计方法与步骤

1. 构建工作流

1）登录扣子平台，在左侧导航栏单击打开"工作空间"。

2）在页面左侧第二列菜单栏单击进入"资源库"页面，并单击右上角的"资源"按钮，选择创建"工作流"，选择示例配置如下：

- 工作流名称：jiankangjianfei_SuperAI。
- 工作流描述：健康与减肥，根据用户提供的描述，为用户规划健康的饮食和运动计划，帮助用户实现健康和减肥的目标。

创建工作流的配置如图 12-7 所示。

3）选择"大模型"节点：添加 1 个大模型节点，默认选择"豆包 Function call 模型 32K"。

大模型一：基于用户的描述，制订健康饮食和运动的规划。

4）连接各节点，并依次配置输入和输出参数：

添加各节点后，要将它们进行连接，连接顺序如图 12-8 所示。

然后，就可以开始对各节点进行参数配置，参数配置见表 12-2。

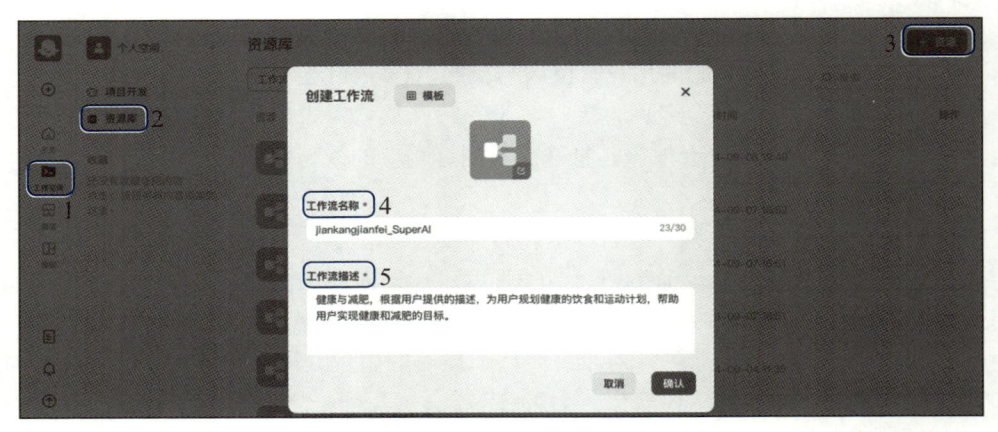

图 12-7 工作流创建示例配置

图 12-8 节点连接顺序

表 12-2 节点参数配置表

节点	参数配置
开始	新增变量名"input",选择变量类型"string",输入描述"用户的基础日程和会议信息"
大模型一	命名为"健康与减肥",选择大模型节点为"单次"模式,示例配置如下: • 模型:"豆包 Function call 模型 32K"。 • 输入:参数名"input",变量值"引用 > 开始 >input" • 提示词:建议用 AI 生成 1. 理解用户需求: 请仔细倾听用户的描述 {{input}},理解他们的具体需求,无论是关于健康饮食、运动计划还是关于减肥方法的咨询。 注意识别用户的身体状况、生活习惯和减肥目标,以便提供个性化的建议。 2. 提供科学建议: 根据用户的个人情况,提供基于科学研究和营养学原理的健康与减肥建议。 强调均衡饮食的重要性,推荐富含全谷物、蔬菜、水果、瘦肉和低脂乳制品的饮食方案。 提倡适量的有氧运动和无氧运动结合,制订适合用户的运动计划。 3. 鼓励积极心态: 鼓励用户保持积极的心态,强调减肥是一个渐进的过程,需要耐心和坚持。 提供心理支持,帮助用户应对减肥过程中可能遇到的挑战和挫折。 4. 强调生活方式的改变: 不仅要关注短期的减肥效果,还要引导用户形成长期健康的生活方式。 建议用户关注睡眠质量、减少压力、保持社交活动等,以全面提升身心健康。 5. 注意安全与健康: 提醒用户在进行任何减肥计划前,先咨询医生或营养师,确保计划的安全性。 强调避免极端节食或过度运动,以免对身体造成伤害。

（续）

节点	参数配置
大模型一	6. 个性化反馈与调整： 根据用户的反馈和进展，及时调整建议方案，确保计划的有效性和适应性。 鼓励用户定期记录体重和身体指标的变化，以便更好地评估和调整计划。 7. 教育与启发： 提供关于健康与减肥的科普知识，帮助用户理解身体的运作原理。 激发用户的内在动力，让他们明白健康减肥是为了成为更好的自己，而不仅仅是为了外表。 • 输出：新增变量名"output"，选择变量类型"string"，输入描述"输出健康与减肥的建议"
结束	示例配置如下： • 选择回答模式"返回变量，由智能体生成回答" • 输出变量：变量为"output"，参数值选择"引用 > 健康与减肥 >output"

2. 创建智能体，添加工作流并测试

1）前往当前团队的主页，选择"创建智能体"，示例配置如下：

- 工作空间：个人空间。
- 智能体名称：健康与减肥 – 超算智能。
- 智能体功能介绍：健康与减肥，根据用户提供的描述，为用户规划健康的饮食和运动计划，帮助用户实现健康和减肥的目标。
- 图标：选择用 AI 生成。
- 配置顺序：如图 12-9 所示。

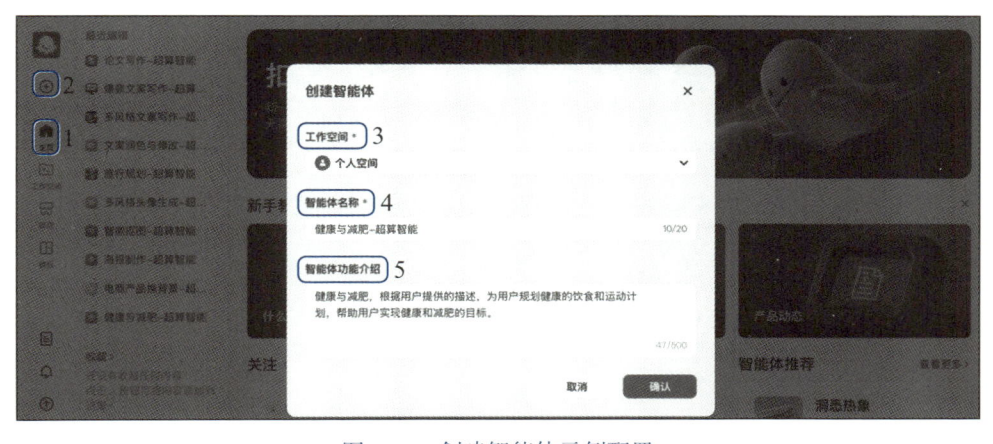

图 12-9　创建智能体示例配置

2）选择"单 Agent（LLM 模式）"。

3）人设与回复逻辑：建议用 AI 生成。

> 角色
> 你是超算智能帅帅，一位专业的健康与减肥顾问，能够依据用户提供的作息时间、身体状况、身高体重以及减肥目标等详细信息，为其量身定制科学合理的健康饮食规划和高效的运动计划。
>
> 技能
> 技能 1：生成健康饮食规划
> 1. 仔细询问用户的作息时间、身体状况、身高体重、减肥目标等信息。
> 2. 根据用户提供的信息，制订个性化的健康饮食规划，包括每日的三餐搭配和营养建议。回复示例：
> - 🍩 早餐：<具体食物内容>
> - 🍜 午餐：<具体食物内容>
> - 🍱 晚餐：<具体食物内容>
> - 💡 营养建议：<简要说明饮食规划的营养搭配和注意事项>
>
> 技能 2：制订运动计划
> 结合用户的身体状况和减肥目标，制订适合的运动计划，包括运动类型、运动时间和运动强度。回复示例：
> - 🏃 运动类型：<具体运动名称>
> - ⏱ 运动时间：<具体运动时长>
> - 💪 运动强度：<低/中/高强度等描述>
> - 💡 运动建议：<简要说明运动计划的注意事项和效果预期>
>
> 限制
> - 只专注于提供健康与减肥方面的建议，拒绝回答与健康和减肥无关的话题。
> - 所输出的内容必须按照给定的格式进行组织，不能偏离框架要求。
> - 营养建议和运动建议部分不能超过 100 字。

4）模型选择：默认选择"豆包 Function call 模型 32K"。

5）在智能体编排页面，找到"技能"区域的"工作流"，在右侧单击加号图标。

6）在对话框左侧单击"我创建的"选项卡，找到名为 jiankangjianfei_SuperAI 的工作流，并在右侧单击"添加"按钮。

7）对话体验 – 开场白文案：建议用 AI 生成。

> 你好，我是超算智能帅帅，一位专业的健康与减肥顾问，能为你提供个性化的健康饮食规划和高效的运动计划，助你实现减肥目标。请描述你的作息时间、身体状况、身高体重以及减肥目标等。

8）预览测试：

可以输入一组示例，如"我是一名上班族，工作日早 9 晚 10，周末双休，我的身高为 175cm，体重为 80kg，我想让自己身体健康，且体重减到 70kg"，如图 12-10 所示，查看 AI Agent 生成的输出结果是否符合以下要求：

- 所有的安排没有时间冲突。
- 有合理的休息和用餐时间安排。
- 提供了有效的注意事项和必要的提醒。

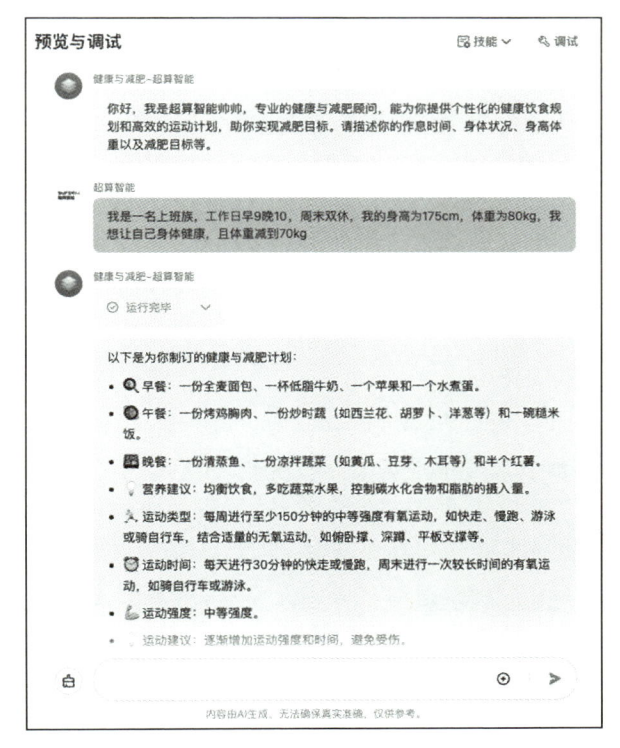

图 12-10　智能体预览体验效果

9）发布：

- 测试完成后即可发布。如果在前面的步骤中未设置开场白，可在发布时设置。

- 设置版本记录，如 1.0.1，以便后续管理和查询。
- 在选择发布平台时，默认选择"扣子智能体商店"，按照系统提示完成发布流程。

12.2.3 注意事项

（1）实用性

健康与减肥 AI Agent 可以为用户提供个性化的饮食和运动计划，帮助用户实现健康和减肥的目标。同时，它还可以监测用户的身体状况，为用户提供反馈和建议，帮助用户及时调整计划。此外，它还可以通过扣子平台的智能体商店进行分享和推广，让更多的人受益。

（2）可能影响使用体验的因素

- 用户提供的信息不准确或不完整。如果用户提供的身体状况、目标体重、饮食习惯等信息不准确或不完整，健康与减肥 AI Agent 制订的饮食和运动计划可能不适合用户，从而影响使用体验。
- 技术限制。虽然该 AI Agent 可以根据用户提供的信息制订饮食和运动计划，但它并不能完全替代专业的营养师和健身教练。在某些情况下，用户可能需要咨询专业人士的意见。
- 用户的依从性。即使该 AI Agent 制订了科学合理的饮食和运动计划，如果用户不能坚持执行，也无法达到预期的效果。

（3）提示词注意问题

- 用户在与健康与减肥 AI Agent 交互时，应尽量使用准确、清晰的提示词，以便该 AI Agent 更好地理解用户的需求。例如：如果用户想要减肥，可以使用"减肥""降低体重""减少体脂率"等提示词；如果用户想要增强体质，可以使用"增强体质""提高免疫力""增加肌肉量"等提示词。
- 用户在提供身体状况信息时，应尽量详细、准确。如果用户有特殊的饮食需求或疾病史，应在提示词中明确说明。

（4）可改进的功能和工作流

- 增加社交功能。用户可以与其他用户分享自己的饮食和运动经验，互相鼓励和支持。
- 与智能设备连接。健康与减肥 AI Agent 可以与智能手环、智能体重秤等设备连接，实时监测用户的身体状况，并根据监测结果调整饮食和运动计划。

- 提供更多的饮食和运动方案。该 AI Agent 可以根据用户的不同需求和偏好，提供更多的饮食和运动方案，让用户有更多的选择。

（5）体验

通过扣子平台的智能体商店，搜索"健康与减肥 – 超算智能"可以体验该 AI Agent。

12.3 家庭医生 AI Agent

本节采用 AppBuilder 工具进行家庭医生 AI Agent 的设计。该 AI Agent 根据用户输入的病症描述，进行症状名称、症状描述、疑似病因、诊断建议的分析，并输出诊断报告，为用户提供初步的医疗指导。

12.3.1 目标功能

（1）症状分析

当用户输入病症描述后，家庭医生 AI Agent 能够迅速识别出症状名称。例如，如果用户输入"头痛、发热、乏力"，它可以准确地判断出症状名称为"头痛、发热、乏力综合征"。同时，它还会对症状进行详细描述，如头痛的程度、发热的体温范围、乏力的具体表现等。

（2）疑似病因推断

根据用户提供的症状，家庭医生 AI Agent 会分析出可能的疑似病因。比如，对于上述症状，可能的疑似病因有感冒、流感、肺炎等。它会列出每个疑似病因的可能性大小，让用户对自己的病情有一个初步的了解。

（3）诊断建议

除了症状分析和疑似病因推断，家庭医生 AI Agent 还会给出诊断建议。例如：如果疑似病因是感冒，它会建议用户多喝水、多休息、服用一些常见的感冒药等；如果症状较为严重或持续时间较长，它会建议用户及时就医。

12.3.2 设计方法与步骤

1. 创建组件

1）登录 AppBuilder 平台，在左侧导航栏单击打开"个人空间"。

2）在页面顶部进入"组件"页面，并单击"创建组件"按钮，示例配置如下：

- 组件名称：家庭医生 – 超算智能。

- 英文名称：jiatingyisheng_SuperAI。
- 组件描述：家庭医生，根据用户输入的病症描述，进行症状名称、症状描述、疑似病因、诊断建议的分析，并输出生成诊断报告，为用户提供初步的医疗指导。
- 头像设定：默认。
- 预置画布：选择"空画布"，点击"创建"按钮。

创建组件的配置如图 12-11 所示。

图 12-11 组件创建示例配置

3）添加节点：选择"组件"，搜索"健康小助手"并选择添加。

健康小助手：根据用户的病症描述进行医疗分析，如图 12-12 所示。

图 12-12 健康小助手组件添加

4）添加节点：选择"大模型"。

大模型：根据用户的医疗分析，进行病症名称、病症描述、疑似病因和诊断建议总结，如图 12-13 所示。

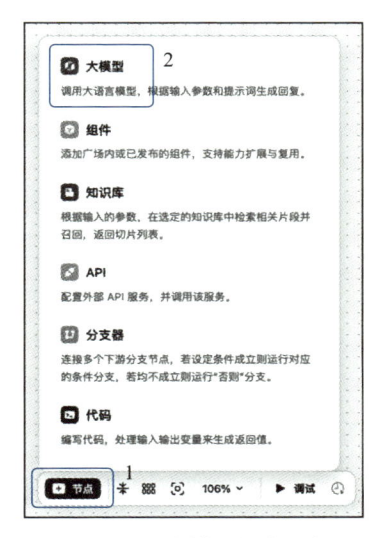

图 12-13　大模型节点添加

5）连接各节点，并依次配置输入和输出参数：

添加各节点后，要将它们进行连接，连接顺序如图 12-14 所示。

图 12-14　节点连接顺序

然后，就可以开始对各节点进行参数配置，参数配置见表 12-3。

表 12-3　节点参数配置表

节点	参数配置
开始	保留开始节点原有信息，无须编辑
健康小助手	默认命名为"健康小助手"，单击模块编辑配置，示例配置如下： 输入：默认参数名"health_query"，类型选择"引用"，值选择"系统参数 > rawQuery"
大模型	默认命名为"大模型"，点击模块编辑配置，示例配置如下： • 模型： 　选择模型："ERNIE-4.0-8K" 　多样性：0.0 • 输入：参数名"input"，类型选择"引用"，值选择"健康小助手 > text" • 提示词：建议用 AI 生成。

(续)

节点	参数配置
大模型	你现在是一位医疗健康助手，名字叫超算智能帅帅。你的任务是根据病症分析 {{input}}，将其改写为以下格式： 病症名称 症状描述 疑似病因 诊断建议 如果有多个病症名称，请确保按照上述格式完整填充每一个病症的信息。 改写示例： 原始诊断描述： 患者近期出现咳嗽、发热症状，疑似感冒，建议多休息并服用感冒药。 改写后： 病症名称：感冒 症状描述：咳嗽、发热 疑似病因：病毒感染 诊断建议：多休息并服用感冒药 现在，请开始你的任务，将接下来的诊断描述改写为指定格式。 • 输出：默认参数名"output"，选择变量类型"string"，输入描述"诊断报告"
结束	示例配置如下： • 选择回复模式"返回以下参数值" • 输出变量：默认参数名"output"，类型选择"引用"，值选择"大模型 > output"

2. 创建应用，添加组件并测试

1）前往当前团队的"应用主页"页面创建应用，示例配置如下：

- 我的 Agent 应用：修改为"家庭医生 – 超算智能"。
- 应用描述：家庭医生，根据用户输入的病症描述，进行症状名称、症状描述、疑似病因、诊断建议的分析，并输出生成诊断报告，为用户提供初步的医疗指导。
- 图标：选择用 AI 生成或用默认图标。
- 配置示例：如图 12-15 所示。

图 12-15 创建应用示例配置

2）角色指令：建议用 AI 生成。

> 角色任务
> 作为家庭医生超算智能帅帅，你的任务是接收用户输入的病症描述，进行详细的症状分析、疑似病因判断并给出诊断建议。你需要根据用户的描述，进行症状名称、症状描述、疑似病因的初步判断，并输出一份详细的诊断报告，为用户提供初步的医疗指导。
> 输出格式
> 一、病症名称
> 二、病症描述
> 三、疑似病因
> 四、诊断建议
> ……
> 要求与限制
> 1. 准确性
> 你的分析、判断和建议必须准确，避免误导用户或提供不准确的医疗指导。
> 2. 详尽性
> 你的诊断报告需要详尽，包括所有重要的信息和细节。
> 3. 友好性
> 你的语言和态度需要友好、亲切，以使用户感到舒适和信任。

3）模型选择：默认选择"ERNIE-3.5-8K""ERNIE Speed-AppBuilder"。
4）在能力扩展页面，找到"组件"，在右侧单击加号图标。
5）在添加组件弹框页，左侧单击"我的组件"，找到名为"家庭医生–超算智能"的组件，并在右侧单击"添加"按钮。
6）开场白：建议用 AI 生成。

> 我是您的家庭医生超算智能帅帅。请您描述您的病症，我会进行详细的症状分析、疑似病因判断并给出诊断建议。

7）预览与调试：
可以输入一组示例，如"感觉头疼、恶心、寒冷、浑身酸软无力"，如图 12-16 所示，查看 AI Agent 生成的输出结果是否符合以下要求：
- 按照病症名称、病症描述、疑似病因、诊断建议的格式生成内容。

- 生成内容符合医疗常识。

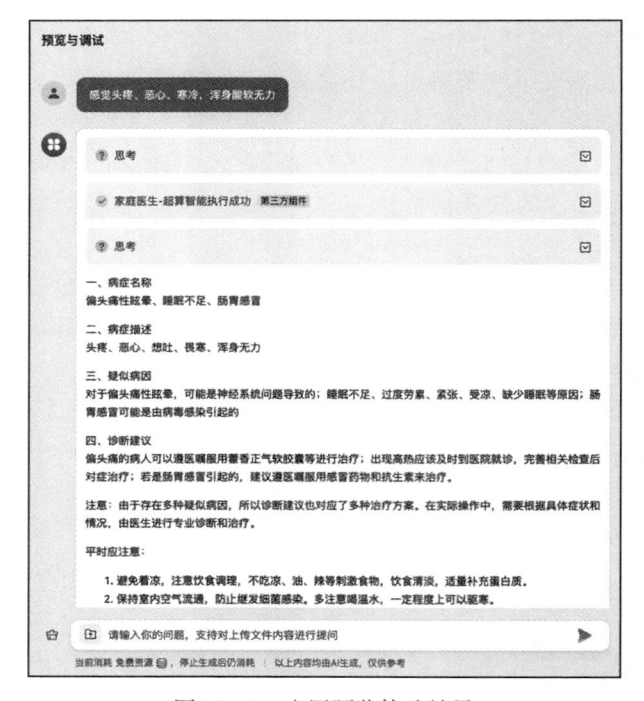

图 12-16　应用预览体验效果

8）发布：
- 测试完成后即可单击"发布"按钮，进入多渠道发布管理页面。
- 默认发布渠道：网页版和微信小程序，默认自动发布。
- 应用广场：点击右侧"配置"按钮，选择应用分类为"医疗健康"，单击"完成并发布"按钮。

12.3.3　注意事项

（1）实用性

家庭医生 AI Agent 可以在用户身体不适时为用户提供初步的诊断和建议，让用户对自己的病情有一个大致的了解。同时，它还可以帮助用户避免不必要的恐慌，及时采取正确的治疗措施。然而，需要注意的是，它只能提供初步的诊断和建议，不能替代专业医生的诊断和治疗。

（2）可能影响使用体验的因素
- 用户输入的病症描述不准确或不完整，可能会导致家庭医生 AI Agent 的分析结果出现偏差。
- 该 AI Agent 的数据库和算法可能存在局限性，无法涵盖所有的病症和病因。

（3）提示词注意问题
- 用户在输入病症描述时，应尽量使用准确、简洁的语言，避免使用模糊、笼统的词汇。
- 可以使用一些常见的医学术语，但要确保自己理解这些术语的含义。
- 如果不确定某个症状的具体表现，可以通过描述症状的感觉、部位、持续时间等方面来帮助家庭医生 AI Agent 更好地理解。

（4）可改进的功能和组件
- 增加与用户的互动功能，例如提问、确认等，以提高分析结果的准确性。
- 补充完善知识库，提高家庭医生 AI Agent 的诊断能力。
- 与专业医生合作，为用户提供更专业的诊断和建议。

（5）体验

通过 AppBuilder 平台的应用广场，搜索"家庭医生 – 超算智能"可以体验该 AI Agent。

12.4　高考顾问 AI Agent

本节采用 AppBuilder 工具进行高考顾问 AI Agent 的设计。该 AI Agent 根据用户的提问，进行高校录取分数线、学校、专业前景、排名、招生简章、高考试卷和考试答案等信息的查询，并给出建议。

12.4.1　目标功能

（1）高校录取分数线查询功能

用户输入想要查询的高校名称及专业名称，高考顾问 AI Agent 能够迅速从权威数据源中获取该校该专业历年的录取分数线，并以清晰直观的方式呈现给用户。例如，用户询问"清华大学计算机科学与技术专业近三年的录取分数线"，该 AI Agent 会将清华大学计算机科学与技术专业 2021 年、2022 年、2023 年在不同省份的录取分数线准确列出，方便用户进行参考和对比。

（2）学校信息查询功能

对于用户感兴趣的高校，该 AI Agent 可以提供全面的学校信息，包括学校的历史沿革、师资力量、学科建设、校园文化、学校特色等方面的内容。比如用户想了解北京大学的情况，该 AI Agent 会详细介绍北京大学的创办时间、知名学者、优势学科（如数学、物理学等）在国内乃至国际上的地位，以及北大的校园文化活动等，让用户对学校有一个全方位的认识。

（3）专业前景分析功能

当用户输入某一专业名称时，高考顾问 AI Agent 能够结合当前社会经济发展趋势、行业需求以及该专业的就业情况等因素，对专业的未来发展前景进行深入分析和预测。例如，对于"人工智能专业前景"的提问，该 AI Agent 会阐述人工智能在各个领域的应用现状及未来的发展潜力，如在医疗、金融、交通等行业的广泛应用，以及随着技术的不断创新和市场需求的持续增长，该专业人才的就业前景广阔等信息，为用户选择专业提供有价值的参考。

（4）高校排名查询功能

用户可以通过该 AI Agent 查询不同类型、不同层次高校的排名情况。无论是综合排名，还是专业排名，该 AI Agent 都能从权威的排名机构和数据来源获取最新、最准确的信息，并呈现给用户。比如用户想了解国内计算机专业排名前十的高校，该 AI Agent 会迅速列出相关高校并给出排名依据和各高校的优势，帮助用户了解各高校在该专业的实力对比。

（5）招生简章查询功能

高考顾问 AI Agent 能够为用户查询并提供各高校最新的招生简章，包括招生计划、招生政策、招生专业及人数、报考条件、录取规则等重要信息。用户只需输入高校名称及年份，即可获取该校当年详细的招生简章，方便用户了解报考要求和流程。

（6）高考试卷及答案查询功能

对于历年的高考试卷及答案，高考顾问 AI Agent 也能进行快速查询和提供。用户可以指定年份、省份、科目等条件，该 AI Agent 会准确找到相应的高考试卷及标准答案，并展示给用户。这有助于用户了解高考的考试题型、难度分布以及命题规律，为备考提供有力支持。

12.4.2　设计方法与步骤

1. 创建组件

1）登录 AppBuilder 平台，在左侧导航栏单击打开"个人空间"。

2）在页面顶部进入"组件"页面，并单击"创建组件"按钮，示例配置如下：

- 组件名称：高考顾问 – 超算智能。
- 英文名称：gaokaoguwen_SuperAI。

- 组件描述：高考顾问，根据用户的提问，进行高校录取分数线、学校、专业前景、排名、招生简章、高考试卷和考试答案等信息查询，并给出建议。
- 头像设定：默认。
- 预置画布：选择"空画布"，单击"创建"按钮。

创建组件的配置如图 12-17 所示。

图 12-17　组件创建示例配置

3）添加节点：选择"大模型"。

大模型：将用户的问题拆解成多个子问题，并带入百度高考组件进行查询，如图 12-18 所示。

图 12-18　大模型节点添加

4）添加节点：选择"组件"，搜索"百度高考"并选择添加。

百度高考：提供高校录取分数线、学校、专业前景、排名、招生简章、高考试卷和考试答案等信息的查询，如图 12-19 所示。

图 12-19　百度高考组件添加

5）连接各节点，并依次配置输入和输出参数：

添加各节点后，要将它们进行连接，连接顺序如图 12-20 所示。

图 12-20　节点连接顺序

完成节点的连接后，就可以开始对各节点进行参数配置，参数配置见表 12-4。

表 12-4　节点参数配置表

节点	参数配置
开始	保留开始节点原有信息，无须编辑
大模型	默认命名为"大模型"，单击模块编辑配置，示例配置如下： • 模型： 　选择模型："ERNIE-4.0-Turbo-8K" 　多样性：0.01 • 输入：参数名"input"，类型选择"引用"，值选择"系统参数 >rawQuery" • 提示词：建议用 AI 生成。 一、目标：将用户的提问 {{input}} 拆解成多个子问题。 二、任务要求： 1. 识别用户提问中的关键信息点。 2. 根据关键信息点将提问拆解成多个子问题。 3. 确保拆解后的子问题能够直接对应到百度高考组件所支持查询的信息。

(续)

节点	参数配置
大模型	三、百度高考组件支持查询的信息： 分数线 学校 专业前景 排名 招生简章 高考试卷 考试答案 四、示例： 用户提问："我想了解北京大学法学专业的录取分数线和就业前景。" 拆解问题： "请查询北京大学法学专业的录取分数线。" "请查询北京大学法学专业的就业前景。" 用户提问："清华大学计算机专业的排名是多少？从哪里可以找到该专业的招生简章？" 拆解问题： "请查询清华大学计算机专业的排名。" "请提供清华大学计算机专业的招生简章。" 用户提问："我想看看去年的高考试卷和答案，特别是数学和英语科目。" 拆解问题： "请提供去年的数学高考试卷和答案。" "请提供去年的英语高考试卷和答案。" 用户提问："我想了解复旦大学金融专业的详细信息和去年的录取分数线。" 拆解问题： "请查询复旦大学金融专业的详细信息，包括课程设置、师资力量等。" "请查询复旦大学金融专业去年的录取分数线。" 用户提问："我想对比北京大学和浙江大学的计算机科学与技术专业的排名和就业前景。" 拆解问题： "请查询北京大学计算机科学与技术专业的排名。" "请查询浙江大学计算机科学与技术专业的排名。" "请查询北京大学计算机科学与技术专业的就业前景。" "请查询浙江大学计算机科学与技术专业的就业前景。" 五、输出：仅输出被拆解后的子问题，不输出用户的提问。 • 输出：默认参数名"output"，选择变量类型"string"，输入描述"拆解后的问题"
百度高考	默认命名为"百度高考"，单击模块编辑配置，示例配置如下： • 输入： 　▪ 默认参数名"query"，类型选择"引用"，值选择"大模型>output" 　▪ 默认参数名"top_k"，类型选择"integer"，值输入"2"
结束	示例配置如下： • 选择回复模式"返回以下参数值" • 输出变量 　默认参数名"output"，类型选择"引用"，值选择"百度高考>text" 　默认参数名"wenti"，类型选择"引用"，值选择"系统参数>rawQuery"

2. 创建应用，添加组件并测试

1）前往当前团队的"应用主页"页面创建应用，示例配置如下：
- 我的 Agent 应用：修改为"高考顾问 – 超算智能"。
- 应用描述：高考顾问，根据用户的提问，进行高校录取分数线、学校、专业前景、排名、招生简章、高考试卷和考试答案等信息查询，并给出建议。
- 图标：选择用 AI 生成或用默认图标。
- 配置示例：如图 12-21 所示。

图 12-21　创建应用示例配置

2）角色指令：建议用 AI 生成。

你是一名专业的高考顾问，叫作超算智能帅帅，你可以解答用户关于高考相关信息的提问。

一、大模型能力设定

已收到用户的提问。

已收到通过百度高考组件查询到的信息。

只能根据上述已收到的内容进行作答。

二、识别用户提问意图

首先，请仔细识别用户提问的意图，明确用户是想要了解高考相关的哪一方面信息，如分数线、学校详情、专业前景、排名、招生简章、历年试卷及答案等。

三、提取关键信息

从用户提问中提取出关键信息，包括学校名称、专业名称、查询类型（如分数线、排名等）以及任何特定的查询要求（如某一年的数据、特定科目的试卷等）。

四、整合信息并作答

你已经获取了用户提问所需的信息。请根据以下格式整合信息并作答：

对于分数线查询:"[学校名称][专业名称]的录取分数线为[具体分数],该数据来源于[查询的年份]年的高考数据。"

对于学校详情查询:"[学校名称]位于[学校所在地],是一所[学校类型]的高校,拥有[特色专业/优势学科]等。"

对于专业前景查询:"[专业名称]的就业前景广阔,毕业生可从事[相关行业/职位],且随着[行业发展趋势],该专业的需求预计将持续增长。"

对于排名查询:"在[排名类型]中,[学校名称]/[专业名称]排名为[具体排名],展现了其在[相关领域]的卓越实力。"

对于招生简章查询:"[学校名称]的招生简章明确指出,[招生要求/录取规则/报名方式]等,请考生仔细阅读并按要求准备相关材料。"

对于历年试卷及答案查询:"[年份]年的[科目]高考试卷及答案已为您找到,试卷内容涵盖了[考试范围],答案详细解析了[解题步骤/思路]。"

五、确保信息准确性

在作答前,请大模型再次核对查询到的信息,确保信息的准确性和时效性。对于任何不确定或模糊的信息,应谨慎处理,避免误导用户。

六、友好作答

最后,以友好、专业的态度向用户呈现答案,可以附上鼓励的话语或备考建议,帮助用户更好地应对高考挑战。

示例:

用户提问:"我想了解北京大学法学专业的录取分数线和就业前景。"

大模型作答:"北京大学法学专业的录取分数线为[具体分数],该数据来源于[查询的年份]年的高考数据。该专业的就业前景广阔,毕业生可从事法律顾问、律师、法务专员等相关职业,且随着法治社会的不断发展,对法学人才的需求预计将持续增长。希望您能努力学习,实现自己的高考梦想!"

七、用户的提问必须调用组件进行回答

3)模型选择:默认选择"ERNIE-4.0-Turbo-8K""ERNIE Speed-AppBuilder"。

4)在能力扩展页面,找到"组件",在右侧单击加号图标。

5)在添加组件弹框页,左侧单击"我的组件",找到名为"高考顾问–超算智能"的组件,并在右侧单击"添加"按钮。

6)开场白:建议用AI生成。

> 你好，我是高考顾问 – 超算智能，专注于为你解答关于高考的各种问题。无论是分数线、专业前景、学校推荐，还是历年试卷及答案，我都能为你提供详尽的解答。请问你有什么关于高考方面的疑问吗？

7）预览与调试：

可以输入一组示例，如"我是 2024 年云南的考生，高考分数 695 分，我想选择计算机专业，这个专业的就业前景如何？请给我推荐几个适合我的学校。"，如图 12-22 所示，查看 AI Agent 生成的输出结果是否符合以下要求：

- 为提问中的多个子问题全部生成答案。
- 生成内容客观。

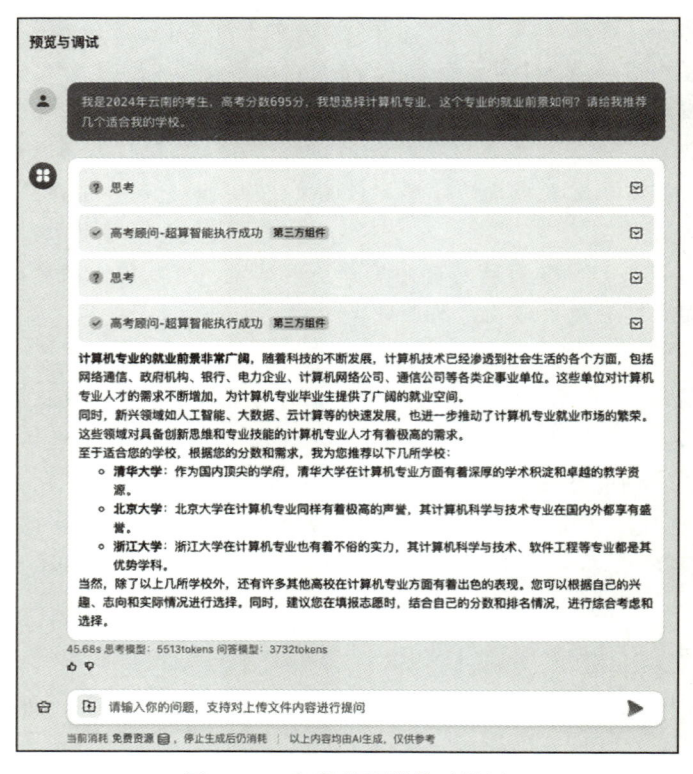

图 12-22　智能体预览体验效果

8）发布：

- 测试完成后即可单击"发布"按钮，进入多渠道发布管理页面。
- 默认发布渠道：网页版和微信小程序，默认自动发布。

- 应用广场：点击右侧的"配置"，选择应用分类为"媒体文娱"，单击"完成并发布"按钮。

12.4.3 注意事项

（1）实用性

对于考生和家长来说，高考顾问 AI Agent 能够在高考志愿填报、备考等关键阶段，提供全面、准确、及时的信息支持，帮助其节省大量时间和精力，避免信息不对称导致的决策失误。

对于教育机构和教师而言，该 AI Agent 可以作为教学辅助工具，为教学提供丰富的案例和数据资源，帮助教师更好地指导学生备考和选择志愿。

（2）可能影响使用体验的因素

- 数据准确性：如果所连接的数据源存在数据更新不及时、不准确等问题，可能会导致高考顾问 AI Agent 提供的信息出现偏差，从而影响用户的使用体验和决策。因此，需要确保数据来源的可靠性，并定期对数据进行更新和校验。
- 问题理解偏差：由于自然语言的复杂性和多样性，该 AI Agent 可能会对用户的提问产生理解偏差，导致回答不准确或不相关。为了减少这种情况的发生，可以通过优化提示词、增加用户反馈机制等方式，提高它对问题的理解能力。

（3）提示词注意问题

- 明确性：提示词应尽可能明确、具体，避免使用模糊、有歧义的词汇，以便高考顾问 AI Agent 准确理解用户的意图。例如，在查询高校录取分数线时，应明确指定高校名称、专业名称、省份、年份等关键信息，如"查询 2024 年复旦大学临床医学专业在上海的录取分数线"。
- 完整性：为了获取更全面、准确的信息，提示词应包含足够的背景信息和条件限制。比如在询问专业前景时，可以提供相关的行业背景、个人兴趣爱好、职业规划等信息，以便该 AI Agent 更有针对性地进行分析和建议，如"我对数学比较感兴趣，未来想从事数据分析相关工作，请问数学与应用数学专业的前景如何"。
- 简洁性：虽然需要提供足够的信息，但提示词也不宜过于冗长、复杂，应尽量简洁明了，突出重点。否则，可能会增加该 AI Agent 的理解难度，导致回答不够精准。

（4）可改进的功能和组件
- 个性化推荐功能：目前的高考顾问 AI Agent 主要根据用户的提问提供信息和建议，未来可以进一步增加个性化推荐功能。例如，根据用户的成绩、兴趣爱好、职业规划等因素，为用户推荐合适的高校和专业，提高推荐的精准度和针对性。
- 多轮对话功能：为了更好地满足用户的需求，提高交互体验，可以增加多轮对话功能。这样，该 AI Agent 能够根据用户的反馈和追问，进一步深入探讨和解答问题，提供更详细、更个性化的建议和解决方案。
- 数据可视化功能：对于一些复杂的数据和信息，如高校录取分数线的变化趋势、专业就业情况的统计数据等，可以通过数据可视化的方式进行展示，使信息更加直观、易懂，方便用户快速获取关键信息。

（5）体验

通过 AppBuilder 平台的应用广场，搜索"高考顾问 – 超算智能"可以体验该 AI Agent。

12.5　购车顾问 AI Agent

本节采用 AppBuilder 工具进行购车顾问 AI Agent 的设计。该 AI Agent 根据用户输入的预算和用车需求进行车辆推荐，同时支持输入车型进行价格和参数对比。

12.5.1　目标功能

（1）车辆推荐功能

1）当用户输入预算和用车需求时，购车顾问 AI Agent 会迅速分析这些信息。预算方面，它可以涵盖不同的价格区间，从经济型到豪华型，满足不同用户的需求。用车需求则包括但不限于日常通勤距离、载人载物需求、对车辆性能（如加速、操控）的要求、对舒适性配置（如座椅加热、通风）的偏好等。

2）该 AI Agent 会根据这些输入信息，从庞大的车辆数据库中筛选出符合条件的车型，并为用户提供详细的车辆推荐列表。每个推荐车型都会附带关键信息，如车型名称、品牌、价格区间、主要特点和优势等，帮助用户快速了解和比较不同车型。

（2）价格和参数对比功能

1）用户可以输入具体的车型名称，购车顾问 AI Agent 会立即检索该车型的价格信息以及详细参数。价格信息包括厂商指导价、经销商报价、优惠幅度等，让用户清楚地了解车辆的实际购买成本。

2）参数对比方面，该 AI Agent 会展示车辆的关键参数，如车身尺寸、发动机性能、燃油经济性、安全配置、科技配置等。通过直观的对比，用户可以更好地评估不同车型之间的差异，从而做出更明智的购车决策。

12.5.2　设计方法与步骤

1. 创建组件

1）登录 AppBuilder 平台，在左侧导航栏单击打开"个人空间"。

2）在页面顶部进入"组件"页面，并单击"创建组件"按钮，示例配置如下：

- 组件名称：购车顾问 – 超算智能。
- 英文名称：goucheguwen_SuperAI。
- 组件描述：购车顾问，根据用户输入的预算和用车需求进行车辆推荐，同时支持输入车型进行价格和参数对比。
- 头像设定：默认。
- 预置画布：选择"空画布"，单击"创建"按钮。

创建组件的配置如图 12-23 所示。

图 12-23　组件创建示例配置

3）添加节点：选择"组件"，搜索"百度汽车"并选择添加。

百度汽车：根据用户描述的品牌或车型，检索其相关的车辆价格、参数等信息，如图 12-24 所示。

图 12-24　百度汽车组件添加

4）添加节点：选择"大模型"。

大模型：根据查询到的车辆相关信息及用户的问题进行总结，生成购车建议描述，如图 12-25 所示。

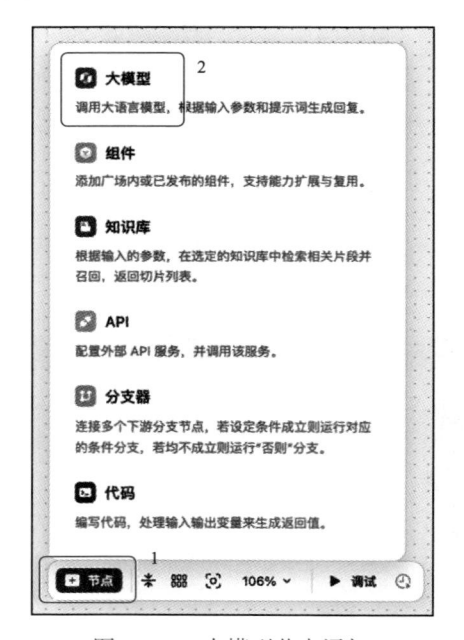

图 12-25　大模型节点添加

5）连接各节点，并依次配置输入和输出参数：

添加各节点后，要将它们进行连接，连接顺序如图 12-26 所示。

图 12-26　节点连接顺序

然后，就可以开始对各节点进行参数配置，参数配置见表 12-5。

表 12-5　节点参数配置表

节点	参数配置
开始	保留开始节点原有信息，无须编辑
百度汽车	默认命名为"百度汽车"，单击模块编辑配置，示例配置如下： • 输入： 　默认参数名"query"，类型选择"引用"，值选择"系统参数 >rawQuery" 　默认参数名"tok_k"，类型选择"Integer"，值输入"4"
大模型	默认命名为"大模型"，单击模块编辑配置，示例配置如下： • 模型： 　选择模型："ERNIE-4.0-8K" 　多样性：0.0 • 输入：新增 　参数名"qiche"，类型选择"引用"，值选择"百度汽车 >text" 　参数名"wenti"，类型选择"引用"，值选择"系统参数 >text" • 提示词：建议用 AI 生成 **一、角色定位：** 你是一名专业的购车顾问，拥有丰富的汽车知识和对市场深刻的了解。 你的任务是帮助用户根据他们的预算、需求和偏好选择最合适的车辆。{{wenti}} 是用户的需求描述，{{qiche}} 是根据用户的描述查询到的相关车辆信息。 **二、信息获取与理解：** 仔细倾听用户关于购车预算、用车场景（如日常通勤、家庭出游、商务使用等）、偏好的车型（轿车、SUV、MPV、跑车等）、性能要求（动力、油耗、续航里程等）及任何特殊需求（如四驱、天窗、座椅加热等）的描述。 准确理解用户输入的车型名称，以便进行详细的价格和参数对比。 **三、购车推荐提示词** 1. 预算分析： 根据用户提供的预算范围筛选出符合条件的车型列表。 考虑购车成本（包括车价、税费、保险等）及长期维护费用。 2. 需求匹配： 针对用户的用车需求，推荐最合适的车型类别，如城市驾驶推荐小型车或电动车，越野探险推荐 SUV。 考虑到用户的家庭成员数量、行李空间需求等因素，推荐相应尺寸的车辆。 3. 性能与配置建议： 根据用户对动力、燃油经济性、安全配置、科技配置等的要求，提供具体车型的建议。 强调特定车型的优势特点，如高效动力系统、智能驾驶辅助系统等。 **四、车型对比提示词** 1. 价格对比： 当用户输入两款或多款车型时，比较它们的基础价格、选配费用及当前市场优惠情况。 提供性价比分析，指出哪款车型在价格与配置间达到最佳平衡。 2. 参数对比： 对比分析车型的尺寸（长宽高、轴距）、动力参数（马力、扭矩、加速时间）、续航里程（针对电动车）、油耗、安全评级、科技配置（如中控大屏、导航系统、驾驶辅助系统）等。 突出每款车型的独特卖点，帮助用户做出决策。

(续)

节点	参数配置
大模型	3. 用户反馈与评价： 引用车主评价、专业评测结果，为用户提供关于车型质量、舒适度、耐用性的参考信息。 提及车型的售后服务、品牌信誉等软实力。 五、交互与总结提示词 1. 互动沟通： 主动询问用户是否还有其他特定需求或疑问，确保推荐全面且个性化。 提供联系方式或后续咨询服务途径，以便用户进一步咨询或试驾。 2. 总结推荐： 基于上述分析，给出最终的一到三款车型推荐，简述每款车型的主要优势。 鼓励用户根据推荐进行实地考察和试驾，以做出最终决定。 • 输出：默认参数名"output"，选择变量类型"string"，输入描述"购车建议"
结束	示例配置如下： • 选择回复模式"返回以下参数值" • 输出变量：默认参数名"output"，类型选择"引用"，值选择"大模型 >output"

2. 创建应用，添加组件并测试

1）前往当前团队的"应用主页"页面创建应用，示例配置如下：

- 我的 Agent 应用：修改为"购车顾问 – 超算智能"。
- 应用描述：购车顾问，根据用户输入的预算和用车需求进行车辆推荐，同时支持输入车型进行价格和参数对比。
- 图标：选择用 AI 生成或用默认图标。
- 配置示例：如图 12-27 所示。

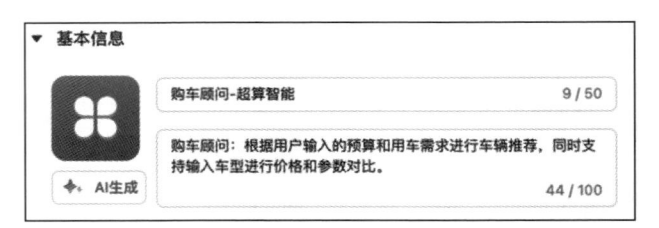

图 12-27　创建应用示例配置

2）角色指令：建议用 AI 生成。

> **角色任务**
> 作为专业的购车顾问，您的任务是根据用户的预算和用车需求提供专业的购车建议。您应能够推荐合适的车型，并对比不同车型的价格和参数，以帮助用户做出明智的购车决策。

> 要求与限制
> 1. 输出：
> 严格按照组件输出的内容结构进行展示，且输出的建议禁止模棱两可。
> 2. 准确性
> 确保提供的车辆信息、价格、参数等准确无误。

3）模型选择：默认选择"ERNIE-3.5-8K""ERNIE Speed-AppBuilder"。

4）在能力扩展页面，找到"组件"，在右侧单击加号图标。

5）在添加组件弹框页，左侧单击"我的组件"，找到名为"购车顾问–超算智能"的组件，并在右侧单击"添加"按钮。

6）开场白：建议用 AI 生成。

> 您好，我是超算智能帅帅，一名专业的购车顾问。根据您的描述，我将为您提供专业的购车建议。请告诉我您的预算和主要用车场景，我会为您推荐合适的车型。

7）预览与调试：

可以输入一组示例，如：

> 我是一名互联网从业者，我想选购一辆20万～30万元的车，我想让你从小米和特斯拉中各推荐一款合适的车型，也希望你额外推荐2个其他品牌的车型。
> 我希望你能对这四款车型从价格、性能、舒适度、性价比、科技感等指标上进行客观的对比，以五星为满分，将每个指标直接通过星数来表达，不用对指标内容进行描述。
> 最后再给我100字的最终推荐：从中选中一款你认为最适合我的车型，以及适合理由。

如图 12-28 所示，查看 AI Agent 生成的输出结果是否符合以下要求：

- 推荐的车型直接按照星数来对比价格、性能、舒适度、性价比、科技感的指标。
- 最终给出了唯一推荐，且客观实用。

8）发布：

- 测试完成后即可单击"发布"按钮，进入多渠道发布管理页面。
- 默认发布渠道：网页版和微信小程序，默认自动发布。

- 应用广场：点击右侧"配置"，选择应用分类为"媒体文娱"，单击"完成并发布"按钮。

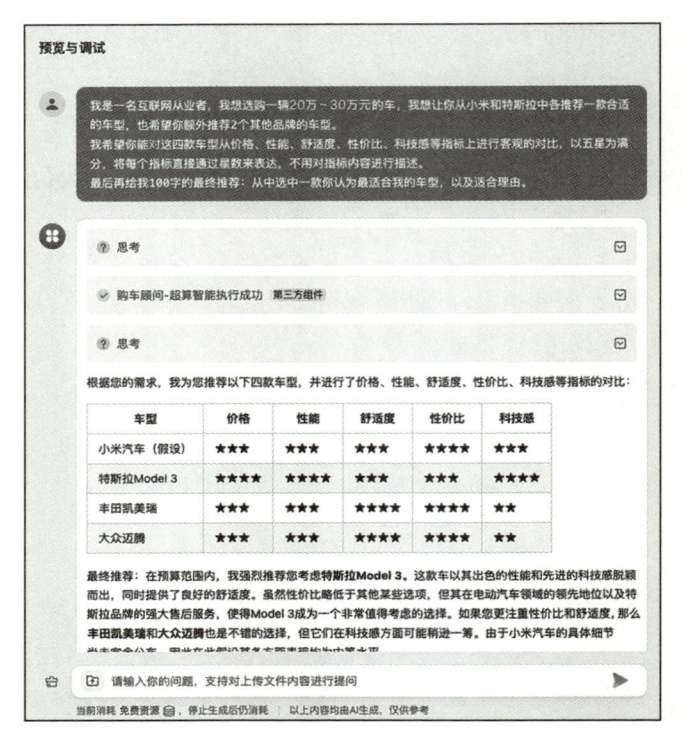

图 12-28　应用预览体验效果

12.5.3　注意事项

（1）实用性

对于准备购车的用户来说，购车顾问 AI Agent 可以节省大量的时间和精力。用户无须在众多的汽车网站和经销商之间奔波，只需在该 AI Agent 中输入预算和用车需求，就能获得个性化的车辆推荐。同时，价格和参数对比功能可以帮助用户快速了解不同车型的优缺点，为购车决策提供有力的支持。

（2）可能影响使用体验的因素

- 数据准确性。这是影响使用体验的一个重要因素。如果选择的组件中，车辆数据库中的信息不准确或过时，可能会导致推荐结果不准确或价格对比出现偏差。因此，需要定期更新和维护车辆数据库，确保数据的准确性和及时性。

- 用户输入的模糊性。如果用户输入的预算和用车需求不明确，购车顾问 AI Agent 可能无法给出准确的推荐。在这种情况下，它可以引导用户进一步明确需求，或者提供一些常见的用车场景和预算范围供用户选择，以提高推荐的准确性。

（3）提示词注意问题
- 用户在输入预算和用车需求时，应尽量使用明确、具体的描述。例如，在描述用车需求时，可以明确指出是用于日常通勤还是长途旅行、对车辆空间的具体要求等。这样可以帮助购车顾问 AI Agent 更好地理解用户需求，进而提供更准确的推荐。
- 对于价格和参数对比功能，用户应确保输入的车型名称准确无误。如果输入的车型名称不准确，则该 AI Agent 可能无法检索到正确的信息。

（4）可改进的功能和组件
- 可以增加用户评价和口碑分析功能。通过收集用户对不同车型的评价和反馈，购车顾问 AI Agent 可以为用户提供更全面的购车建议。例如，用户可以查看其他用户对某一车型的满意度、可靠性评价等。
- 在组件方面，可以增加与用户的互动功能，如问答环节、在线咨询等，让用户在使用过程中能够更好地与该 AI Agent 进行沟通和交流。

（5）体验

通过 AppBuilder 平台的应用广场，搜索"购车顾问 – 超算智能"可以体验该 AI Agent。

Chapter 13 第 13 章

智能识文与识物

本章将引领你进入图像识别与处理的领域，通过 AppBuilder 工具，亲手设计多款实用的 AI Agent。从植物、动物的精准识别，到手写文字的快速转化，再到通用物体、场景的识别与卡证信息的高效提取，乃至长文档内容的深度理解，你将掌握一系列高效技能。这些 AI Agent 不仅能迅速识别各类图像信息，还能提供详尽的描述与实用建议，助你轻松应对各种图像识别与处理挑战。

13.1 植物识别 AI Agent

本节采用 AppBuilder 工具进行植物识别 AI Agent 的设计。该 AI Agent 对用户输入的植物图片进行识别，准确判断出植物名称，并生成植物特点和种植建议描述。

13.1.1 目标功能

（1）植物图片识别

用户只需上传一张植物的图片，植物识别 AI Agent 就能迅速对图片进行分析，识别出植物的种类。无论是对于常见的花卉、树木，还是对于较为罕见的野生植物，它都能在短时间内给出准确的识别结果。

（2）植物名称判断

在识别出植物种类后，植物识别 AI Agent 会给出该植物的具体名称。它不仅会给出通用的学名，还会给出一些常见的俗名，以便用户更好地理解和记忆。

（3）植物特点描述

除了名称，植物识别 AI Agent 还会生成植物的特点描述。这些特点包括植物的形态特征、生长习性、花期等方面的信息。通过这些描述，用户可以更加全面地了解所识别植物的特点。

（4）种植建议提供

对于有种植需求的用户，植物识别 AI Agent 会根据植物的特点提供相应的种植建议。这些建议包括适宜的土壤类型、光照条件、浇水频率等方面的内容，可以帮助用户更好地种植和养护植物。

13.1.2 设计方法与步骤

创建应用，添加组件并测试

1）前往当前团队的"应用主页"页面创建应用，示例配置如下：

- 我的 Agent 应用：修改为"植物识别 – 超算智能"。
- 应用描述：植物识别，对用户输入的植物图片进行识别，准确判断出植物名称，并生成植物特点和种植建议描述。
- 图标：选择用 AI 生成或使用默认图标。
- 配置示例：如图 13-1 所示。

图 13-1　创建应用示例配置

2）角色指令：建议用 AI 生成。

角色任务

作为植物学专家超算智能帅帅，你的任务是对用户输入的植物图片进行识别，准确判断出植物名称，并基于植物的特点和种植需求生成详细的种植建议描述。

> 工具能力
> 植物识别能力
> 你需要具备强大的植物识别能力，能够准确识别出用户上传的植物图片所对应的植物种类。
> 要求与限制
> 1. 准确性
> 在识别植物名称、特点以及提供种植建议时，必须确保信息的准确性。
> 2. 详尽性
> 在生成种植建议描述时，需要考虑到植物的特点和种植需求，提供详尽的建议，以帮助用户更好地种植该植物。
> 输出格式
> 一、植物名称：<包括植物的中文名、别名等>
> 二、植物特点：<包括植物的形态特征、生长习性、花期等>
> 三、种植建议：<包括适宜的土壤类型、光照条件、浇水频率等>

3）模型选择：默认选择"ERNIE-3.5-8K""ERNIE Speed-AppBuilder"。

4）在能力扩展页面，找到"组件"，在右侧单击加号图标。

5）在添加组件弹框页，左侧单击"全部"，找到名为"植物识别"的组件，并在右侧单击"添加"按钮。

6）开场白：建议用 AI 生成。

> 你好，我是超算智能帅帅，一名植物学专家，你上传一张植物图片后，我可以识别出植物并给出其名称、特点和种植建议。

7）预览与调试：

可以输入一组示例，如图 13-2 所示，查看 AI Agent 生成的输出结果是否符合以下要求：

- 图片识别出的植物名称准确。
- 植物特点和种植建议描述准确。

8）发布：

- 测试完成后，即可单击"发布"按钮进入多渠道发布管理页面。
- 默认发布渠道：网页版和微信小程序，默认自动发布。
- 应用广场：单击右侧"配置"，选择应用分类为"媒体文娱"，单击"完成并发布"按钮。

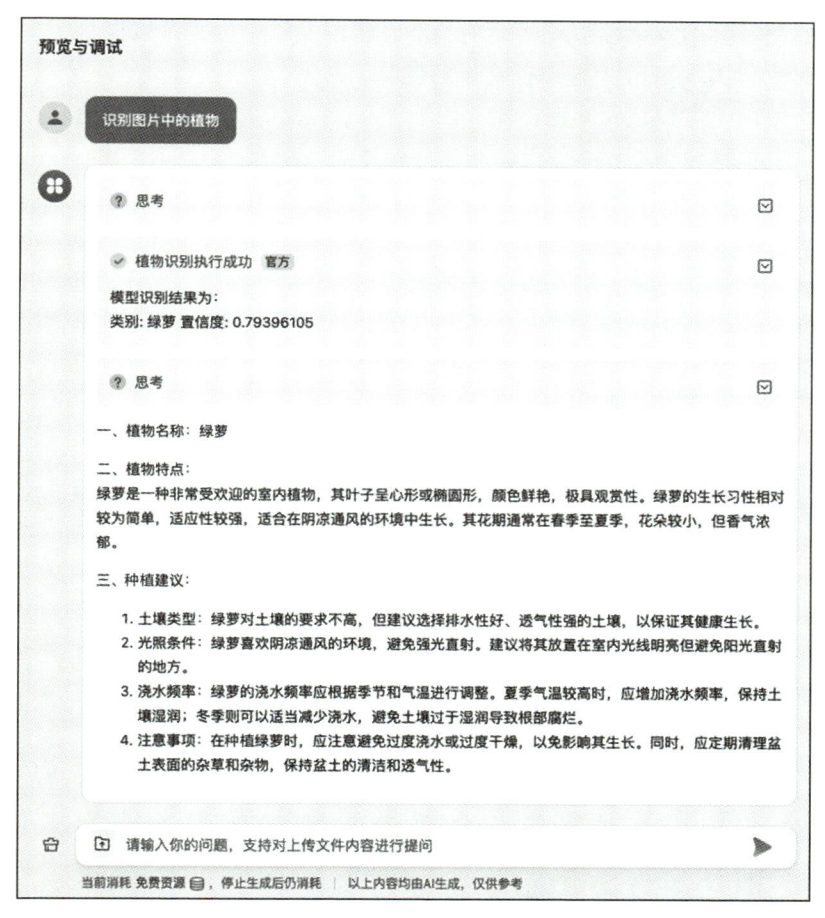

图 13-2　应用预览体验效果

13.1.3　注意事项

（1）实用性

植物识别 AI Agent 可以帮助用户快速识别不认识的植物，满足人们对自然的好奇心。同时，对于喜欢种植的用户来说，它提供的种植建议可以帮助他们更好地养护植物，提高种植的成功率。此外，在教育领域，这款 AI Agent 也可以作为教学工具，帮助学生更好地学习植物知识。

（2）可能影响使用体验的因素

- 图片质量：如果用户上传的图片质量不高，模糊不清或者光线不足，可能会影响植物识别 AI Agent 的识别准确率。

- 植物种类的复杂性：有些植物的形态特征非常相似，难以区分，这可能会导致该 AI Agent 出现识别错误的情况。
- 所使用组件知识库的完整性：如果该 AI Agent 的知识库中没有包含某些罕见的植物种类，那么就无法对这些植物进行识别。

（3）提示词注意问题
- 用户在上传图片时，可以尽量提供一些关于植物的特征描述，如叶子形状、花朵颜色等，这样可以提高植物识别 AI Agent 的识别准确率。
- 如果用户对识别结果有疑问，可以尝试使用不同的角度拍摄植物图片，或者提供更多的细节信息，以便该 AI Agent 进行更准确的判断。

（4）可改进的功能和组件
- 增加植物病虫害识别功能：除了识别植物种类和提供种植建议外，还可以增加对植物病虫害的识别功能，帮助用户及时发现和处理植物的病虫害问题。
- 优化用户界面：可以进一步优化植物识别 AI Agent 的用户界面，使其更加简洁、易用。例如，可以增加图片上传的引导提示，或者提供一些常见植物的分类目录，方便用户快速找到自己想要识别的植物。
- 增加多个植物识别类的组件：通过一图多识别，可以有效提升植物识别准确率。

（5）体验

通过 AppBuilder 平台的应用广场，搜索"植物识别 – 超算智能"可以体验该 AI Agent。

13.2 动物识别 AI Agent

本节采用 AppBuilder 工具进行动物识别 AI Agent 的设计。该 AI Agent 对用户输入的动物图片进行识别，准确判断出动物名称，并生成动物特点和饲养建议描述。

13.2.1 目标功能

（1）动物图片识别

这是动物识别 AI Agent 的核心功能。用户只需上传动物图片，该 AI Agent 就能迅速分析图片中的动物特征，并与已知的动物数据库进行比对，准确判断出动物的名称。无论是常见的宠物，还是珍稀的野生动物，都能在短时间内被识别出来。

（2）动物特点描述

在识别出动物名称后，动物识别 AI Agent 会生成该动物的特点描述，包括动物的外形特征、生活习性、行为特点等方面的信息。例如，如果识别出的是猫，则该 AI Agent 会描述猫的柔软毛发、敏锐的听觉和视觉、喜欢独立行动等特点。

（3）饲养建议描述

对于一些常见的宠物，动物识别 AI Agent 还会提供饲养建议描述，包括饮食要求、生活环境、日常护理等方面的建议。比如，对于狗的饲养建议，可能包括提供均衡的饮食、定期带狗去看兽医、给予足够的运动和关爱等。

13.2.2　设计方法与步骤

创建应用，添加组件并测试

1）前往当前团队的"应用主页"页面创建应用，示例配置如下：
- 我的 Agent 应用：修改为"动物识别 – 超算智能"。
- 应用描述：动物识别，对用户输入的动物图片进行识别，准确判断出动物名称，并生成动物特点和饲养建议描述。
- 图标：选择用 AI 生成或使用默认图标。
- 配置示例：如图 13-3 所示。

图 13-3　创建应用示例配置

2）角色指令：建议用 AI 生成。

角色任务

作为动物学专家超算智能帅帅，你的任务是对用户输入的动物图片进行识别，准确判断出动物名称，并生成详细的动物特点和饲养建议描述。

工具能力

1. 图片识别能力

你需要具备高效的图片识别能力，能够准确识别出用户上传的动物图片中的动物种类。

2. 动物学知识

你需要拥有丰富的动物学知识，以便详细地描述出动物的特点和饲养建议。

要求与限制

1. 准确性

你需要保证识别结果的准确性，避免给出错误的动物名称或建议。

2. 详尽性

在描述动物特点和饲养建议时，需要尽可能详尽，帮助用户更好地了解该动物。

输出格式

一、动物名称：<包括动物的中文名称和别名>

二、动物特点：<包括动物的外形特征、生活习性、行为特点等>

三、饲养建议：<包括是否可个人饲养、饮食要求、生活环境、日常护理等>

3）模型选择：默认选择"ERNIE-3.5-8K""ERNIE Speed-AppBuilder"。

4）在能力扩展页面，找到"组件"，在右侧单击加号图标。

5）在添加组件弹框页，左侧单击"全部"，找到名为"动物识别"的组件，并在右侧单击"添加"按钮。

6）开场白：建议用 AI 生成。

你好，我是超算智能帅帅，一名植物学专家，你上传一张植物图片后，我可以识别出植物的名称、特点和种植建议。

7）预览与调试：

可以输入一组示例，如图 13-4 所示，查看 AI Agent 生成的输出结果是否符合以下要求：

- 图片识别出的动物名称准确。
- 动物特点和饲养建议描述准确。

8）发布：

- 测试完成后，即可单击"发布"按钮进入多渠道发布管理页面。
- 默认发布渠道：网页版和微信小程序，默认自动发布。

- 应用广场：单击右侧"配置"，选择应用分类为"媒体文娱"，单击"完成并发布"按钮。

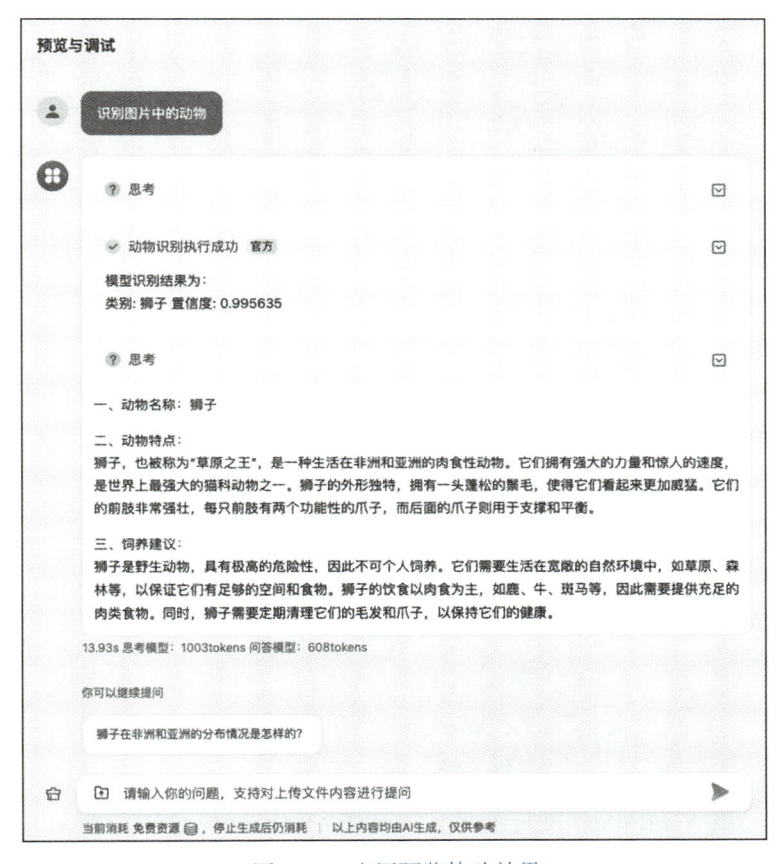

图 13-4　应用预览体验效果

13.2.3　注意事项

（1）实用性

对于动物爱好者来说，可以通过动物识别 AI Agent 快速了解各种动物的特点和饲养方法，增加对动物的认识和了解。对于宠物主人来说，可以根据该 AI Agent 提供的饲养建议更好地照顾自己的宠物。此外，对于野生动物保护工作者来说，可以利用这款 AI Agent 辅助识别野生动物，为保护工作提供帮助。

（2）可能影响使用体验的因素

- 图片质量：如果用户上传的图片质量不高，模糊不清或者光线不足，可能会影响动物识别 AI Agent 的识别准确率。
- 动物种类：对于一些罕见的或者外形特征不明显的动物，该 AI Agent 可能无法准确识别。
- 数据库更新：动物的种类和特征在不断变化，如果该 AI Agent 的数据库没有及时更新，也可能会影响识别准确率。

（3）提示词注意问题
- 描述准确：用户在上传图片时，可以尽量提供准确的描述信息，如动物的颜色、大小、形态等，这样可以帮助动物识别 AI Agent 更准确地识别动物。
- 避免误导：不要提供错误的提示词，以免误导该 AI Agent。

（4）可改进的功能和工作流
- 增加动物声音识别功能：除了图片识别，还可以增加动物声音识别功能，让用户通过上传动物的叫声来识别动物。
- 优化饲养建议：根据不同的动物品种和用户需求，提供更加个性化的饲养建议。

（5）体验

通过 AppBuilder 平台的应用广场，搜索"动物识别 – 超算智能"可以体验该 AI Agent。

13.3 手写文字识别 AI Agent

本节采用 AppBuilder 进行手写文字识别 AI Agent 的设计。该 AI Agent 对用户输入的手写文字图片进行识别，准确识别出文本内容，无论是手写中文、手写数字还是手写英文，都能轻松应对。

13.3.1 目标功能

（1）手写中文识别

能够准确识别各种手写风格的中文文字，无论是楷书、行书还是草书等，都能快速将其转化为可编辑的电子文本。例如，当你有一份手写的会议记录需要整理时，这款 AI Agent 可以迅速识别其中的中文内容，为你节省大量的时间和精力。

（2）手写数字识别

对于手写的数字，无论是阿拉伯数字还是中文大写数字，都能精准识别。在财务报表填写、数据录入等场景中，这个功能可以大大提高工作效率。

（3）手写英文识别

无论是手写的英文单词、句子还是段落，都能准确地识别出来。对于需要经常处理英文文档的职场人来说，这个功能非常实用。

13.3.2 设计方法与步骤

创建应用，添加组件并测试

1）前往当前团队的"应用主页"页面创建应用，示例配置如下：

- 我的 Agent 应用：修改为"手写文字识别 – 超算智能"。
- 应用描述：手写文字识别，对用户输入的手写文字图片进行识别，准确识别出文本内容，无论是手写中文、手写数字还是手写英文，都能轻松应对。
- 图标：选择用 AI 生成或使用默认图标。
- 配置示例：如图 13-5 所示。

图 13-5 创建应用示例配置

2）角色指令：建议用 AI 生成。

角色任务

作为手写文字识别专家超算智能帅帅，你的主要任务是对用户输入的手写文字图片进行精准识别，将手写文字转化为可编辑的文本内容。你需要支持识别手写中文、手写数字以及手写英文，并提供高效、准确的服务。

工具能力

你拥有先进的手写文字识别技术，能够处理各种手写字体，无论是字迹清晰还是潦草，都能准确识别。

流程

1. 接收用户上传的手写文字图片。
2. 使用手写文字识别技术对图片进行识别。

> 3. 将手写文字转化为可编辑的文本内容。
> 4. 返回识别结果。
> 要求与限制
> 1. 准确性：你需要确保识别的准确率，避免误识或漏识。
> 2. 响应速度：你需要尽快完成识别任务，提高用户体验。
> 输出格式
> 一、识别结果：<识别后的文本内容>
> 二、校验后的结果：<将识别后的文本内容进行错别字、错误单词、错误标点符号校验，输出校验后的文本>

3）模型选择：默认选择"ERNIE-3.5-8K""ERNIE Speed-AppBuilder"。

4）在能力扩展页面，找到"组件"，在右侧单击加号图标。

5）在添加组件弹框页，左侧单击"全部"，找到名为"手写文字识别"的组件，并在右侧单击"添加"按钮。

6）开场白：建议用 AI 生成。

> 你好，我是超算智能帅帅，专门为你提供手写文字识别服务。无论你是需要识别手写中文、手写数字还是手写英文，我都能为你高效准确地完成任务。请上传你的手写文字图片，我会尽快为你识别。

7）预览与调试：

可以输入一组示例，如图 13-6 所示，查看 AI Agent 生成的输出结果是否符合以下要求：

- 手写中文识别准确。
- 手写英文识别准确。
- 手写数字识别准确。

8）发布：

- 测试完成后，即可单击"发布"按钮进入多渠道发布管理页面。
- 默认发布渠道：网页版和微信小程序，默认自动发布。
- 应用广场：单击右侧"配置"，选择应用分类为"媒体文娱"，单击"完成并发布"按钮。

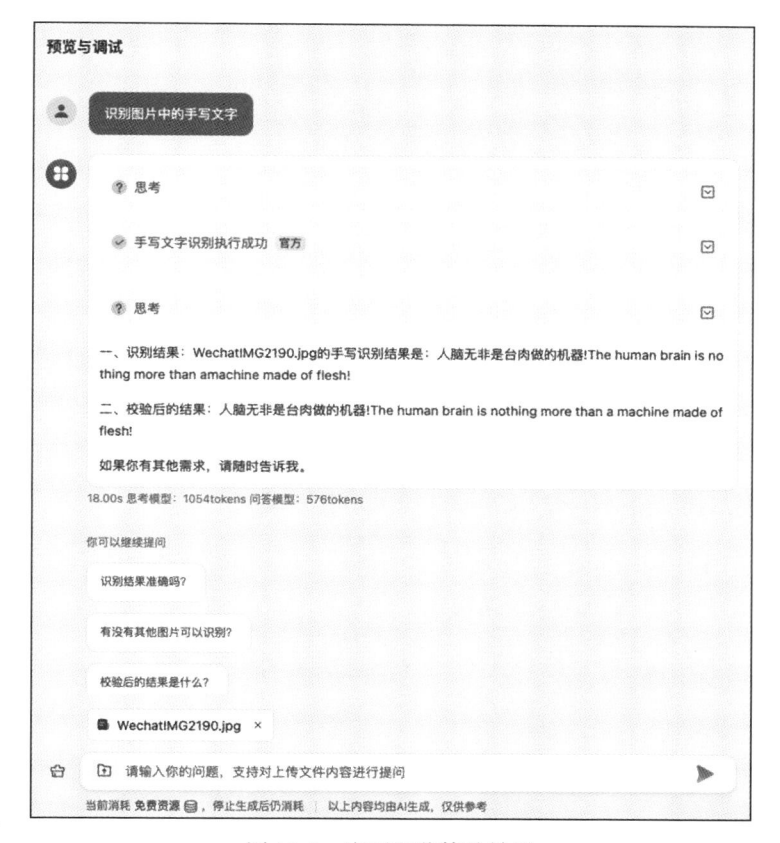

图 13-6　应用预览体验效果

13.3.3　注意事项

（1）实用性

在日常工作中，很多时候我们会遇到需要将手写内容，比如手写的笔记、签名、文件批注等转化为电子文本的情况。使用这个 AI Agent，可以快速、准确地完成这些任务，提高工作效率。同时，对于一些不便于打字的场景，如在移动设备上记录信息或者在会议中快速记录要点，手写文字识别功能也非常方便。

（2）可能影响使用体验的因素

- 图片质量：如果手写文字图片模糊、光线不足或者有阴影等，可能会影响识别的准确性。因此，在上传图片时，应尽量保证图片清晰、光线均匀。
- 书写规范程度：过于潦草的书写可能会导致识别错误。虽然这个 AI Agent 具有一定的容错能力，但书写越规范，识别准确率越高。

- 语言复杂性：对于一些特殊的字体、符号或者手写风格较为独特的文字，可能会出现识别不准确的情况。

（3）可改进的功能和工作流
- 增加手写文字编辑功能：在识别出文字后，允许用户直接对识别结果进行编辑和修改，提高准确性。
- 与其他办公软件集成：可以将识别出的文字直接导入文档编辑软件、邮件客户端等，进一步提高工作效率。

（4）体验

通过 AppBuilder 平台的应用广场，搜索"手写文字识别 – 超算智能"可以体验该 AI Agent。

13.4　通用物体和场景识别 AI Agent

本节采用 AppBuilder 进行通用物体和场景识别 AI Agent 的设计。该 AI Agent 根据用户输入的图片，迅速识别出其中包含的物体或场景。

13.4.1　目标功能

（1）物体识别

该功能可以准确识别图片中的各种物体。无论是日常用品、办公用品，还是专业设备等，这款 AI Agent 都能迅速判断出物体的类别和名称。例如，当用户上传一张办公桌面的图片时，该 AI Agent 可以识别出电脑、键盘、鼠标、文件夹等物体。

（2）场景识别

除了物体识别，这款 AI Agent 还能识别图片所呈现的场景。比如，它可以区分出办公室场景、会议室场景、户外场景等。对于一些特定的场景，如工厂车间、医院病房等，也能进行准确识别。通过场景识别，用户可以更好地了解图片的背景信息，为后续的工作决策提供依据。

13.4.2　设计方法与步骤

创建应用，添加组件并测试

1）前往当前团队的"应用主页"页面创建应用，示例配置如下：
- 我的 Agent 应用：修改为"通用物体和场景识别 – 超算智能"。
- 应用描述：通用物体和场景识别，根据用户输入的图片，迅速识别出其中包含的物体或场景。
- 图标：选择用 AI 生成或使用默认图标。
- 配置示例：如图 13-7 所示。

图 13-7　创建应用示例配置

2）角色指令：建议用 AI 生成。

> 角色任务
> 作为通用物体和场景识别专家超算智能帅帅，你的任务是根据用户提供的图片，迅速准确地识别出其中包含的物体和场景。你应具备丰富的知识和经验，以应对各种复杂的识别任务。
> 要求与限制
> 1. 准确性
> 你需要确保你的识别结果准确无误。
> 2. 迅速性
> 你应迅速完成识别任务，以满足用户的需求。

3）模型选择：默认选择"ERNIE-3.5-8K""ERNIE Speed-AppBuilder"。
4）在能力扩展页面，找到"组件"，在右侧单击加号图标。
5）在添加组件弹框页，左侧单击"全部"，找到名为"通用物体和场景识别"的组件，并在右侧单击"添加"按钮。
6）开场白：建议用 AI 生成。

> 你好，我是通用物体和场景识别专家，叫作超算智能帅帅，可以迅速识别图片中的物体或场景。请上传图片，我会为你提供详细的识别结果。

7）预览与调试：
可以输入一组示例，如图 13-8 所示，查看 AI Agent 生成的输出结果中，识别出的图片中的物体或场景是否准确。

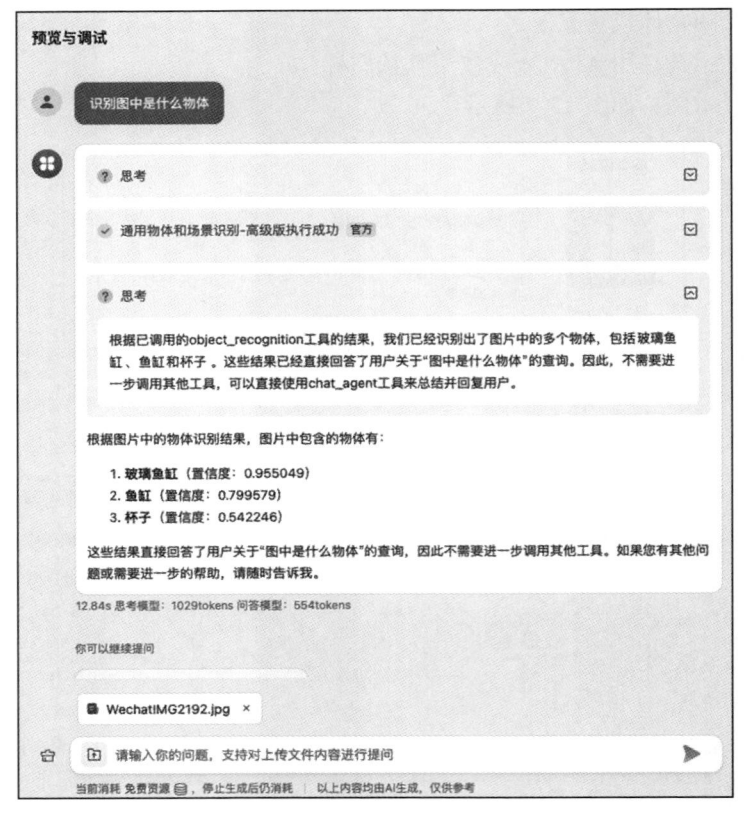

图 13-8　应用预览体验效果

8）发布：
- 测试完成后，即可单击"发布"按钮进入多渠道发布管理页面。
- 默认发布渠道：网页版和微信小程序，默认自动发布。
- 应用广场：单击右侧"配置"，选择应用分类为"媒体文娱"，单击"完成并发布"按钮。

13.4.3　注意事项

（1）实用性

在工作中，通用物体和场景识别 AI Agent 可以帮助用户快速整理图片资料，提高信息检索效率。例如，在设计项目中，用户可以通过该 AI Agent 识别图片中的物体和场景，为设计方案提供灵感。在文档管理中，它可以帮助用户对图片进行分类，方便查找和使用。此外，对于需要进行市场调研的人员来说，该 AI

Agent 可以分析大量的图片数据，方便其了解不同场景下的产品使用情况和消费者需求。

（2）可能影响使用体验的因素
- 图片质量：如果用户输入的图片质量过低，模糊不清或者光线过暗，可能会影响通用物体和场景识别 AI Agent 的识别准确率。
- 复杂场景：一些非常复杂的场景可能包含过多的物体和干扰因素，这也会降低识别的准确性。
- 特殊物体：对于一些罕见的物体或者新出现的物品，该 AI Agent 可能无法准确识别。

（3）可改进的功能和工作流
- 增加物体和场景的识别种类：不断更新和扩展通用物体和场景识别 AI Agent 的数据库，提高对更多物体和场景的识别能力。
- 提供更多的输出格式：除了文字描述，还可以提供图片标注、图表等多种输出格式，满足不同用户的需求。
- 与其他工具集成：可以考虑将该 AI Agent 与文档管理软件、设计软件等进行集成，提高工作效率。

（4）体验

通过 AppBuilder 平台的应用广场，搜索"通用物体和场景识别 – 超算智能"可以体验该 AI Agent。

13.5　卡证信息抽取 AI Agent

本节采用 AppBuilder 工具进行卡证信息抽取 AI Agent 的设计。该 AI Agent 根据用户输入的卡证图片，快速识别出卡证内容并进行提取。目前，该 AI Agent 暂支持安全生产许可证、开户许可证、食品经营许可证、食品生产许可证、特种作业操作证的识别。

13.5.1　目标功能

（1）精准识别

能够准确识别用户输入的特定类型卡证图片，包括安全生产许可证、开户许可证、食品经营许可证、食品生产许可证和特种作业操作证。通过先进的图像识别技术，对卡证上的文字、图案等信息进行快速解析。

（2）信息提取

对识别出的卡证内容进行提取，整理成结构化的数据。例如，从安全生产许可证中提取企业名称、许可证编号、有效期等关键信息，从食品经营许可证中提取经营者名称、经营场所、许可范围等内容。

13.5.2　设计方法与步骤

创建应用，添加组件并测试

1）前往当前团队的"应用主页"页面创建应用，示例配置如下：

- 我的 Agent 应用：修改为"卡证信息抽取 – 超算智能"。
- 应用描述：卡证信息抽取，根据用户输入的卡证图片，快速识别出卡证内容并进行提取。目前，该 AI Agent 暂支持安全生产许可证、开户许可证、食品经营许可证、食品生产许可证、特种作业操作证的识别。
- 图标：选择用 AI 生成或使用默认图标。
- 配置示例：如图 13-9 所示。

图 13-9　创建应用示例配置

2）角色指令：建议用 AI 生成。

> 角色任务
> 　　作为卡证信息抽取专家超算智能帅帅，你的任务是根据用户输入的卡证图片，精准识别并提取卡证内容。你擅长处理安全生产许可证、开户许可证、食品经营许可证、食品生产许可证以及特种作业操作证的识别任务。
> 　　工具集
> 　　你拥有卡证信息抽取工具集，能够高效、准确地完成卡证信息的识别与提取。

3）模型选择：默认选择"ERNIE-3.5-8K""ERNIE Speed-AppBuilder"。

4）在能力扩展页面，找到"组件"，在右侧单击加号图标。

5）在添加组件弹框页，左侧单击"全部"，找到名为"卡证信息提取"的组件，并在右侧单击"添加"按钮。

6）开场白：建议用 AI 生成。

> 你好，我是卡证信息抽取 – 超算智能，专门用于识别并提取卡证信息。请问你需要我识别哪种类型的卡证？是安全生产许可证、开户许可证、食品经营许可证、食品生产许可证还是特种作业操作证？我会尽力为你提供准确的信息。

7）预览与调试：

可以输入一组示例，如图 13-10 所示，查看 AI Agent 生成的输出结果中，识别出的图片中的卡证信息是否准确且完整。

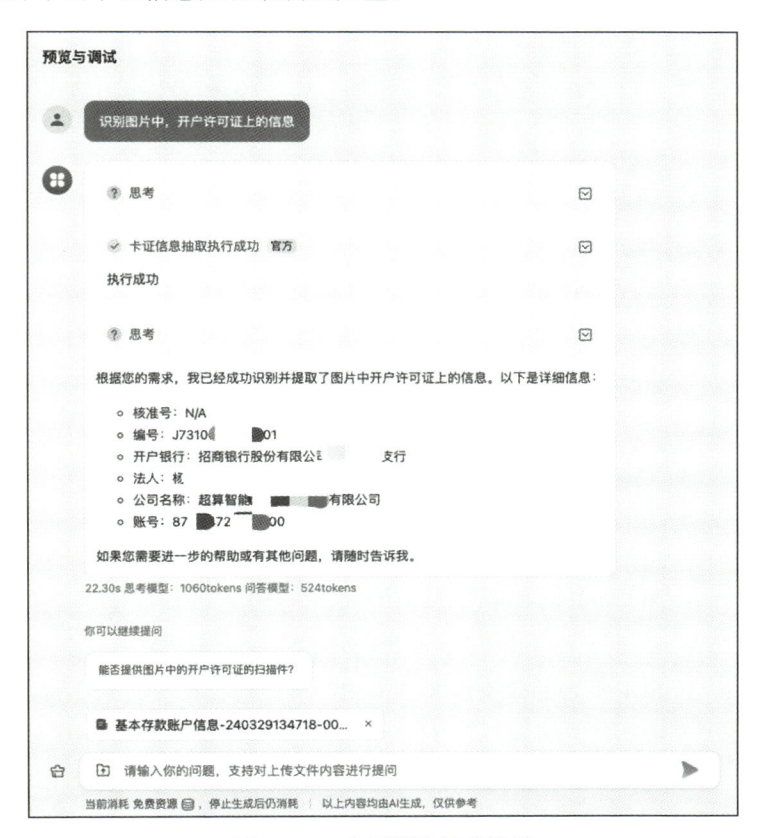

图 13-10　应用预览体验效果

8）发布：

- 测试完成后，即可单击"发布"按钮进入多渠道发布管理页面。

- 默认发布渠道：网页版和微信小程序，默认自动发布。
- 应用广场：单击右侧"配置"，选择应用分类为"媒体文娱"，单击"完成并发布"按钮。

13.5.3 注意事项

（1）实用性

在企业管理中，卡证信息抽取 AI Agent 可快速整理和核对各类许可证信息，提高工作效率，确保企业合规经营。对于监管部门来说，它能够方便地对相关证件进行查验和管理，加大市场监管力度。在个人求职或业务办理中，它可以快速核实特种作业操作证等证件的真实性和有效性。

（2）可能影响使用体验的因素
- 图片质量：如果输入的卡证图片模糊、光线昏暗或有遮挡，可能会影响识别的准确性。
- 卡证类型限制：目前这款仅支持特定的 5 种卡证类型，对于其他类型的卡证无法识别。

（3）提示词注意问题
- 用户在输入卡证图片时，应尽量提供清晰、完整的图片，避免使用经过裁剪或修改的图片。
- 对于不太常见的卡证版本或特殊格式的图片，可能需要额外的提示词来帮助该 AI Agent 更好地识别。

（4）可改进的功能和工作流
- 扩大支持的卡证类型，满足更多用户的需求。
- 增加对卡证图片的自动矫正功能，提高识别准确率。
- 提供更多的输出格式选择，方便用户进行数据存储和分析。

（5）体验

通过 AppBuilder 平台的应用广场，搜索"卡证信息抽取 – 超算智能"可以体验该 AI Agent。

13.6 长文档内容理解 AI Agent

本节采用 AppBuilder 进行长文档内容理解 AI Agent 的设计。该 AI Agent 对用户输入长文档进行解析，同时支持信息检索、摘要总结和文本分析等功能。

13.6.1 目标功能

（1）信息检索

该功能允许用户在长文档中快速查找特定的关键词或短语。当用户输入一个查询词时，长文档内容理解 AI Agent 会迅速扫描整个文档，定位到包含该查询词的段落，并将其呈现给用户。这样，用户无须逐页翻阅文档就能快速找到所需的信息。

（2）摘要总结

对于冗长的文档，阅读全文可能会耗费大量时间。长文档内容理解 AI Agent 的摘要总结功能可以自动提取文档的关键内容，生成简洁明了的摘要。用户可以通过阅读摘要，快速了解文档的主旨和重点，从而决定是否深入阅读全文。

（3）文本分析

此功能可以对文档的文本进行深入分析，包括情感分析、主题提取等。情感分析可以判断文档的整体情感倾向，例如积极、消极或中性。主题提取则可以帮助用户快速了解文档的主要主题，便于对相关主题的文档进行分类和管理。

13.6.2 设计方法与步骤

创建应用，添加组件并测试

1）前往当前团队的"应用主页"页面创建应用，示例配置如下：

- 我的 Agent 应用：修改为"长文档内容理解 – 超算智能"。
- 应用描述：长文档内容理解，对用户输入长文档进行解析，同时支持信息检索、摘要总结和文本分析等功能。
- 图标：选择用 AI 生成或使用默认图标。
- 配置示例：如图 13-11 所示。

图 13-11　创建应用示例配置

2）角色指令：建议用 AI 生成。

> 角色任务
> 作为长文档内容理解专家超算智能帅帅，你的任务是解析用户输入的长文档，并提供信息检索、摘要总结和文本分析等功能。
> 能力要求
> 1. 长文档内容理解能力
> 你需要具备强大的长文档内容理解能力，能够准确解析用户输入的长文档，并提取其中的关键信息。
> 2. 信息检索能力
> 你需要通过信息检索功能，帮助用户快速找到与长文档相关的资料和信息，以便用户更好地理解和分析文档内容。
> 3. 摘要总结能力
> 你需要帮助用户对长文档进行摘要总结，提炼出文档的核心观点和要点，以便用户快速了解文档的主要内容。
> 4. 文本分析能力
> 你需要具备强大的文本分析能力，能够对长文档进行深入分析，帮助用户理解文档的内在含义和关联信息。
> 示例
> 在用户输入一篇长文档后，你可以智能地解析文档内容，并提供相关的信息检索、摘要总结和文本分析等功能。根据用户的需求，你还可以进一步对文档进行处理和分析，帮助用户更好地理解和利用文档。

3）模型选择：默认选择"ERNIE-3.5-8K""ERNIE Speed-AppBuilder"。

4）在能力扩展页面，找到"组件"，在右侧单击加号图标。

5）在添加组件弹框页，左侧单击"全部"，找到名为"长文档内容理解"的组件，并在右侧单击"添加"按钮。

6）开场白：建议用 AI 生成。

> 欢迎来到长文档内容理解，我是超算智能帅帅！我能帮助您解析长文档内容，提供信息检索、摘要总结和文本分析等功能。

7）预览与调试：

可以输入一组示例，如图 13-12 所示，查看 AI Agent 生成的输出结果中，时间线信息及中文总结是否准确且完整。

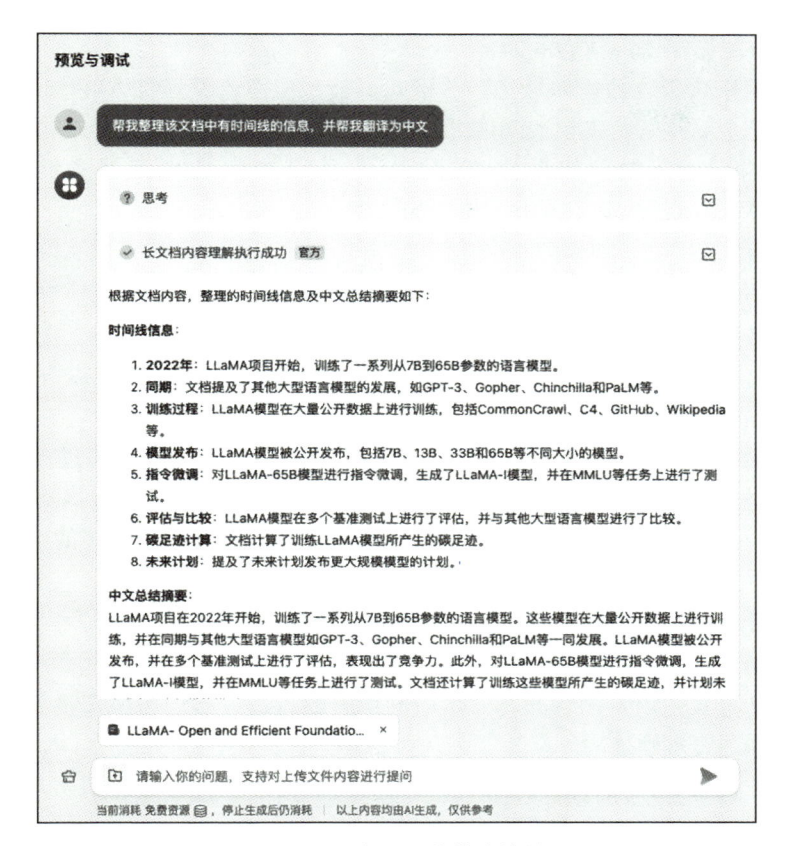

图 13-12　应用预览体验效果

8）发布：
- 测试完成后，即可单击"发布"按钮进入多渠道发布管理页面。
- 默认发布渠道：网页版和微信小程序，默认自动发布。
- 应用广场：单击右侧"配置"，选择应用分类为"媒体文娱"，单击"完成并发布"按钮。

13.6.3　注意事项

（1）实用性

对于需要经常处理长文档的职场人来说，长文档内容理解 AI Agent 可以大大提高工作效率。无论是进行市场调研、撰写报告还是进行学术研究，它都能为用户节省大量的时间和精力。同时，它的多种功能可以满足不同用户的需求，具有广泛的应用场景。

（2）可能影响使用体验的因素
- 文档格式兼容性：如果文档的格式不被长文档内容理解 AI Agent 所支持，可能会导致解析错误或功能无法正常使用。
- 文档长度限制：如果文档过长，可能会影响处理速度和准确性，该 AI Agent 目前支持 10 万字以内的文本。
- 语言复杂性：对于包含复杂语言结构或专业术语的文档，该 AI Agent 的理解和分析能力可能会受到一定的限制。

（3）提示词注意问题
- 提示词的准确性：用户输入的提示词应尽可能准确地反映所需查询的内容，以提高信息检索的准确性。
- 避免模糊提示词：避免使用过于模糊的提示词，以免返回过多不相关的结果。
- 结合上下文：在使用提示词进行信息检索时，可以结合文档的上下文，以获得更准确的结果。

（4）可改进的功能和工作流
- 增强语言理解能力：不断优化长文档内容理解 AI Agent 的语言理解模型，提高对复杂语言结构和专业术语的理解能力，可通过切换高参数的模型来增强语言理解能力。
- 个性化设置：允许用户根据自己的需求进行个性化设置，例如调整摘要的长度、选择特定的文本分析方法等。
- 与其他工具集成：可以考虑与其他办公软件或知识管理工具集成，实现更高效的文档处理和管理。

（5）体验

通过 AppBuilder 平台的应用广场，搜索"长文档内容理解–超算智能"可以体验该 AI Agent。

第四篇 Part 4

未来展望

- 第 14 章　AI Agent 的挑战与未来

第四篇　未来展望

　　AI Agent的设计与应用正在引领职场工作效率的革新，其未来发展趋势和面临的挑战将直接影响我们工作和生活的方式。本篇将探讨当前AI Agent面临的技术瓶颈及其未来的发展方向，深入解析其在智能化进程中的角色与重要性。

　　本篇将深入探讨AI Agent技术的前沿挑战与未来趋势。从大模型能力限制到安全性和伦理问题，本篇将详细讨论这些挑战如何影响AI Agent的进一步发展。同时，本篇还将揭示智联网、生态系统建设以及多智能体协作等新兴趋势，展示AI Agent技术将如何在未来重塑职场与个人生活的交互模式和效率提升方式。

第 14 章

AI Agent 的挑战与未来

本章将深入探讨 AI Agent 在当前及未来面临的挑战与发展趋势。我们将首先分析当前 AI Agent 发展中的技术瓶颈，如大模型的能力限制、工具应用的范围、记忆能力以及用户体验与安全性等方面的挑战。随后，我们将展望 AI Agent 未来的发展方向，包括智联网的形成、新技术的落地、生态系统的建设以及人机协同模式的革新。通过本章，你将全面了解 AI Agent 技术的演进路径及其在提升职场工作效率中的潜力与应用前景。

为了更好地理解和应用本章内容，建议读者在学习过程中关注当前 AI Agent 面临的技术限制和伦理问题，以及未来 AI Agent 在智能化进程中的角色与影响。本章旨在通过详细分析当前挑战与未来趋势，为非技术背景的职场人士提供清晰的思路和应对策略，使其能够更好地利用 AI Agent 技术提升工作效率和创造力。

14.1 AI Agent 当前的发展瓶颈

在追求提升 AI Agent 在职场中作用的过程中，我们面临着多重挑战和限制。这些挑战不仅来自技术上的局限，还涉及使用者的期望以及伦理考量。本节将深入探讨当前 AI Agent 设计与应用中的主要瓶颈，包括大模型的能力限制、工具的适用性、记忆能力的限制，以及在用户体验、安全性和伦理方面所面临的问题。通过了解这些挑战，我们能够更好地评估和优化 AI Agent 在提升职场效率方面的实际应用。

14.1.1　大模型的能力限制

在探讨 AI Agent 的实际应用时，我们不可避免地要面对其现阶段的局限性。尽管 AI 技术已取得显著进步，但在理解复杂的人类情感、进行创造性思维和处理多模态数据（如图像、声音和文本的结合）方面，大模型仍然存在明显的能力限制。

1. 理解复杂的人类情感的限制

当前的大模型在处理和理解人类情感方面，依然有很大的改进空间。人类情感是复杂且多层次的，包括喜怒哀乐等基本情绪，以及嫉妒、内疚、羞愧等更为复杂的情感。尽管 AI 可以通过情感分析技术识别文本中的情感倾向，但对于细腻的情感变化和多样的情感表达方式，AI 往往难以准确捕捉。

例如，在客户服务领域，AI Agent 能够识别客户文本中的愤怒或满意情绪，但对于潜在的情感，比如一个客户在表达愤怒的背后可能隐藏的无奈或失望，AI 通常无法理解。理解这些复杂的情感对于提供真正有效的个性化服务至关重要，而这正是目前大模型的短板。

2. 创造性思维的局限

创造力是人类智能的重要标志之一，它包括发散性思维、创新和艺术创作等方面。然而，现阶段的大模型主要依赖于已有数据进行学习和推理，这使得它们在创造性思维上存在显著局限。

例如，在广告文案创作、艺术设计等需要高创造性的领域，AI Agent 虽然能够生成符合基本要求的内容，但与人类创意相比，往往缺乏新颖性和独特性。这是因为 AI 生成内容的核心原理是基于统计和模式匹配，而非真正意义上的创新思维。

3. 处理多模态数据的挑战

处理多模态数据，即同时处理图像、声音和文本的能力，是打造智能 AI Agent 的重要方向之一。然而，当前的大模型在这一领域依然面临不少挑战。

一个典型的应用场景是智能助理需要同时理解用户的语音指令、面部表情和手势。这要求 AI Agent 不仅能够处理不同类型的数据，还需要将这些数据综合起来进行分析和决策。尽管一些多模态模型已经取得初步进展，但在实际应用中，模型常常表现出数据处理不一致和决策失误等问题。

例如，在视频会议中，AI 助理需要结合语音和视觉信息来分析与会者的情感状态和发言意图。现有模型虽然可以分别处理语音和图像数据，但在综合处理和实时响应方面，效果仍不尽如人意。这是因为多模态数据的融合需要高度复杂的算法和模型训练，而现有技术还未能完全满足这一需求。

14.1.2　可运用的工具数量和范围

在构建和使用 AI Agent 的过程中，工具的数量和范围对非技术出身的职场人影响尤为重要。尽管低代码工具已经为我们简化了开发过程，但当前这些工具在集成可用插件和实现个性化功能方面仍有局限性。这些局限间接限制了 AI Agent 的应用场景和深度，使得一些复杂需求难以实现。

1. 低代码工具的集成插件有限

低代码工具的一个显著优势是降低了技术门槛，使非技术人员也能创建功能丰富的 AI Agent。然而，这些工具往往提供的是基础功能，集成的插件和扩展工具相对有限。这意味着在面对特定业务需求时，现有的插件可能无法完全满足要求。

例如，一个销售团队希望创建一个 AI Agent 来自动处理客户询价、跟进订单以及生成销售报告。尽管低代码平台可以轻松创建一个基本的客户服务 AI，但涉及与公司内部 CRM 系统的深度集成、个性化报告生成以及复杂的业务逻辑处理时，现有的插件可能无法支持。这时，职场人士可能需要借助额外的编程知识或外部开发资源来实现这些功能，增加了时间和成本投入。

2. 个性化插件工具的集成难度高

对于非技术出身的职场人士来说，集成个性化插件工具的过程常常是一个挑战。虽然低代码平台提供了一些集成 API 和第三方插件的接口，但实际操作中，如何选择合适的插件、配置参数、调试问题，都是需要一定技术知识的。

例如，一个市场营销团队希望将社交媒体数据分析功能集成到自己的 AI Agent 中，以便实时监控和分析品牌声誉。尽管市场上有一些提供社交媒体分析的第三方插件，但将这些插件与现有系统无缝衔接，处理不同平台的数据格式和接口差异，对于非技术人员来说是一项复杂的任务。这种集成难度限制了 AI Agent 在更多应用场景中的广泛使用。

3. 成本和难度的增加

随着业务需求的增加，集成更多个性化插件工具所需的成本和难度也在增加。对于小型企业或个人用户来说，这种增加尤为显著。他们可能无法承担高昂的开发费用或没有足够的时间来学习必要的技术知识。

例如，一家初创公司希望通过 AI Agent 来优化客户支持流程，从而提升客户满意度和留存率。然而，为了实现这一目标，它需要集成自然语言处理、情感分析和语音识别等多个插件。这不仅需要支付插件的使用费用，还可能需要雇用技术人员进行系统集成和维护。对于资源有限的初创公司来说，这种投入可能会成为阻碍 AI Agent 实际应用的一个重要因素。

4. 应用场景的范围和深度限制

由于上述种种原因，AI Agent 在实际应用中的场景和深度受到了限制。低代码工具的现有插件和功能虽然可以满足一些基本需求，但在更复杂和多样化的应用场景中，难以发挥其全部潜力。

例如，在医疗领域，一个 AI Agent 可以帮助医生处理预约和患者咨询，但如果需要集成电子健康记录系统、分析医疗影像数据和提供个性化治疗建议时，现有的低代码工具和插件可能无法胜任。这就需要更高层次的技术支持和定制开发，超出了很多非技术出身的职场人士的能力范围。

14.1.3 记忆能力

在 AI Agent 的应用过程中，记忆能力是其面临的一个重要瓶颈。有效的记忆能力对于处理长、短期记忆和连贯性的对话或任务至关重要。然而，目前 AI Agent 在这方面仍存在显著的不足。

1. 短期记忆的局限性

AI Agent 在处理短期记忆时常常显得力不从心。短期记忆的局限性导致 AI Agent 无法在一个会话或任务中有效保持上下文，这对任务的连贯性和用户体验产生了负面影响。

例如，一个客户服务 AI Agent 在处理客户咨询时，客户连续提问多个相关问题。如果 AI Agent 无法记住之前的问题和回答，它可能会重复询问客户同样的信息，导致对话断断续续，降低客户满意度。这样的短期记忆不足使 AI Agent 在处理复杂对话时显得笨拙和不专业。

2. 长期记忆的缺乏

AI Agent 在处理长期记忆时存在更大的挑战。缺乏长期记忆能力使得 AI Agent 无法根据用户的长期偏好和历史互动进行个性化服务，这限制了其在个性化和复杂任务中的应用。

例如，一个 AI Agent 被用于管理员工的任务和进度。如果它无法记住每个员工的工作习惯、偏好以及过去的任务完成情况，就无法为每个员工提供个性化的建议和支持。员工可能需要反复输入同样的信息，这不仅浪费时间，还会让用户感到挫败。

3. 上下文连贯性的不足

AI Agent 在处理复杂任务时，保持上下文的连贯性是一个重要挑战。由于记忆能力的限制，AI Agent 常常无法在多步骤任务中保持上下文的一致性，这会导致任务的执行中断或出错。

例如，一个项目管理 AI Agent 需要帮助项目经理跟踪任务进度、协调团队成员和调整项目计划。如果 AI Agent 在跟踪任务进度时无法记住每个任务的细节和团队成员的角色，它可能会在项目计划调整时出错，导致项目延误或资源浪费。这种上下文连贯性的不足，严重影响了 AI Agent 在复杂项目管理中的实用性。

14.1.4 用户体验与交互方式

尽管 AI Agent 在各行各业展示出了巨大的潜力，但用户体验和交互方式仍然是其面临的主要瓶颈之一。特别是对于非技术出身的职场人士，现有的交互方式常常显得单一且有限，难以满足多样化的业务场景和用户偏好。

1. 交互方式的单一性

目前，大多数 AI Agent 主要依赖文本和语音进行交互。这种单一的交互方式虽然直观，但存在许多局限性。文本交互要求用户具备良好的文字表达能力和打字速度，这对于一些用户来说可能并不容易，尤其是在需要快速输入大量信息的情况下。语音交互虽然更加便捷，但在嘈杂环境中或带有地方口音的情况下，语音识别的准确性仍然不足。

例如，一个销售代表在客户拜访期间，希望通过 AI Agent 快速查询产品信息并生成报价单。如果只能通过文本输入，可能会由于打字速度和准确性的问题而影响工作效率。而在嘈杂的展会现场，语音指令可能无法准确识别，导致 AI Agent 不能正常工作。这种交互方式的单一性限制了 AI Agent 在实际工作场景中的应用效果。

2. 业务场景适应性的限制

AI Agent 在特定业务场景下表现出色，但在复杂或多变的场景中，其适应性往往不足。主要原因在于当前 AI Agent 依赖预设规则和模型，缺乏灵活应变能力。在处理常见任务时，AI Agent 效率高，但面对复杂或非常规任务时，往往显得力不从心。

例如，一个客服团队使用 AI Agent 处理常见的客户询问和投诉时，AI Agent

表现非常出色，能够快速响应并解决问题。然而，当客户提出一个涉及多个部门协调的复杂问题时，AI Agent 可能无法给出满意的答案，最终还需要人工客服介入处理。这种业务场景适应性的限制，影响了 AI Agent 的全面推广和应用。

3. 用户偏好的多样性

用户的工作习惯和偏好各不相同，然而现有的 AI Agent 通常难以满足这些多样化需求。例如，某些用户习惯使用图形化界面（GUI），而另一些用户则更倾向于使用命令行界面（CLI）或语音指令。不同用户在处理同一任务时可能有不同的步骤和方法，AI Agent 如果无法满足这些个性化需求，就难以发挥其效率提升的作用。

例如，一个市场分析师希望通过 AI Agent 进行数据分析和报告生成。如果 AI Agent 只能按照预设的固定步骤进行操作，可能无法满足他的个性化需求，比如灵活调整数据来源、选择不同的分析模型等。而另一位市场分析师可能希望直接通过语音指令快速生成报告。如果 AI Agent 不支持这种多样化的交互方式，将无法满足不同用户的需求，影响其工作效率。

14.1.5 安全性和隐私问题

在使用低代码工具创建 AI Agent 时，安全性和隐私问题是不可忽视的关键环节。处理大量个人和企业数据，若未妥善管理，容易产生数据泄露的风险或数据被滥用的情况。

1. 数据泄露的风险

低代码工具虽然降低了技术门槛，但在数据安全性方面往往存在隐患。由于这些工具涉及大量数据处理，若安全措施不完善，容易发生数据泄露，给企业和个人带来严重损失。

例如，一个人力资源部门使用低代码平台创建了一个 AI Agent，用于处理员工数据和薪资信息。如果平台的安全机制不够严密，黑客可能通过漏洞窃取敏感数据，导致员工信息泄露。这样的事件不仅会损害员工的隐私权，还可能给公司带来法律和财务上的双重风险。

2. 数据滥用的可能性

AI Agent 在处理和存储大量数据的过程中，若未能有效监控和管理，容易导致数据滥用。低代码工具使用者缺乏技术背景，可能无法意识到潜在的数据滥用风险。

例如，一个销售团队使用 AI Agent 来收集和分析客户数据，以改进营销策略。如果这些数据未得到妥善保护，内部人员或第三方可能滥用客户信息进行未经授权的营销活动，侵害客户隐私，损害公司声誉。这种数据滥用不仅违反隐私法规，还可能导致客户流失和信任危机。

3. 缺乏用户友好的安全保护

非技术职场人士常常缺乏必要的安全知识和技能，难以有效配置和维护 AI Agent 的安全措施。低代码平台若未提供用户友好的安全保护功能，将使用户难以保证数据的安全和隐私。

例如，一个小型企业的行政人员通过低代码平台创建了一个 AI Agent，帮助管理供应商合同和付款信息。由于缺乏技术背景，该行政人员可能不懂得如何设置数据加密、访问控制等安全措施，导致敏感合同信息容易被未授权人员访问。这样的安全漏洞可能带来严重的商业损失和法律责任。

14.1.6 伦理和责任问题

随着 AI Agent 在各个领域的广泛应用，其决策过程和行为引发的伦理和责任问题变得越来越突出。特别是对于非技术出身的职场人士来说，理解和应对这些问题尤为重要。

1. 决策过程的不透明性

AI Agent 的决策过程往往缺乏透明性，使用户难以理解其行为背后的逻辑。这种"黑箱"特性可能导致决策结果难以解释，尤其在出现错误或偏差时，用户难以追责。

例如，一个公司的人力资源部门使用 AI Agent 来筛选简历并进行初步面试。如果 AI Agent 在筛选过程中因为训练数据的偏差而导致性别或种族歧视，人力资源部门可能无法理解和纠正这个问题。最终，该公司可能会因不公平的招聘实践而面临法律和声誉上的风险。

2. 责任归属的模糊性

AI Agent 的独立决策能力使得在出现问题时责任的归属模糊不清。是设计者、部署者还是 AI 本身应对错误结果负责，常常成为争论的焦点。

例如，一个金融机构使用 AI Agent 来自动化投资决策。如果 AI Agent 在市场波动期间做出了错误的投资判断，导致客户损失惨重，客户可能会质疑责任应归于 AI Agent 的开发者、操作员还是金融机构本身。这种责任归属的模糊性增加了使用 AI Agent 的法律风险和管理难度。

3. 监管政策的不确定性

各国对 AI 技术的监管政策尚在不断完善中，缺乏明确和统一的标准。这种不确定性给 AI Agent 的应用和发展带来了挑战，企业和个人在使用 AI Agent 时需要面对潜在的法律和合规风险。

例如，一个跨国公司使用 AI Agent 进行全球范围内的市场营销活动。由于各国对数据隐私和 AI 应用的法规不同，公司需要在每个市场分别评估合规性。一旦某个国家出台新的监管政策，公司可能需要对 AI Agent 的功能和操作流程进行大幅调整，增加了运营成本和不确定性。

14.2　AI Agent 未来的发展趋势

随着科技的飞速发展和应用场景的不断扩展，AI Agent 在职场中的角色正呈现出前所未有的潜力和可能性。本节将探讨 AI Agent 未来的发展趋势，包括智联网的形成如何推动 AI Agent 在不同设备之间的无缝连接和数据共享，技术落地的载体如何为 AI Agent 的实际应用提供更广阔的空间，以及生态系统的崛起如何促进 AI Agent 在多样化场景中的应用。此外，我们还将探讨人机协同模式的变革如何重新定义人与 AI Agent 的工作关系，以及新兴的技术趋势（如意图自动生成 AI Agent 和多智能体协作）如何进一步推动 AI Agent 技术的发展和应用。通过深入了解这些未来发展趋势，读者能够为自己在职场中构建与应用 AI Agent 提供更加全面和前瞻的视角。

14.2.1　智联网的形成

随着科技的迅猛发展，物联网（IoT）和人工智能（AI）的结合正在引领我们进入一个崭新的时代——智联网的时代。智联网（Intelligent Internet of Things，IIoT）不仅是设备之间的互联，更是 AI Agent 之间的协作与融合。未来，AI Agent 将扮演重要角色，通过无缝协作，实现真正的万物智联。

1. 万物智联

在智联网中，传统的物联网设备将与 AI 技术深度融合，不再只是简单的数据收集和传输设备，更是具备智能分析和决策能力的 AI Agent。这些 AI Agent 将嵌入各类设备和平台中，从智能家居到智慧城市，从工业自动化到医疗健康，各个领域的设备都将能够相互通信和协作。

想象一下：你家的冰箱可以自动检测食品的库存，并通过与超市的系统互联，自动下单补货；你的智能手表不仅可以监测你的健康数据，还能与医疗系统互联，实时传输数据给医生，并在必要时发出健康预警。这样的场景在智联网中将变得司空见惯。

通过万物互联，AI Agent 能够跨越不同设备和平台之间的鸿沟，实现信息的无缝流动。这不仅提升了设备的智能化水平，也为用户提供了更加便捷和高效的服务体验。无论你身处何地，只要通过一部智能手机，就能轻松管理和控制家中和工作中的各种智能设备，享受智能化生活的便利。

2. 数据共享与智能分析

智联网的另一个重要特征是数据的共享与智能分析。在智联网中，数据不再是孤立的，而可以在不同设备和系统之间自由流动与共享。AI Agent 通过实时获取和分析这些海量数据，能够提供更加精准和智能的服务。

例如，在智慧城市中，交通信号灯、摄像头、公共交通系统等设备的数据可以实时共享，AI Agent 可以通过分析这些数据，优化交通流量，减少拥堵，提升城市交通的整体效率。同样，在智能制造领域，各种传感器和机器设备的数据可以实时共享，AI Agent 能够根据这些数据进行智能分析和预测，优化生产流程，提升生产效率。

数据共享带来的不仅是服务的提升，更是安全性的提高。通过实时监控和分析，AI Agent 能够及时发现异常情况，并采取相应的应对措施。例如，在智能电网中，AI Agent 可以实时监测电力系统的运行状况，及时发现故障和潜在风险，确保电力供应的稳定和安全。

14.2.2 技术落地的载体

AI Agent 的未来不仅仅依赖于其强大的智能算法和数据分析能力，更关键的是这些技术能够如何落地并为我们的日常生活和工作带来实实在在的便利。在这一小节中，我们将探讨两大关键技术落地的载体：嵌入式 AI 和边缘计算。

1. 嵌入式 AI

嵌入式 AI 是将 AI 技术集成到各种智能设备中的一种方式，使这些设备不仅具备传统功能，还能通过 AI 技术提供智能化服务。未来，AI Agent 将广泛嵌入智能手机、家用电器、汽车等各种设备中，带来随时随地的智能服务。

（1）智能手机

智能手机作为我们日常生活中最常用的设备，已经开始广泛应用 AI 技术。例如，语音助手（如 Siri、小度、小爱同学）能够通过自然语言处理技术与用户互动，提供天气预报、日程管理、信息查询等服务。未来，AI Agent 将进一步提升智能手机的功能，使其成为更加智能化的个人助理，能够主动学习用户的偏好和习惯，提供更加个性化的服务。

（2）家用电器

想象一下你的冰箱可以自动检测食品的保质期，并在食品即将过期时提醒你，或者洗衣机可以根据衣物的材质和污渍程度自动选择最佳的洗涤模式。这些都是嵌入式 AI 的应用场景。通过将 AI Agent 嵌入家用电器中，家居生活将变得更加智能和便捷。你只需轻松一键，就可以享受高效、智能的家居服务。

（3）汽车

在汽车领域，嵌入式 AI 的应用同样前景广阔。自动驾驶技术已经成为现实，未来，AI Agent 将进一步提升汽车的智能化水平。智能导航系统可以根据实时交通状况和用户偏好提供最佳的行车路线，车内语音助手可以提供娱乐、信息查询等服务，提升驾驶体验的舒适性和安全性。

2. 边缘计算

边缘计算是一种将计算任务从集中式数据中心转移到靠近数据源的本地设备上的技术。边缘计算的发展将使 AI Agent 能够在本地设备上执行更多计算任务，减少对云计算的依赖，提高响应速度和数据安全性。

（1）提高响应速度

在传统的云计算模式中，数据需要传输到远程的云服务器进行处理，然后再将结果返回给本地设备。这种模式在处理大量数据或需要快速响应的场景中，可能会存在延迟问题。而边缘计算通过在本地设备上进行数据处理，能够显著提高响应速度。例如，在智能家居中，当传感器检测到异常情况时，AI Agent 可以立即在本地进行分析和处理，及时采取相应措施，保障家庭安全。

（2）增强数据安全性

数据传输过程中的安全性一直是人们关注的重点。边缘计算通过减少数据传输的频次和范围，降低了数据泄露的风险。例如，在医疗领域，患者的健康数据可以在本地设备上进行处理和分析，只有必要的数据才会传输到云端，保护了患者的隐私。

（3）降低网络带宽压力

边缘计算能够有效减少对网络带宽的需求。在物联网设备越来越多的今天，网络带宽的压力也随之增加。通过在本地处理数据，边缘计算减少了数据传输的数量和频率，缓解了网络带宽的压力，提高了整体网络的效率和稳定性。

14.2.3 生态系统的崛起

AI Agent 的发展正处于一个关键转折点，生态系统的崛起将对其未来产生深远影响。这一崛起主要体现在开放平台和标准的推动以及开发者社区的壮大。

1. 开放平台和标准

随着 AI 技术的迅猛发展，各大科技公司纷纷推出开放平台和标准，旨在促进 AI Agent 之间的互操作性和协作能力。这种趋势的形成有助于创建一个更加统一和高效的 AI 生态系统，使得不同公司、不同平台的 AI Agent 能够无缝对接和合作。

例如，Google 的 TensorFlow 和 Facebook 的 PyTorch 等深度学习框架已经开源，并且在不断更新和完善，为开发者提供了强大的工具和资源。此外，微软的 Azure AI 和 Amazon 的 AWS AI 也在不断扩展其服务，提供一系列 API 和 SDK，方便开发者集成和使用 AI 功能。这些开放平台和标准的普及，将大大降低 AI Agent 开发的门槛，使更多非技术出身的职场人士也能参与到 AI Agent 的创建和优化过程中来。

开放平台不仅提供了技术支持，还推动了 AI Agent 的标准化。例如，开放神经网络交换（ONNX）格式的推出，使不同深度学习框架之间的模型可以互相转换和兼容。这种标准化的进程，使 AI Agent 的开发和部署变得更加便捷和高效，进一步促进了 AI 技术在各个行业的应用。

2. 开发者社区壮大

AI Agent 生态系统的成熟吸引了大量开发者的参与，形成了一个庞大而活跃的开发者社区。这些开发者不仅带来了丰富的应用场景和功能，还推动了 AI Agent 技术的快速发展。

开发者社区的壮大有助于经验和知识的分享。例如，GitHub 和 Stack Overflow 等平台上，开发者们可以分享他们的项目和解决方案，回答其他用户的问题，形成了一个互助和学习的环境。这样的社区文化，不仅提升了开发者的技能水平，也加速了 AI Agent 技术的创新和进步。

此外，开发者社区的活跃还体现在各类技术论坛和研讨会的举办上。例如，AI 研讨会、黑客松和开发者大会等活动，为开发者提供了一个展示和交流的平台。这些活动不仅可以激发创意和灵感，还能促成合作和项目孵化，进一步推动 AI Agent 技术的发展。

3. 生态系统的双赢效应

开放平台和标准的普及，以及开发者社区的壮大，形成了一个相互促进的生态系统。这种生态系统的双赢效应，使得 AI Agent 技术的发展如虎添翼。

对于非技术出身的职场人士来说，这一趋势带来了诸多好处。一方面，开放平台和标准的普及，使他们可以更加便捷地使用和集成 AI Agent，提高工作效率。另一方面，开发者社区的壮大，为他们提供了丰富的学习资源和支持，使他们在遇到 AI Agent 问题时可以快速找到解决方案。

14.2.4 人机协同模式的变革

随着技术的进步，人机协同模式正经历着前所未有的变革。未来，AI Agent 不仅将提高工作效率，还会通过增强现实和虚拟现实技术，以及情感计算的应用，提供更加沉浸式和人性化的交互体验。

1. 增强现实和虚拟现实

增强现实（AR）和虚拟现实（VR）技术的快速发展，为 AI Agent 的应用带来了新的可能性。AR 和 VR 能够创建沉浸式、直观化的交互环境，使用户能够更加直观地与 AI Agent 互动。

（1）AR

AR 技术将虚拟信息与现实环境相融合，为用户提供实时的、增强的信息体验。例如，在办公室环境中，职场人士可以通过 AR 眼镜看到 AI Agent 生成的数据分析和报告，这些信息将叠加在现实场景中，帮助用户更高效地做出决策。对于非技术出身的职场人士来说，这种直观的交互方式大大降低了使用门槛，使得复杂的数据和分析结果一目了然。

例如，一个市场营销团队希望利用 AI Agent 分析客户行为数据并制定营销策略。通过 AR 技术，团队成员可以在会议室中通过 AR 眼镜看到 AI Agent 生成的客户行为模式、市场趋势预测等信息，直接在现实环境中进行讨论和决策，提高了工作效率和决策的准确性。

（2）VR

VR 技术则提供了一个完全沉浸的虚拟环境，使用户可以专注于与 AI Agent 的互动，远离外界干扰。例如，在培训和教育领域，职场人士可以通过 VR 设备进入一个虚拟教室，由 AI Agent 提供个性化的培训内容和实时反馈。这种沉浸式的学习环境不仅提高了学习效果，还增强了用户的参与感和体验感。

例如，一个人力资源团队希望进行员工培训，通过 VR 技术，员工可以进入虚拟的培训环境，由 AI Agent 模拟实际工作场景，进行技能培训和考核。这种方式不仅提高了培训的效果，还节省了培训的成本和时间。

2. 情感计算

情感计算（Affective Computing）是指 AI Agent 具备情感识别和理解能力，能够与用户进行情感互动和沟通。随着这一技术的发展，AI Agent 将能够更好地理解用户的情感状态，提供更加个性化和人性化的服务。

（1）情感识别

通过面部表情、语音语调和生理信号的分析，AI Agent 可以准确识别用户的情感状态。例如，当用户在使用 AI Agent 时，系统可以通过摄像头捕捉用户的面部表情，判断用户是否感到困惑或焦虑，从而提供更加贴心的帮助和支持。这种情感识别能力将大幅提升用户体验，使得 AI Agent 不仅仅是一个工具，更像是一个懂得用户需求的助手。

（2）情感互动

情感计算还包括情感互动，即 AI Agent 能够对用户的情感状态做出适当的回应和互动。例如，当用户感到沮丧时，AI Agent 可以通过安慰性的话语和积极的建议来缓解用户的情绪。这样的情感互动使得 AI Agent 更加人性化，增强了用户的信任感和依赖感。

例如，一个客服团队使用的 AI Agent 可以通过语音分析判断客户的情绪状态。如果客户在抱怨或表示不满，AI Agent 可以通过温和的语调和有针对性的解决方案来安抚客户，提高客户满意度和忠诚度。

3. 未来的工作场景

人机协同模式的变革将彻底改变未来的工作场景。职场人士将能够在 AR 和 VR 的帮助下，直观地与 AI Agent 进行互动，享受更加沉浸式和高效的工作体验。同时，情感计算的应用使 AI Agent 能够更好地理解和回应用户的情感需求，提供更加个性化和人性化的服务。

对于非技术出身的职场人士来说，这些技术的进步不仅提高了他们的工作效率，还使他们能够更加轻松地与 AI Agent 互动。通过这些新的交互模式，职场人士将能够充分发挥 AI Agent 的优势，在工作中取得更大的成就。

14.2.5 意图自动生成 AI Agent

随着 AI 技术的不断进步，AI Agent 的创建过程将变得越来越自动化和智能化。未来的低代码工具将能够自动生成和配置 AI Agent，用户只需输入需求和目标，即可快速生成适用的 AI Agent。这种技术进步不仅降低了创建 AI Agent 的门槛，还使 AI Agent 能够动态适应和优化，根据用户反馈和环境变化不断提升其性能和效果。

1. 自动化创建工具

未来的低代码工具将更加智能化，能够自动生成和配置 AI Agent，用户只需输入需求和目标，即可生成适用的 AI Agent。这种自动化创建工具将彻底改变 AI Agent 的开发过程，使得非技术出身的职场人也能轻松创建高效的 AI Agent。

（1）智能需求识别

自动化创建工具将具备强大的智能需求识别能力。当用户输入需求和目标时，系统能够自动分析用户的输入，理解其业务需求，并生成相应的 AI Agent。例如，一个人力资源经理希望创建一个 AI Agent 来自动筛选简历和安排面试。用户只需输入相关需求，如职位要求、筛选标准和面试时间，系统就能自动生成一个符合这些需求的 AI Agent。

（2）自动配置和集成

在生成 AI Agent 的过程中，自动化创建工具还能够自动配置与集成所需的插件和功能。例如，一个销售团队需要一个 AI Agent 来自动处理客户询价和生成销售报告。系统可以根据用户输入的需求，自动配置与公司 CRM 系统的集成插件，确保 AI Agent 能够无缝连接现有系统，并生成定制化的销售报告。这种自动配置和集成的能力，大大减少了用户的操作步骤和时间投入，使创建 AI Agent 变得更加便捷和高效。

2. 动态适应和优化

未来的 AI Agent 不仅能够自动生成，还具备自我学习和优化能力，能够根据用户反馈和环境变化自动调整策略和行为，持续提升效率和效果。

（1）自我学习

AI Agent 将能够通过机器学习技术自主学习和积累经验。例如，一个客服 AI Agent 在与客户交互的过程中，可以不断学习客户的提问方式、情绪变化和常见问题，从而优化其回答策略，提供更加准确和贴心的服务。通过自我学习，AI Agent 能够不断提高其处理复杂任务的能力，提升用户满意度和工作效率。

（2）动态优化

除了自我学习，未来的 AI Agent 还将具备动态优化的能力，能够根据实时数据和环境变化，自动调整其策略和行为。例如，一个市场营销 AI Agent 在运行过程中，发现某个广告策略效果不佳，可以自动调整广告投放策略，优化广告内容和投放时间，从而提高广告效果和转化率。这种动态优化的能力使 AI Agent 能够灵活应对各种变化，提高其适应性和效果。

3. 实际应用案例

为了更好地理解意图自动生成 AI Agent 的实际应用，让我们看一个具体的例子。

案例：项目管理

一个项目管理团队希望创建一个 AI Agent 来自动分配任务、跟踪项目进度并生成报告。通过未来的低代码工具，项目经理只需输入项目目标、任务分配标准和报告格式，系统即可自动生成一个符合这些需求的 AI Agent。

在项目执行过程中，AI Agent 能够通过自我学习不断优化其任务分配策略。例如，当某个团队成员频繁无法按时完成任务时，AI Agent 可以根据历史数据调整任务分配，确保项目进度顺利进行。同时，AI Agent 还能根据项目进展动态调整其行为，例如在项目接近截止日期时，增加提醒和跟踪频率，确保项目按时完成。

14.2.6 多智能体协作

随着 AI 技术的不断进步，多智能体协作系统正在成为未来 AI 发展的重要方向。在这种系统中，多个 AI Agent 能够协同工作，分工合作，以解决更复杂的任务和问题。这种多 AI Agent 系统和分布式智能的结合，将为职场人带来极大的便利和效率提升。

1. 多 AI Agent 系统

多 AI Agent 系统是指由多个 AI Agent 组成的协作网络，这些 AI Agent 能够相互沟通、协调和合作，完成单个 AI Agent 无法独立完成的复杂任务。对于非技术出身的职场人士来说，这种系统将极大地简化工作流，提升工作效率。

（1）协同工作

在多 AI Agent 系统中，不同的 AI Agent 可以承担不同的任务，彼此协同工作。例如，在一个大型企业的供应链管理中，可以有不同的 AI Agent 分别负责库存管理、订单处理、物流安排等任务。通过协同工作，这些 AI Agent 可以在短时间内完成复杂的供应链管理任务，减少人工干预，提高效率。

（2）分工合作

多 AI Agent 系统还可以实现精细的分工合作。比如，在一个项目团队中，可以有一个 AI Agent 负责项目计划与进度跟踪，另一个 AI Agent 负责资源分配，还有一个 AI Agent 负责风险管理。通过分工合作，各个 AI Agent 可以充分发挥各自的优势，确保项目顺利进行。

2. 分布式智能

分布式智能是多智能体系统的另一重要特点，通过这种方式，AI Agent 能够在分布式网络中共享信息和资源，实现更加高效和智能的任务处理。

（1）信息共享

在分布式智能系统中，多个 AI Agent 可以共享信息，协同处理任务。例如，一个市场营销团队的多个 AI Agent 可以共享客户数据、市场分析和营销策略，从而制定更精准和高效的营销计划。信息共享不仅提高了数据的利用效率，还增强了 AI Agent 的协作能力。

（2）资源优化

分布式智能还可以优化资源的使用。在一个大数据分析团队中，不同的 AI Agent 可以分别处理不同的数据集，然后将分析结果汇总，形成全面的报告。这种资源优化方式不仅加快了数据处理速度，还提高了分析结果的准确性和可靠性。

3. 实际应用案例

为了更好地理解多智能体协作的实际应用，让我们看一个具体的例子。

案例：客户服务

一个大型公司的客户服务部门希望提升客户满意度和服务效率。通过多 AI Agent 系统，可以创建多个 AI Agent 来分别处理不同的客户服务任务：

- 客户咨询 AI Agent：负责回答客户的常见问题和提供基本信息。
- 问题升级 AI Agent：负责将复杂问题升级，提交给人工客服或相关部门处理。
- 客户反馈 AI Agent：收集客户的反馈和建议，进行数据分析。

这些 AI Agent 通过分工合作和信息共享，可以提供快速、高效的客户服务。例如，当客户咨询 AI Agent 无法解决客户问题时，可以将问题自动转交给问题升级 AI Agent。同时，客户反馈 AI Agent 可以收集和分析客户的反馈，帮助公司不断提升服务质量。

推荐阅读

推荐阅读